Egbert Scheunemann

Irrte Einstein?

Skeptische Gedanken zur
Relativitätstheorie –

(fast immer) allgemeinverständlich
formuliert

Bibliografische Information der Deutschen Nationalbibliothek
Die Deutsche Nationalbibliothek verzeichnet diese Publikation in der Deutschen Nationalbibliografie; detaillierte bibliografische Daten sind im Internet über http://dnb.d-nb.de abrufbar.

Bildnachweise: Sämtliche Graphiken, die in diesem Buch Verwendung finden, stammen aus dem frei verfügbaren *public domain* Bereich der Internet-Enzyklopädie *Wikipedia* (http://de.wikipedia.org) und werden vor Ort konkret nachgewiesen.
Auch die Fotos auf dem Front- und Back-Cover stammen aus dieser Quelle:
1. Das Albert-Einstein-Foto wurde 1921 von Ferdinand Schmutzer (1870-1928) aufgenommen und ist inzwischen gemeinfrei:
http://commons.wikimedia.org/wiki/Image:Einstein_1921_by_F_Schmutzer.jpg
2. Das Saturn-Foto wurde von der Raumsonde Cassini aufgenommen und von der NASA gemeinfrei zur Verfügung gestellt:
http://de.wikipedia.org/wiki/Bild:Saturn_from_Cassini_Orbiter_%282004-10-06%29.jpg

1. Auflage 2008

IMPRESSUM

© Egbert Scheunemann – www.egbert-scheunemann.de
Herstellung und Verlag: Books on Demand GmbH, Norderstedt
ISBN 978-3-8370-4249-8

Dem aufrechten Gange – nicht
dem gekrümmten!

INHALT

I. Notwendige Vorbemerkungen 6

    1. Ein Sozialwissenschaftler und Philosoph wagt es, die Spezielle und Allgemeine Relativitätstheorie zu kritisieren? 6

    2. Sprachstrukturen – Wirklichkeitsstrukturen. Einige notwendige erkenntnistheoretische Präliminarien 13

II. Als der Äther sich in Luft auflöste, Zwillinge plötzlich unterschiedlich schnell alterten und starre Körper durch Beobachtung schrumpften 24

III. Vom Universum als letztem Bezugssystem und der erkenntnistheoretischen wie praktischen Unmöglichkeit, als *absolut* angenommene Raum- und Zeitmaßstäbe *nicht* zu setzen 36

IV. Ist die Lichtgeschwindigkeit absolut – und ist es sinnvoll, um *eine* Naturkonstante herum ein ganzes Weltbild aufzubauen? 47

V. Die Absurdität des Zwillingsparadoxons – und der Theorie, die dahinter steht 64

VI. Fliegende Atomuhren und Myonen – oder was haben Chronometer und radioaktiv zerfallende Materiepartikel mit der Zeit selbst zu tun? 84

VII. Exkurs: Vom ‚Wesen' des Raumes, der Zeit, der Materie und der Energie – einige erkenntnistheoretische, naturphilosophische und empirisch-physikalische Überlegungen 94

VIII. Gleichzeitigkeit und Überlichtgeschwindigkeit als physische Fakten 122

IX. Das GPS-System als Nachweis absoluter Zeit und absoluten Raumes wider Willen 132

X. Längenkontraktion durch Beobachtung? 137

XI.	Raumzeit und Gravitation in der Allgemeinen Relativitätstheorie (ART), das Faktum einer flachen Raumzeit und die Hypothese dunkler Energie und dunkler Materie 141
XII.	$E = mc^2$ – auf ein Neues 161
XIII.	Die Probleme und Gedankenexperimente, die zur Allgemeinen Relativitätstheorie führten 178
XIV.	Die begrenzte Lichtgeschwindigkeit erklärt alles – und die postulierte ‚Raumzeitkrümmung' nichts. Beispiel Merkurperihel 199
XV.	Von der Einsteinschen Erklärung der Gravitation zur Quantengravitation 207
XVI.	Himmelsstürmer 215
XVII.	Epilog: Vom vermeintlichen Determinismus der Naturgesetze 225

Zusammenfassung der Ergebnisse 231

Literatur 237

I. Notwendige Vorbemerkungen

1. Ein Sozialwissenschaftler und Philosoph wagt es, die Spezielle und Allgemeine Relativitätstheorie zu kritisieren?

Ich bin kein studierter Physiker. Dies vorab. Dennoch wage ich es, mich kritisch zu einer der beiden Großtheorien der Physik[1] zu äußern? Nun, lassen Sie mich, liebe Leserinnen und Leser, kurz erklären, wie ich als studierter Politologe und Philosoph dazu kam, mich über lange Jahre immer intensiver in die Spezielle (SRT) und Allgemeine Relativitätstheorie (ART) einzuarbeiten. Mein Weg zu Einsteins Theorien war verschlungen – aber er folgte, wie sich post festum herausstellte, einer nahezu zwingenden Logik:

Während meines Studiums habe ich mich zunächst mit theoretischen Modellen und praktischen Ansätzen einer Ökologisierung, Humanisierung und Demokratisierung der Wirtschaft und moderner Industriegesellschaften insgesamt beschäftigt. Meine Doktorarbeit trägt denn auch den Titel „Ökologisch-humane Wirtschaftsdemokratie"[2]. Der für mich zentrale Kern der ökologischen Kritik am kapitalistischen Industriesystem war und ist die Kritik an einem sehr beschränkten Rationalitätsverständnis: der so genannten instrumentellen Vernunft. Wie kommen Menschen und ganze Gesellschaften dazu, instrumentelle *Vernunft* in den Dienst *irrationalster*, ja vorsintflutlicher Ziele zu stellen – also Atombomben und hochgezüchtete konventionelle Rüstungstechnologie zu entwickeln und zu produzieren, um Menschen nur deswegen umzubringen, weil sie anderen Glaubens sind oder anderer Nationalität? Oder warum führt schon der Normalbetrieb des kapitalistischen, angeblich doch so ‚durchrationalisierten' Industriesystems zu ökologisch katastro-

---

[1] Die Quantenphysik ist neben der Speziellen und Allgemeinen Relativitätstheorie natürlich die andere Großtheorie der modernen Physik.
[2] Ein Verzeichnis meiner Publikationen findet sich auf meiner Homepage www.egbert-scheunemann.de

phalen Folgen und zu einer immer weiter gehenden sozialen Polarisierung?

Es war insofern folgerichtig, dass ich mich in einem zweiten Schritt intensiv in verschiedene Rationalitätstheorien und -philosophien eingearbeitet habe. Quintessenz dieser Bemühungen war ein Buch mit dem Titel „Vom Denken der Natur. Natur und Gesellschaft bei Habermas" (1999).[3] Die von Jürgen Habermas (und anderen) entwickelte so genannte *Diskustheorie der Wahrheit* beruht auf einem kommunikativen Rationalitätsverständnis. Ihr zentraler Gedanke ist, dass in einem *herrschaftsfreien Diskurs*, in dem *Wahrheit* allein bestimmt (be*stimmt*) werden darf, nichts anderes gelten darf als der *eigentümlich zwanglose Zwang des besseren Argumentes* – und nicht etwa die dickste Brieftasche oder das größte Mundwerk.

Habermas äußert sich in seinen Schriften aber leider an keiner Stelle zu der Frage, *was* es denn ist, das uns in bestimmten Situationen – und guten Willen vorausgesetzt – *zwingt*, einem schlagenden Argument zuzustimmen. Was *ist* der logische Zwang? Was steckt dahinter?

Nun, auf dem Weg zur Beantwortung dieser Frage schlug ich zwei Richtungen ein: Zum Einen beschäftigte ich mich sehr intensiv mit den neurobiologischen Grundlagen unseres Denkens und Sprechens.

Und zum Anderen wollte ich herausfinden, woher diese unglaubliche erkenntnistheoretische und forschungspraktische Kraft der *Grammatik* unseres Denkens und Sprechens rührt, die wir vor allem aus der Anwendung der Mathematik (als hochgradig formalisierter Symbolik und Grammatik) in den Naturwissenschaften kennen. Um eines *der* klassischen Beispiele zu nennen: Die Existenz des Planeten Neptun wurde theoretisch voraus*gesagt* bzw. mathematisch ‚vor*geschrieben*' aufgrund beobachteter Unregelmäßigkeiten in der Umlaufbahn des Ura-

---

[3] Es ist inzwischen in einer völlig überarbeiteten, aktualisierten und stark erweiterten Version erschienen: Vom Denken der Natur. Natur und Gesellschaft bei Habermas. Vollständig überarbeitete und stark erweiterte Neuausgabe 2008, Hamburg-Norderstedt 2008, ISBN 978-3-8370-2722-8, 224 Seiten.

nus. Die zunächst ungläubigen Astronomen mussten von den theoretischen Physikern anfänglich regelrecht überredet werden, ihre Teleskope auf die vorausberechneten Stellen am Himmel zu richten. Aber genau dort fanden sie Neptun! Und analog wurde später Pluto entdeckt.[4]

Symbolmanipulationen nach den strengen grammatischen Regeln mathematischer Logik haben also die Kraft, physische Wirklichkeit vorauszuberechnen und vorherzu*sagen*. Dieser für mich bis heute faszinierende Zusammenhang zwischen Sprachstrukturen und Wirklichkeitsstrukturen, zwischen den *Gesetzen der alltagssprachlichen wie mathematischen Grammatik* und den *Gesetzen der Natur* ist seit langen Jahren mein Interessen- und Forschungsschwerpunkt – und in diesem Kontext war es fast zwangsläufig, dass ich mich irgendwann mit *den* beiden Hauptvertretern der hochgradig durchmathematisierten, also ‚versprachlichten'[5] Theoretischen Physik befassen würde: Quantenphysik und SRT wie ART.

Meine mathematischen und naturwissenschaftlichen Kenntnisse waren bis Anfang der 1990er Jahre beschränkt auf Oberstufenmathematik und –physik und jenes Wissen, das ich mir als fleißiger Leser der Wissenschaftsseiten verschiedener Periodika sowie vieler populärwissenschaftlicher Bücher aus dem naturwissenschaftlichen Bereich über die Jahre angeeignet hatte. Die beiden Großtheorien der Theoretischen Physik interessierten und faszinierten mich schon immer – aber mit diesem Wissenshintergrund hätte ich mich niemals an eine geistige Vertiefung und gar kritische Hinterfragung der vielen Kuriositäten, Unbegreiflichkeiten und Paradoxa beider Theorien gewagt.

---

[4] Vgl. *Sheehan* u.a. 2005, *Feynman* 1997, S. 31 f., *Hey/Walters* 1998, S. 33, *Hempel* 1977, S. 103, *Salmon* 1997, S. 222 ff., oder *Hornung* 1999, S. 88. Vgl. die Literaturliste hier S. 237 ff.

[5] Um zwischen eigenen Ironisierungen und Relativierungen einerseits und wörtlichen Zitaten andererseits genau zu unterscheiden, setze ich erstere auch im Folgenden immer in einfache, letztere jedoch in doppelte Anführungszeichen.

Zwei Ereignisse in meinem Leben trugen dazu bei, es schließlich doch zu wagen. Zum Einen war Mitte der 1990er Jahre klar, dass mein beruflicher Weg sich in Richtung, ich sage mal: ‚freischaffenden Künstlertums' in Sachen Politik, Ökonomie und Philosophie entwickeln würde. Ich hatte nach dem Ende meiner Hochschulkarriere also schlichtweg die Zeit und die Möglichkeit, mir Forschungsthemen und -projekte völlig frei wählen zu können.

Und zum Zweiten lernte ich Ende der 1980er Jahre zwei meiner besten Freunde kennen, Hanns-Peter Maass und Peter Feuerstein – ersterer naturwissenschaftlich ungemein belesener Arzt und letzterer nicht minder naturwissenschaftlich gebildeter Mathematiker. Die naturwissenschaftlichen und naturphilosophischen Diskussionen mit Hanns und Peter – oft ohne Unterbrechung über Tage und Wochen während gemeinsamer Urlaube in einem kleinen kretischen Dorf geführt – waren für mich Anlass und Ansporn, mich immer tiefer in die Materie, also in Quantenphysik und Relativitätstheorie einzuarbeiten. Und mit Peter hatte ich sogar einen Privatlehrer in Sachen Mathematik!

Ich muss dabei kategorisch darauf hinweisen, dass für die folgenden Ausführungen einzig allein ich verantwortlich bin! Hohn und Spott, die viele Physiker über mich Eimerweise ausschütten werden angesichts meiner despektierlichen Kritik an den beiden Großtheorien ihres Physikerübervaters Albert Einstein, gebühren ausschließlich mir! Peter und vor allem Hanns stehen meinen skeptischen Gedanken – sehr skeptisch gegenüber. Wir betrachten zwar inzwischen alle drei das so genannten Zwillingsparadoxon (davon wird später noch in aller Ausführlichkeit die Rede sein) als dubios. Aber nur ich bin gewillt, aus diesem Umstand (und aus vielen anderen, noch anzuführenden Gründen) den Schritt zur grundsätzlichen Infragestellung der dahinter stehenden Theorie zu machen.

Nun, nach Abschluss meines genannten Buches zu Habermas beschäftigte ich mich über vier Jahre ausschließlich mit Sprachphilosophie, Mathematik, Neurobiologie und theoretischer Physik. Die Ergebnisse meiner Tour d'Horizon durch diese Wissensbereiche habe ich 2003 in meinem Buch „Von der Natur des Denkens und der Sprache. Fragmente zur Sprachphilosophie, Erkenntnistheorie und physikalisch-biologischen Wirklichkeit" publiziert. In dieser Arbeit findet sich ein umfangreiches Kapitel mit dem Titel „Theoretische (also formalisierte, versprachlichte) Physik – und Realität. Fragen eines, na ja, Philosophen an die Physiker" (S. 317-461), in dem ich meine kritischen Gedanken zur Quantenphysik, Thermodynamik und Relativitätstheorie darstelle.

Sie sehen also, liebe Leserinnen und Leser, dass der Weg von der Politischen Ökonomie zur Theoretischen Physik, man könnte auch sagen: von Marx zu Einstein[6] kürzer ist, als man denken sollte. Und das ganz ohne Zeitdilatation und Längenkontraktion!

Warum ich mich entschlossen habe, das Unterkapitel zur Relativitätstheorie grundlegend zu überarbeiten und als eigenständiges kleines Büchlein herauszubringen, hat mehrere Gründe:

Mir sind zum Ersten exakt *drei* (Sie haben richtig gelesen!) Personen bekannt, die mein Buch „Von der Natur des Denkens und der Sprache" Zeile für Zeile gelesen haben – und eine davon bin ich. Das ist zum Einen natürlich ärgerlich, zum Anderen aber auch bis zu einem gewissen Grad nachvollziehbar. Womöglich habe ich die Breite der Leserschaft doch etwas überschätzt, die gewillt ist, sich durch 500 eng bedruckte, nicht gerade populärwissenschaftlich ausformulierte Seiten zu folgenden Themen zu arbeiten: Gödels mathematisches Unvollständigkeitstheorem, die Sprachtheorien und -philosophien von Derrida, Eco, Heidegger oder Habermas, die Kantsche Erkenntnistheorie, die Kommunikationstheorie der Systemtheorie, die Neurobiologie des Geistes und der Sprache, Theorien der Selbstorganisation und Chaostheorie, Evolutionäre Erkenntnistheorie und eben Thermodynamik, Quantenphysik und Relativitätstheorie – um nur die wichtigsten thematischen Schwerpunkte zu nennen. Der gesamte Brocken war wohl zu dick und zu unverdaulich.

---

[6] Der 14. März ist übrigens genauso Marx' Todestag (1883) wie Einsteins Geburtstag (1879).

So kam mir irgendwann die Idee in den Kopf, zumindest jene Teile, die mir sehr wichtig erscheinen, dem geneigten Lesepublikum in kleinen Portionen anzubieten.[7]

Der zweite Grund, warum ich mich entschlossen habe, ein eigenständiges kleines Büchlein zur Relativitätstheorie zu schreiben, ist der Umstand, dass sich die quantentheoretische und teilchenphysikalische Fundierung der Astronomie und Astrophysik, und das heißt letztlich: die quantentheoretische Vereinnahmung der ART, in den letzten Jahren stürmisch entwickelt hat und dass sich mein physikalisches und mathematisches Wissen und mein naturphilosophisches Denken in den letzten Jahren natürlich auch weiterentwickelt haben. Viele der neuen astronomischen und astrophysikalischen Erkenntnisse und Theorien haben meine kritische Haltung gegenüber SRT und ART massiv verstärkt.[8]

Ich möchte dabei betonen, dass meine im Folgenden geäußerten kritischen Gedanken natürlich immer nur unterwürfigst (und gelegentlich auch etwas neckisch) gestellte Fragen eines offiziell nicht Physik studiert habenden, ja ich würde sogar sagen: nicht mal „Hobbyphysiker" (*Irrte Einstein?* 1998) oder „Amateur" (*Goenner* 1996, S. 39)[9] seienden sozialwissenschaftlichen und sprachphilosophischen Nichtsnutzes sind an die Adresse der wahren Herren über die letzten (und ersten) physischen Dinge. Aber es geht um *Theoretische* Physik, also um den Zusammenhang zwischen Sprach- und Wirklichkeits-

---

[7] Gut möglich, dass ich noch andere Themenschwerpunkte meines Wälzers „Von der Natur des Denkens und der Sprache" als eigenständiges kleines Büchlein publizieren werde – etwa das Kapitel zur Neurobiologie und Neurophilosophie des freien Willens.

[8] Ein angenehmer Nebeneffekt, das Kapitel über SRT und ART stark überarbeitet als eigenständiges Büchlein zu publizieren, ist, dass ich so einige formale Fehler und begriffliche Unklarheiten post festum korrigieren kann, die mir dort unterlaufen sind. Ich werde auf diese Fehler an den entsprechenden Stellen hinweisen.

[9] Diese Zitate beziehen sich selbstverständlich *nicht* auf mich persönlich.

strukturen – und genau dieser Kontext ist mein Forschungsschwerpunkt seit langen Jahren.

Bevor ich die Gründe und Ursachen meiner kritischen Haltung gegenüber SRT und ART detailliert aufzeige, möchte ich noch einige erkenntnistheoretische und interpretatorische Vorbemerkungen machen zum Spannungsfeld zwischen Sprachstrukturen und Wirklichkeitsstrukturen, die mir sehr wichtig erscheinen.

2. Sprachstrukturen – Wirklichkeitsstrukturen. Einige notwendige erkenntnistheoretische Präliminarien

Um so zu beginnen: Die eigentlich ‚unnatürliche' Theorie ist die Euklidische Geometrie mit ihrer Zweidimensionalität (Flächen), ihren ins Unendliche parallel verlaufenden geraden Linien, ihren scharfen Ecken und Kanten und Winkeln. Die sinnliche, also ‚natürliche' Wahrnehmung ist nämlich eine völlig andere: Alles ist irgendwie *rund* – das Gesichtsfeld, der Erdkreis, das Himmelsgewölbe, die Sterne, die Sonne, der Mond. Scharfe Tischkanten erweisen sich bei genauerem Hinsehen als durchaus abgerundet, und ‚parallele' Linien (eine im vorindustriellen Zeitalter völlig ungewöhnliche Erscheinung) *treffen* sich natürlicher- bzw. sinnlicherweise in einem Fluchtpunkt. Und vor allem im Biologischen ist alles rund und gewunden, gekrümmt und verwickelt, gebogen und geschwungen.

Dass also die Raumzeit eine *gekrümmte* ist, eine ‚runde Sache', erscheint *eigentlich* eher ‚natürlich' als die Euklidische Geometrie, verstanden als *Sprache* der Beschreibung der Welt, oder der Newtonsche absolute (lineare) Raum. Dennoch war es eine Weltsensation, als *Einstein* scheinbar mathematisch nach*wies*, was der (durch gedankliche, euklidische Begriffe bzw. Abstraktionen nicht verfälschte) sinnliche Eindruck unmittelbar er*wies:* dass die Sache, das Universum, die, in Einsteins Worten, *gravitativ gekrümmte Raumzeit*, eben eine runde ist: „In der Wirklichkeit gibt es keine euklidischen Figuren. Wolken sind keine Kugeln, Berge keine Kegel und Rinde (ist) nicht glatt." (*Blum* 1999, S. 43) Es scheint, dass „die ‚euklidische Geometrie' nur schlecht an die Natur angepasst ist." (*Greschik* 1999, S. 47)

Aber wir hören auch gegenteilige Stimmen: „Die Alltagserfahrung scheint uns allerdings in unserem Glauben an die euklidische Geometrie recht zu geben. Nirgends finden sich Anzeichen für eine Krümmung des Raumes." (*Bührke* 1999, S. 81)

Welche Theorie, welche *Sprache* beschrieb die Physis[1] also besser?

Theoretische Physik ist, wie gesagt, höchstgradig *mathematisch* ausformulierte Physik, also *versprachlichte* Physik. Schon *Albert Einstein* meinte, „dass der Zugang zu den tieferen prinzipiellen Erkenntnissen in der Physik an die feinsten mathematischen Methoden gebunden" ist (zitiert nach *Wickert* 1998, S. 32). Der Begriff *Theorie*, griechisch θεωρία, leitet sich her vom griechischen Wortstamm θέα und meint den *Blick*, die *Sicht*, den *Anblick*, die *Aussicht*. Mit dem Lichtkegel der Theorie leuchten wir gleichsam in Bereiche, die dem unmittelbaren Zugang durch unsere Sinne verschlossen sind – und (zunächst) auch unseren durch technisches Gerät (vom Mikro- bis zum Teleskop) erweiterten Möglichkeiten, die physische Wirklichkeit zu be*greifen,* zu durch*leuchten*. In der modernen Physik gilt hochgradig: „Erst die Theorie entscheidet darüber, was man beobachten kann." (*Einstein*, zitiert nach *Heisenberg* 1994, S. 31) Der Lichtkegel der Theorie, das „Auge der Theorie" (*Weinberg* 2000, S. 92) weist uns den Weg, den wir dann durch technisches Gerät begehbar machen, also experimentell erschließen müssen – und unsere Experimente liefern dann wiederum Ergebnisse, die wir oft nicht unmittelbar begreifen können, sondern theoretisch deuten müssen: Unser Kopf, unser Gehirn, unser theoretischer Blick leitet unsere Beine[2], aber un-

---

[1] Aus später noch genauer auszuführenden Gründen unterscheide ich streng zwischen den Begriffen *Physis* und *Physik:* Ersterer meint die *physischen Naturphänomene selbst,* letzterer die *Wissenschaft von den physischen Naturphänomenen.*

[2] Dass man dabei auch mal stolpern kann, erläutert *Weinberg* sehr anschaulich anhand eines klassischen Falles des „Zusammenbruch(s) der Kommunikation zwischen Theoretikern und Experimentatoren" (2000, S. 7 u. 139-141). Das hatte zur Folge, dass man die so genannte kosmische Hintergrundstrahlung von knapp 3 Grad Kelvin (Urknalltheorie) erst sehr viel später fand als notwendig – man hatte sie quasi schon *vor Augen, sah* sie aber nicht aufgrund nicht zur Kenntnis genommener, schon vorhandener *Theorie:* „(E)s kommt nicht darauf an, von theoretischen Vorurteilen frei zu sein, sondern darauf, die richtigen theoreti-

sere Beine tragen uns auch dorthin, wo wir besser sehen können.

Theorie, Blick, Licht, Sehen: „Die Lichtmetaphorik durchzieht seitdem (seit Platons Höhlengleichnis; E.S.) die gesamte Begrifflichkeit des abendländischen Denkens: von Jesus als dem ‚Licht der Welt' über die ‚Erleuchtung' (‚Das leuchtet mir ein!'), das ‚natürliche Licht' der Vernunft *(lumen naturale),* die Begriffs-‚Klärung', ‚Auf-Klärung', ‚Existenz-Erhellung' (Jaspers), und die ‚Reflexion' (als Metapher aus der Optik) reicht ihre Kraft und schließt dann auch bildliche Anleihen aus dem Begriffsfeld des Gesichtssinnes ein: die Einsichten, Ansichten, Hinsichten, Übersichten, Evidenzen (von lat. *video* – ich sehe), Intuitionen (von lat. *intueor* – ich blicke hin, sehe an, erblicke); auch das ‚geistige Auge' und der ‚Gedankenblitz' dürften in einer solchen Aufzählung nicht vergessen werden." *(Schnädelbach* 1991, S. 51) Und das Gegenteil der Be*sonnen*heit ist, das wollen wir auch nicht vergessen, die geistige Um*nacht*ung.

Man muss zumindest in Andeutungen wissen, in welchen Ausmaßen in der modernen Theoretischen Physik (von der Elementarteilchenphysik bis zur theoretischen Astronomie) voraus*berechnet* wurde und wird, was sich dann (oft unter Zuhilfenahme gigantischen experimentellen Geräts) als physisch *wirklich* erwies, um die Hochschätzung *des* wissenschaftlichen ‚Instrumentes' der modernen Physik, nämlich der *Mathematik,* durch gestandene Physiker, diese ‚praktischen', ‚sachlichen' Menschen, verstehen zu können:[3]

---

schen Vorurteile zu haben." (ebd., S. 129)

[3] Wer viele andere Beispiele nachlesen möchte, wie die *Sprache der Mathematik* half, *physische Realität* zu entdecken, vorherzusagen, besser: vorherzu*schreiben* bzw. zu ‚*deduzieren',* oder sich auch ‚nur' *induktiv* als die *Sprache der Natur* erwies (nachträgliche mathematische Beschreibung gefundener physischer Regelmäßigkeiten), dem seien folgende Stellen empfohlen: *Singh* 2000, S. 12, 37-44 u. 113 f., 123 f, *Bührke* 1999, S. 23, 62, 72, 76, 78, 80, 82, 89, 95, 114 f., *Barrow* 1999, S. 416 f., *Barrow* 1996, S. 253, S. 527-530 (ebd., S. 527: „Glaube keinem Versuchsergebnis, ehe es eine Theorie vorhergesagt hat!" [Eddington]), *Leggett* 1989, S. 26, 62, 71, 84, 105, 207, *Leder-*

Lederman/Schramm, ersterer Professor und Nobelpreisträger für Physik 1988 (Elementarteilchenphysik), letzterer anderweitig mehrfach ausgezeichneter Professor für Physik (Astronomie), also zwei handfeste Naturwissenschaftler, beschreiben den Zusammenhang zwischen Mathematik, also formalisierter Sprache, und Physik resümierend wie folgt: „Unser wirkliches (!! E.S.) Ziel ist nämlich *mathematische Konsistenz*. Die Theoretiker wählen Theorien nach ihrer inneren Schönheit (!! E.S.)[4] aus – sie meinen damit die Schlüssigkeit oder Widerspruchsfreiheit, die nicht nur Übereinstimmung mit den Versuchsergebnissen, sondern auch eine umfassende mathematische Konsistenz beinhaltet. Die theoretischen Physiker meiden Theorien, in denen Unendlichkeiten (Singularitäten) oder andere Anomalien auftreten, die nur schwer genau zu beschreiben sind. Ge-

---

man/Schramm 1990, S. 39, 43, 48, 74, 84, 106 ff., 108, 115, 118 f., *Weinberg* 2000, S. 7, 97, 110, 129, 136, *Fritzsch* 1999. S. 63, 115, 119, 145, 245, 250, 253, 255, 279 f., 289 (Nichtübereinstimmung mit Theorie!), 297, 302, *Kanitscheider* 1996, S. 19, *Röthlein* 1999, S. 23, u. 1998, S. 17, 44, 46 f., 54, 66 u. 84 f., *Grotelüschen* 1999, S. 9, 20, 28, 59, 63, 89 u. 94, *Trefil* 1997, S. 63. Vgl. auch aus sprachwissenschaftlicher Sicht *Whorf* 1997, S. 48 u. 50.

[4] Man glaubt als Nicht-Naturwissenschaftler kaum, wie oft von Naturwissenschaftlern und Mathematikern die *Schönheit* (und übrigens auch *Einfachheit*) einer Theorie als *das* „Wahrheitskriterium" (*Heisenberg* 1994, S. 40) erachtet wird: „Man erkennt die Wahrheit nämlich an ihrer Schönheit und Einfachheit." (*Feynman* 1997, S. 209, analog S. 47, 53, 55, 75, 212) Vgl. z.B. auch *Einstein* 1990, S. 110, *Einstein* 1997, S. 67, 74 u. 105, *Einstein/Infeld* 1998, S. 49, 72, 96, *Salmon* 1997, S. 231, *Basieux* 1999, S. 18, 61, 77, 121, 156, 256-258, 382, *Barrow* 1999, S. 208, 217, 241 248 ff., 254, *Singh* 2000, S. 12, 75, 205, 222 f., 306, 311, *Blum* 1999, S. 112 f., *Hoffmann* 1997, S. 194, *Bührke* 1999, S. 17, 69, *Barrow* 1996, S. 284, 333, 338, 381, 381, 387, 405, 455, 521-524, 528, *Weinberg* 2000, S. 157, *Fritzsch* 1999, S. 9, *Wickert* 1998, S. 40 f. (über Einstein), *Heisenberg* 1994, S. 28, 91-114, *Goenner* 1996, S. 455, *Trefil* 1997, S. 129, 140, 152, 155 u. 186 f., *Hey/Walters* 1998, S. 9 u. 13., oder recht ausführlich *Baeyer* 1997, S. 55-69.

rade wegen ihrer mathematischen Schlüssigkeit hat sich die zur Zeit bevorzugte allumfassende Theorie, die Superstringtheorie, durchsetzen können... Viele Forscher sind davon überzeugt, dass die endgültige allumfassende Theorie als einzige mathematisch völlig widerspruchsfrei sein wird... Sollte ein solcher heiliger Gral der Physik tatsächlich den Lauf des Universums bestimmen, wäre *mathematische Konsistenz* die eigentliche Grundlage allen Seins (!! E.S.)." (*Lederman/ Schramm* 1990, S. 226; Herv. *nicht* E.S.)

Man kann sich diese Sätze von *Physikern* als *Sprachtheoretiker* nicht oft genug über die Zunge und womöglich sogar durch den Schädel gehen lassen – und dabei vor allem nicht vergessen, dass die Mathematik Evolutionsprodukt ist und nicht die Evolution (Natur) Produkt der Mathematik in dem Sinne gar, „dass die Elementarteilchen letzten Endes auch mathematische Formen *sind*" (*Heisenberg* 1977, S. 50 u. 52; Herv. E.S.).[5]

Dass das Evolutionsprodukt Mathematik (via technische Anwendungen ihrer Resultate) *inzwischen* ganz erheblich auf die Natur einwirkt – gegessen. Aber man sollte sich nicht zu Formulierungen wie den eben zitierten vergaloppieren oder der, dass „die Rolle der Mathematik in der Physik... gar nicht zu überschätzen (ist), schließlich *garantiert* die Mathematik die Grundregeln des Spiels" (*Feynman* 1997, S. 49; Herv. E.S.); oder der, dass „Gleichungen" den Weg von „Billardkugeln *regieren*" (*Briggs/Peat* 1999, S. 105; Herv. E.S.); oder jener, dass durch den „Riemann-Tensor... bestimmt (be*stimmt*; E.S.) ist, welche messbaren Verformungen ein Körper in einer

---

[5] Gerechterweise muss man darauf hinweisen, dass man bei *Heisenberg* an anderer Stelle zumindest eine kleine Relativierung dieser sprachidealistischen bzw. modellplatonischen Verabsolutierung der Mathematik liest – aber nur eine kleine: „Die reine mathematische Spekulation wird unfruchtbar, weil sie aus einem Spiel mit der Fülle der möglichen Formen nicht mehr zurückfindet zu den ganz wenigen Formen, *nach denen* (also sind diese mathematischen Formen doch wieder das Prior! E.S.) die Natur wirklich gebildet ist. Und die reine Empirie wird unfruchtbar, weil sie schließlich in endlosen Tabellenwerken ohne inneren Zusammenhang erstickt..." (*Heisenberg* 1994, S. 99; Herv. E.S.)

Raum-Zeit-Region erleidet" (*Bartels* 1996, S. 37; Herv. E.S.); oder folgender: „Es ist dies (was konkret gemeint ist, ist hier egal; E.S.) eine bestimmte mathematische Bedingung, welche die Relativitätstheorie einem Naturgesetze *vorschreibt*..." (*Einstein* 1997, S. 29; Herv. E.S.). Nett auch: „Laut Albert Einsteins Relativitätstheorie darf (!! E.S.) kein Partikel die Lichtgeschwindigkeit überschreiten..." (*Grotelüschen* 1999, S. 38) Oder: Die „Anomalie des Merkur (die Drehung des Merkurperihels; E.S.) ist eine Konsequenz (!! E.S.) der Allgemeinen Relativitätstheorie von Einstein" (*Hey/Walters* 1998, S. 33 f.) – als ob es diese Anomalie vor Einsteins Ausformulierung der Allgemeiner Relativitätstheorie nicht gegeben hätte! Analog: „Die gravitative Zeitdilatation folgt bereits aus der speziellen Relativitätstheorie..."[6] Gab es sie, falls es sie überhaupt gibt, 1904 noch nicht? Oder schließlich: „Quantenobjekte wie Elektronen gehorchen (!! E.S.)... dem Gesetz von der Erhaltung der Energie" usw. usf. (ebd., S.55).

Umgekehrt wird ein Schuh draus: Der Apfel fällt nicht vom Baum, *weil* es das Gravitationsgesetz ‚gibt' oder gar *weil* dieses mathematisch ausformuliert wurde, sondern fallende Äpfel (u.a.) sind die (eine) physische *Daseins*weise der Gravitation – und das Gravitationsgesetz ist unsere symbolische *Darstellungs*weise der Gravitation. Die Wirklichkeit ist nicht so, wie sie ist, weil Mathematik das „garantiert" oder fordert oder erzwingt oder „be*stimmt*" (Stimme!) oder im wahrsten Sinne des Wortes (formelhaft) vor*schreibt* quasi als ‚*Pro-gramm*' (griech. γράμμα: Buchstabe, Brief) – sondern die Mathematik ist so, wie sie ist, weil die Wirklichkeit so ist, wie sie ist, und die Mathematik *als Evolutionsprodukt* so werden ließ, wie sie ist. Allegorisch ausgedrückt: Wir haben keine Hände, *damit* wir greifen können, sondern wir greifen, weil wir Hände haben. Der ‚große Plan' im platonisch-mathematischen Ideenhimmel existiert nicht, der der Physis pro-*grammatisch* vor*schreibt*, wie sie zu funktionieren hat.[7]

---

[6] http://de.wikipedia.org/wiki/Allgemeine_Relativitätstheorie

[7] Die argumentative Zurückweisung von *Sprachidealismus* und *mathematischem Modellplatonismus* ist eine der Grundlinien

Es gibt wohl keinen anderen Bereich, in dem menschliches Erkennen derartig auf Theorie, also auf *exakte, wirklichkeitsadäquate Sprache* angewiesen ist wie die moderne Physik. *Sprachstrukturen* müssen den nicht direkt greifbaren (un*be*greif*lichen*), nicht direkt fassbaren (un*fass*baren) *Wirklichkeitsstrukturen* also weit mehr entsprechen als unsere metaphorisch durchtränkte, blumige, lyrische, idiomatische Alltagssprache – bei Strafe des, sagen wir: in den Sand Setzens von Milliarden von Forschungsgeldern in Form z.b. fehlkonstruierter Messinstrumente (Teilchenbeschleuniger, Radioteleskope etc.).[8]

Einstein, um ein Beispiel zu nennen, sagte einmal: „Wörter oder Sprache in schriftlicher oder gesprochener Form scheinen keine Rolle in meinem Denkmechanismus zu spielen"[9] – geschweige denn, könnte man hinzufügen, praktische physikalische Experimente. Als er seine dann wohl eher bildlich-intuitiven Gedanken aber irgendwann zur ART ausformulieren, also sprachlich fassen wollte, merkte er, dass er eine entsprechende (mathematische) Sprache selbst noch gar nicht beherrschte, ja er wusste nicht einmal, ob sie überhaupt schon ausformuliert, konstruiert worden war: Der Gedanke drängte zum Ausdruck, zur Sprache, zur, wie sich herausstellte, schon existierenden Riemannschen, also sphärischen Differentialgeometrie bzw.

---

meines Buches „Von der Natur des Denkens und der Sprache" (*Scheunemann* 2003). Vgl. auch meine Arbeit „Determinismus der Naturgesetze und Willensfreiheit" (*Scheunemann* 2007) oder hier Kapitel XVII.

Besonders *Galeczki/Marquardt* (1997) äußern sich sehr kritisch gegenüber mathematischem *Platonismus*. Meine Exzerpte weisen folgende Stellen aus: 11, 18, 28, 51, 52 ff., 66, 69 ff., 84, 92, 110, 112, 134, 169, 189, 190, 197, 199, 213, 217, 218, 220, 223, 227, 229, 230, 232 ff., 233.

[8] Vgl. zu einem mathematischen Versuch in dieser Hinsicht z.B. *Feuerstein* 2001 (hier speziell S. vii). Zur Beschreibung von Teilchenbeschleunigern vgl. sehr gut *Grotelüschen* 1999, S. 32 ff., und *Lederman/Schramm* 1990, S. 95 ff.

[9] Zitiert nach *Antonio R. Damasio:* Descartes' Irrtum. Fühlen, Denken und das menschliche Gehirn, München 1999 (1994), S. 154.

Tensorrechnung[10], und schließlich zur ausformulierten ART – und erst Jahre später (Sonnenfinsternis-Experiment von 1919) wurde sie experimentell als richtig er*wiesen*: Die Physis funktionierte anscheinend theorieadäquat – weil die Theorie anscheinend physisadäquat formuliert war. Was anfänglich stark dissoziiert war – erst der bildliche Gedanke, dann die Suche des Gedankens nach seinem Ausdruck, seiner Sprache, schließlich die physikalisch-experimentelle Bestätigung – assoziierte sich zur weltbilderschütternden ART.

Oder ein entgegengesetztes Beispiel: Würden Sie, liebe Leserinnen und Leser, auf die Idee kommen, dass man mit einem Hartgummistab, einem Wolltuch und einem Draht die klassische Newtonsche Physik, nein: nicht widerlegen, aber ihren Geltungsbereich begrenzen, also *relativieren* kann? Nun: Reiben Sie den Hartgummistab ordentlich mit dem Wolltuch und bringen Sie diesen dann in die Nähe des zu einem Rundbogen gekrümmten, beweglich aufgehängten Drahtes. Sie werden beobachten, dass sich der Draht daraufhin wundersamerweise, je nach Bewegung des Hartgummistabes, jedoch ohne direkte Berührung mit diesem, in ganz bestimmter Weise mitbewegt.

Natürlich musste man wie *Michael Faraday*, der dieses Experiment als einer der ersten vollzog, schon ein bisschen Ahnung und also eine *Theorie* von der ganzen Sache, dem Phänomen des Elektromagnetismus, haben – aber der grundsätzliche Weg des *Michael Faraday* war der grundsätzlich nicht theoriebelastete der direkten Beobachtung, des direkten physikalischen Experimentes. Die *Theorie* des Elektromagnetismus in Form der elektromagnetischen Feldgleichungen wurde erst Jahre später durch *James Clerk Maxwell* ausformuliert.[11]

---

[10] Zur *Riemannschen Geometrie* bzw. *Tensorrechnung* (grob gesprochen: Vektorrechnung im sphärischen Raum) vgl. etwa *Einstein* 1990, S. 166 (Registerstichwort), *Goenner* 1996, S. 516 (Registerstichwort), *Hoffmann* 1997, S. 178 ff., *Wickert* 1998, S. 76 f., oder *Barrow* 1996, S. 189 f. Davon später noch mehr.

[11] Vgl. zu *Faraday* und *Maxwell* z.B. *Lederman/Schramm* 1990, S. 35 ff., *Barrow* 1996, S., 155 ff., und *Hoffmann* 1997, S. 82 ff u. S. 85 ff.

Mal eilt also die physikalische Theorie der Erkenntnis der physischen Realität voraus, mal hinkt die passende Theorie der schon lange, oft *schon immer,* also seit *Menschengedenken* offenbaren, offen*sichtlichen* physischen Realität lange Zeit hinterher: Die Menschen sehen seit Jahrtausenden grundsätzlich immer *dieselbe* Sonne – welch dramatisch *unterschiedliche* Theorien haben sie aber in dieser Zeit darüber entwickelt, was die Sonne *ist!*

Aber der Reihe nach. Ich möchte im Folgenden einige kritische Fragen stellen an die Theoretische Physik und speziell an die Vertreter der SRT und ART, weil ich als sprach- und denkfähiges Wesen, sagen wir: nicht immer dem logisch[12] folgen kann, was man so liest in den Standardwerken und populärwissenschaftlichen Darstellungen der Physiker. Mir scheint da einiges überzuschießen, einiges in Bereiche hochgerechnet und prolongiert zu werden, in denen ganz andere Gesetze hinzutreten und jene relativieren, die man für bestimmte Bereiche, von denen aus man prolongiert, durchaus richtig erkannt hat.[13]

Leggett beispielsweise meint, dass wir selten zögern, Erkenntnisse, die wir in einem in der Regel *irdischen,* also sehr kleinen Geltungsbereich gewonnen haben – und oft sogar nur in einem noch viel kleineren Bereich, nämlich im *Labor,* und gelegentlich sogar, könnte man sagen: in *gar keinem* Bereich, nämlich nur in der *Theorie –,* „kühn in die Tiefen des Raumes zu extrapolieren." (*Leggett* 1989, S. 122, analog S. 145) Ein Beispiel als Appetizer: „Schwarze Löcher sind eine unausweichliche Konsequenz des Extrapolierens allgemein-relativistischer Formeln." (ebd., S. 140) Fast hätte ich gesagt: *Gesehen* hat sie nämlich noch keiner. Wir sind faktisch nicht „absolut si-

---

[12] Griech. ο λόγος: Logos, Wort, Sprache, Rede, Grund, Vernunft.
[13] Ein weiteres Generalthema meines Buches „Von der Natur…" (*Scheunemann* 2003) ist der Nachweis und kategorische Hinweis darauf, dass auch Naturgesetze nur innerhalb der Geltung ihrer Geltungsbedingungen gelten, dass also die Behauptung, Naturgesetze gälten *universell,* also *immer* und *überall,* schlichtweg *falsch* ist. Vgl. hier auch Kapitel XVII.

cher, dass solche Objekte (also Schwarze Löcher; E.S.) überhaupt existieren müssen" (*Hey/Walters* 1998, S. 153).

Man kann auch in *formalisierten* Sprachen *Unsinn* reden (wobei ich damit *nicht* zum Ausdruck bringen will, dass die Rede von *Schwarzen Löchern* Unsinn *ist*) – und ich gebe als Sozialwissenschaftler und, na ja, Naturphilosoph natürlich sofort zu, dass man auch ganz *prosaisch* Unsinn daherformulieren kann. Aber meine These, ja ich würde sogar sagen: eines meiner *erkenntnistheoretisch fundamentalen Axiome* ist, dass *inhaltlicher Sinn* keinesfalls *daherformalisiert* oder gar *inhaltlicher Unsinn wegformalisiert* werden kann: „Ist es möglich, es (bestimmte theoretische Resultate, die hier nicht interessieren; E.S.) auch in die Alltagssprache zu übersetzen? Die Antwort darauf will ich mir bei dem berühmten Mathematiker Henri Poincaré ausleihen. Dieser wurde seinerzeit als Examinator bei den großen Abschlussprüfungen der Höheren Schulen zugezogen. Wenn nun ein Schüler schon mehrere Tafeln mit mathematischen Symbolen bedeckt hatte, pflegte er ihn aufzufordern, die Kreide wegzulegen und ihm endlich in der ‚Allerweltssprache' zu erklären, was er da eben mathematisch auszuführen versucht hatte. Und wehe dem Prüfling, wenn dieser sich als unfähig erwies, die Feuerprobe zu bestehen! Auch ich bin der Ansicht, dass Physik, wenn sie nicht in eine allgemeinverständliche Sprache übersetzbar ist, keinen Wert hat." (*Charon* 1988, S. 77)

Oder um es so zu sagen: Wenn mir ein hochintelligenter theoretischer Physiker oder Mathematiker daherkommt und erzählt, er habe die Formel gefunden, die beweise, dass der Eifelturm aus Gummibärchenmasse ist, erlaube ich mir zu sagen, dass das Unsinn ist – und zwar auch dann, wenn ich nicht selbst Theoretische Physik oder Mathematik studiert habe. Und wir werden sehen, dass das mit der Gummibärchenmasse gar nicht so weit hergeholt ist...

Im Folgenden sei also berichtet und gehandelt vom Spannungsverhältnis zwischen den Sprachstrukturen der SRT und ART und den Wirklichkeitsstrukturen, die Strukturen der Physis. *Paul Dirac*, der zunächst widerwillig, dann aber dem logischen Zwang seiner mathematischen Gleichungen folgend die Existenz der *Antimaterie* vorhersagte, meinte später einmal, „die Gleichungen seien schlauer gewesen als er selbst" (zitiert nach *Röthlein* 1998, S. 47). Manchmal ist die Natur, wie ich nun zeigen möchte, aber auch schlauer als unsere Gleichungen.

II. Als der Äther sich in Luft auflöste, Zwillinge plötzlich unterschiedlich schnell alterten und starre Körper durch Beobachtung schrumpften

Genug der Präliminarien. Und weil ich den vielen guten, allgemeinverständlichen Einführungen in Einsteins Theorie[1] keine weitere hinzufügen möchte, können wir gleich in die Vollen gehen:[2]

Die These der Relativität von Raum und Zeit resultierte (zunächst) aus der Unmöglichkeit, einen „Äther" (*Einstein* 1997, S. 100 ff.), einen absoluten (linearen, euklidisch-newtonschen) Raum als *absolutes Bezugssystem* nachzuweisen, an dem gemessen sich alles andere mehr oder minder, also *relativ* schnell bewegt oder eben selbst *absolut* in Ruhe ist (*Einstein/Infeld* 1998, S.174 f.): „Es gibt keine Möglichkeit, eine absolute gleichförmige Bewegung zu konstatieren." (ebd., S. 176) Uns bleibt scheinbar nichts anderes übrig, als ein Bezugssystem (Inertialsystem) *willkürlich* zu *setzen,* gegenüber dem sich ein anderes Bezugssystem *relativ* schnell oder langsam (erst mal gleichförmig, also nicht beschleunigt) bewegt – und das sich *selbst* relativ zu dem anderen Bezugssystem bewegt! Streng

---

[1] Von den in der Literaturliste im Anhang genannten Arbeiten möchte ich die von *Hoffmann* (1997; Hoffman war zeitweilig Assistent Einsteins) und *Bührke* (1999) hervorheben. Sehr knapp, aber sehr gut auch *Leggett* 1989, S. 129-140, *Lederman/Schramm* 1990, S. 53-58, *Wickert* 1998, S. 42-53 u. 71-77, oder *Barrow* 1996, S. 169-190. Die Arbeit von *Goenner* (1996) ist zwar nur für mathematisch Vorgebildete geeignet (und wurde von mir deswegen in ihren rein mathematischen Teilen gelegentlich etwas ‚großzügig' gelesen...), aber dafür als (ein) quasi offizielles Lehrwerk, man könnte sagen: *Stand der Wissenschaft* zum Thema.

[2] Ich schwanke im Folgenden etwas zwischen SRT und ART hin und her. Es wird sich aber zeigen, dass dies nicht ganz unsystematisch erfolgt. Nur soviel: Die ART (als *Gravitationstheorie*) ist eine Erweiterung der SRT auf gegeneinander *beschleunigte,* also nicht nur linear bewegte Systeme – und das ist ein anderes Wort für *Gravitation*, alltagssprachlich: Erd*beschleunigung*.

genommen sind nur *ruhende* Bezugssysteme Inertialsysteme: Das Wort *Inertial*system stammt vom lateinischen Begriff *inertia* ab, und der bedeutet *Trägheit*. Aber woher ein absolut ruhendes Bezugssystem nehmen, wenn nicht, könnte man fast sagen, stehlen?

Man kennt als vielgenannte Beispiele *willkürlich gesetzter* Bezugssysteme zwei aneinander mit gleich bleibender Geschwindigkeit vorbeifliegende Raumschiffe, in denen physikalisch experimentiert wird: In Raumschiff A sitzt ein Physiker genau in der Mitte, schickt an alle Enden seines Raumschiffes, nach oben wie nach unten, nach vorne wie nach hinten, Lichtblitze, die durch Spiegel reflektiert werden, misst die Zeit, bis die Lichtblitze von den jeweils gegenüberliegenden Seiten wieder eintreffen, und stellt fest: Sie ist identisch – nennen wir sie *t*.

Nehmen wir weiter an, dass dieser Physiker sich sagt: Da die Lichtgeschwindigkeit c (nach allem, was wir wissen) die schnellste Möglichkeit ist, in der physikalischen Welt Information (Energie) zu übertragen (*Goenner* 1996, S. 13 ff. u. 66 f.), und c (jeweils im Vakuum) auch in dem Sinne absolut ist, als sie *nicht* durch die Eigengeschwindigkeit der Lichtquelle erhöht (oder vermindert) werden kann[3], nenne ich meine Ver-

---

[3] „Die Lichtgeschwindigkeit hängt nicht von der Bewegung der Lichtquelle ab." (*Einstein/Infeld* 1998, S. 171, vgl. analog *Goenner* 1996, S. 21 ff.) Notabene: Das Licht*ziel* kann sich sehr wohl vom herannahenden Licht weg (Rotverschiebung des Spektrums) oder auf es zu bewegen (Blauverschiebung), im Sinne des Doppler-Effektes also. Das klassische Analogon zur Unabhängigkeit der Lichtgeschwindigkeit von der relativen Eigenbewegung der Lichtquelle wäre gegeben, wenn ich (ruhend) einen Pfeil mit einem Bogen abschieße: *Danach* kann ich mit dem Bogen machen, was ich will (ihn hinter den Pfeil herschmeißen oder sonst wo hin werfen) – der Pfeil zieht unabhängig davon seine Bahn. Man beachte aber: Wenn ich auf einem Pferd reite und meinen Pfeil in Reitrichtung schieße, *addieren* sich die Geschwindigkeiten von Pferd und Pfeil. Das würde das Licht, das ich auf demselben Pferd reitend mit einer Lampe aussenden würde, aber, so wird uns zumindest gesagt, *nicht*.

suchsanordnung eine sehr, ja ultra-genaue *Lichtuhr:* das ‚Licht' aller Messinstrumente, das *Maß aller Maße!* Jedes Hin und Her (Tick und Tack) eines Lichtblitzes ist meine grundlegende Zeiteinheit *t*.

Und noch besser: Mit dieser Lichtuhr, der definitorisch besten[4] aller physikalisch machbaren Uhren,[5] kann ich zudem *Raumausdehnungen* so exakt wie sonst nicht messen: Da *c*, wie gesagt, konstant und absolut und vor allem: auch *bekannt* ist, kann ich meine Lichtuhr auch als *Lichtlineal* oder ‚*Lichtzollstock*' nutzen: Jeder Zeiteinheit *t* entspricht eine (ein*di*mensionale) Raumeinheit x (y, z), jede Raumausdehnung, jede *Strecke* kann also als Teil oder Mehrfaches von *t* gemessen werden.[6]

Prima! Eine geniale Erfindung, ein *absolut genaues* Instrument – sollte man meinen.

Das Problem, so wird uns gesagt (Notabene: Ich *referiere* nach wie vor so authentisch wie möglich, was ich in zig Physikbüchern gelesen habe!): Ein anderer Physiker in einem vorbeifliegenden Raumschiff B stellt von diesem aus fest, dass die Zeit, die beide Lichtblitze in Raumschiff A für ihr Hin und Her, ihr Tick und Tack benötigen, *nicht* identisch ist: Raumschiff A fliegt nämlich relativ zu Raumschiff B mit hoher Geschwindigkeit (z.B. c/4) von, sagen wir: links nach rechts (oder

---

[4] Mein guter Freund *Hanns-Peter Maass* wies mich darauf hin, dass die „Schwingungsdauer eines Caesiumatoms" natürlich mindestens ebenso genau ist und also ebenso geeignet für Zeitmessung wie Licht. Das stimmt. Mit Licht habe ich aber gleichzeitig noch ein sehr genaues *Lineal*. Siehe oben ff.

[5] Eine solche Lichtuhr als Beispiel aller Beispiele ist in der Literatur entsprechend weit verbreitet: Vgl. z.B. nur *Einstein/Infeld* 1998, S. 231, *Hoffmann* 1997, S. 126 ff., oder *Bührke* 1999, S. 38 ff.

[6] In Gedanken, wir befinden uns ja in einem Gedankenexperiment, muss man sich nur jeden Gegenstand, den man mit einem Lichtstrahl anpeilt, als reflexionsfähig vorstellen: Der exakt messbaren Zeit hin und zurück entspricht dann immer eine exakt zurück gelegte Strecke: Ist *t* (die Zeit hin *und* zurück) z.B. = eine Sekunde, dann beträgt x, die gemessene Entfernung, ≈ 150 000 Kilometer, da c ≈ 300 000 km/s.

rechts nach links, völlig egal): D.h., der eine Spiegel in Raumschiff A fliegt (*relativ* zu B!) vom Lichtblitz *in* Raumschiff A *weg*[7] – und der andere auf ihn *zu*. In Bewegungsrichtung des Raumschiffes A wird (von B aus betrachtet!) der Lichtblitz also länger brauchen, um den davoneilenden Spiegel zu erreichen – und umgekehrt kürzer, um auf den entgegenkommenden zu treffen und reflektiert zu werden. Tick und Tack sind also durch die Bewegung von A relativ zu B *von B aus betrachtet* desynchronisiert.

Gleiches ergibt die Betrachtung des Weges des nach oben und unten sich ausbreitenden Lichtes in A: Der Spiegel oben (mit, um genau zu sein, integrierter Punkt-Photozelle als Messinstrument) fliegt, wie A insgesamt, nach rechts (oder links) weg – ebenso der Spiegel unten. Der Weg des Lichtes nach unten wie (reflektiert) zurück nach oben wird also jeweils länger in dem Maße, wie die Spiegel durch die Eigenbewegung von A während der Laufzeit des Lichtes von diesem wegfliegen. Es handelt sich, genauer betrachtet, um die Differenz zwischen der Hypotenuse des gedachten Dreieckes aus den drei

---

[7] Wir erinnern uns der, fast hätte ich gesagt: *absolut* wichtigen Voraussetzung, dass die Lichtgeschwindigkeit *absolut* ist, also, wie gesagt, durch die Eigenbewegung der Lichtquelle (hier Raumschiff A) *nicht* tangiert wird: D.h. die Eigengeschwindigkeit v von A und die Lichtgeschwindigkeit c addieren (oder subtrahieren) sich, so wird uns gesagt, *nicht!* Raumschiff A zieht ,seinen' Lichtblitz also gleichsam *nicht* mit sich: Sobald der Lichtblitz ein mal emittiert ist, ist er unabhängig. D.h. A (und ein Spiegel in A) kann sich *danach* auf den Lichtblitz zu oder von ihm weg bewegen. Ganz anders, um nach Reiter, Pfeil und Bogen ein weiteres, vielzitiertes Gedankenexperiment anzuführen, in der klassischen Newtonschen Physik: In einem fahrenden Zug *addieren* sich, betrachtet von einem externen Beobachter irgendwo an der Bahnstrecke, die Geschwindigkeiten des Zuges und des Balles, den ich im Zuge in Fahrtrichtung werfe – und sie subtrahieren sich, wenn ich den Ball entgegen der Fahrtrichtung werfe. Zum vielzitierten Zugbeispiel vgl. z.B. *Bührke* 1999, S. 31, *Feynman* 1997, S. 83 u. 117, *Wickert* 1998, S. 44 f. u. 48, oder *Einstein* 1997, S. 6, 8, 10, 12 f., 18 u. 41.

Punkten *Lichtquelle, Reflexionspunkt* und *verschobener Reflexionspunkt* (von B aus betrachtet!) einerseits und andererseits der Strecke *Lichtquelle Reflexionspunkt* (von A aus betrachtet!). Was B also sieht, ist im rechten Teil der folgenden Graphik[8] dargestellt, und was A sieht, im linken:

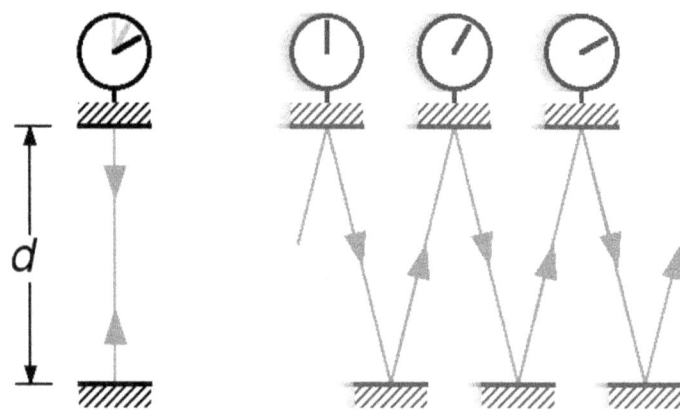

Beide Gedankenexperimente werden übrigens in der Literatur üblicherweise getrennt: Ob das Licht nach vorne (hinten) in Richtung eines davoneilenden (entgegenkommenden) Spiegels läuft (Zugbeispiele) oder nach oben (unten) in Richtung sich nach rechts (oder links) *verschiebender* (also genauso *davoneilender*) Spiegel strahlt (Lichtuhrbeispiele), ist modelltheoretisch jedoch völlig gleichgültig. Ich habe beide ‚Uhren' (Spiegel oben/unten und Spiegel links/rechts) auch deswegen zu einer zusammengefasst, weil sie in dieser Konstruktionsvariante grundsätzlich dem so genannten *Interferometer*[9] von *Michel-*

---

[8] Die Graphik wurde freundlicherweise erstellt und der Allgemeinheit zur Verfügung gestellt von Michael Schmidt:
http://de.wikipedia.org/wiki/Lichtuhr bzw.
http://de.wikipedia.org/wiki/Bild:Light-clock.png

[9] Das *Interferometer* heißt übrigens genau deswegen so, wie es heißt, weil es in seinem Detektor zu unterschiedlichen *Interferenzen* (Lichtmustern) des einstrahlenden Lichtes kommt, je nachdem, ob es Laufzeitunterschiede des Lichtes gibt und, falls

son/Morley (vgl. z.B. *Bührke* 1999, S. 25, oder *Lederman/ Schramm* 1990, S. 54) entspricht. Schematisch sieht ein solches Interferometer z.B. so aus:[10]

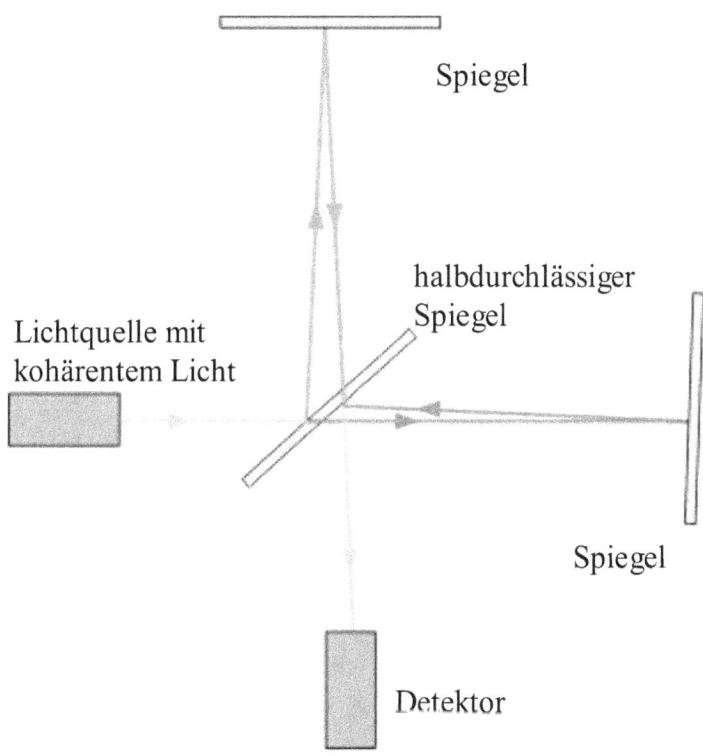

Die Strukturgleichheit von Lichtuhr und Interferometer hat natürlich strukturgleiche Beobachtungseffekte zur Folge: *Wenn* es

---

ja, wie stark diese ausfallen. Anhand dieser Interferenzmuster lassen sich Laufzeitunterschiede, falls vorhanden, extrem genau (ver-)messen.

[10] Die Graphik wurde freundlicherweise erstellt und der Allgemeinheit zur Verfügung gestellt von „nd":
http://de.wikipedia.org/wiki/Michelson-Interferometer und
http://de.wikipedia.org/wiki/Bild:Michelson-Morley.png

einen absolut ruhenden *Äther* sozusagen als *Träger* des Lichtes gäbe, müsste es zu Laufzeitunterschieden des Lichtes kommen *genau dann, wenn* sich die Lichtuhr (oder das Interferometer) relativ zum Äther bewegt: auf ihn zu oder von ihm weg. Man kann in Bezugssystem (Raumschiff) A aber machen, was man will: Das genau in der Mitte *von A* produzierte Licht wird *allseitig* ohne jeden Laufzeitunterschied zu seiner Quelle *in A* reflektiert und *in A* dieserart beobachtet. Die Eigenbewegung der Lichtuhr (oder des Interferometers) relativ zum (fiktiven) Äther addiert (oder subtrahiert) sich also zu der des vom (fiktiven) Äther getragenen Lichtes *nicht* – was, falls es den Äther geben sollte, der Fall wäre (so wie sich, wie eben schon angemerkt, die Geschwindigkeiten eines in einem Zug in Fahrtrichtung geworfenen Balles und der des Zuges selbst addieren). Es gibt also, so zumindest der Schluss aus *diesem* Experiment, *keinen Äther* (*Einstein/Infeld* 1998, S. 173 ff.).

Was stellt Physiker B also fest? Die Uhren in A gehen *langsamer* als in B: Da *c* absolut ist, braucht es für längere Strecken eine längere Zeit, Tick und Tack kommen also *später* – die Uhren in A gehen *langsamer!* Und zwar um den aus der so genannten Lorentz-Transformation stammenden (und gleich noch abzuleitenden) Faktor[11] $\sqrt{1-v^2/c^2}$, wobei *v* die Geschwindigkeit von A relativ zu B ist und *c*, wie gesagt, die Lichtgeschwindigkeit.

Zeigt die Uhr *in* A (also betrachtet *von* Astronaut A *in* Raumschiff A) beispielsweise 2 an (2 ist hier nur eine bedeutungslose Rechen- bzw. Beispielsgröße), dann errechnet sich die Uhrzeit in A (t_A), das sich mit der Geschwindigkeit *v* relativ zu B bewegt, *betrachtet von B aus* zur Größe $t_A = 2 \cdot \sqrt{1-v^2/c^2}$. Wenn also z. B. $v = 0$ und sich A gegenüber B also *nicht* bewegt, ergäbe sich $t_A = 2$, d.h. die Uhren gingen, wie zu erwarten,

---

[11] Vgl. *Lederman/Schramm* 1990, S. 66, oder *Einstein* 1997, S. 25. Nebenbei: Ich zitiere nicht immer nur aus Einsteins Originalarbeiten, sondern auch aus vielen anderen Arbeiten vieler anderer Autoren, um aufzuzeigen, dass es sich beim oben Dargestellten um den offiziellen Mainstream der Physik des 20. und (zumindest beginnenden) 21. Jahrhunderts handelt.

gleich. Ist *v* dagegen sehr hoch, wird t_A entsprechend kleiner – die Uhr geht eben langsamer.

Ein Rechenbeispiel: Ist $c \approx 300.000$ km/h und *v* z.B. $c/4$, also 75.000 km/h, dann folgt $t_A = 2 \cdot \sqrt{1 - 75.000^2/300.000^2} \approx 1,93649\ldots$ Während Astronaut also auf seiner Uhr 2 sieht, sieht Astronaut B auf A's Uhr nur bzw. erst 1,93649…

Der Faktor $\sqrt{1-v^2/c^2}$ lässt sich übrigens ganz leicht errechnen, wenn man bedenkt, dass, wie oben schon angedeutet, *erstens* der Quellpunkt des Lichtblitzes, *zweitens* sein (relativ zu A) unbewegter Reflexionspunkt und *drittens* sein (relativ zu B) sich *wegbewegt* habender Reflexionspunkt einfach als die drei Eckpunkte eines Dreieckes betrachtet werden können, die nach dem Satz des Pythagoras ganz leicht nach dem jeweils gewünschten Faktor aufgelöst werden können: Jeder Seite des Dreieckes entspricht ja eine zurückgelegte Stecke unseres Lichtblitzes bzw. Raumschiffes (Spiegels), also auch einer bestimmten Zeit. Ich kann also auch nach der Strecke ‚*Lichtquellpunkt bis sich bewegt habender Reflexionspunkt*', also nach der Hypotenuse, auflösen sowie nach der Strecke ‚*Lichtquellpunkt bis unbewegter Reflexionspunkt*', also nach einer der beiden Katheten. Gucken wir uns die Sache einfach nochmal an:

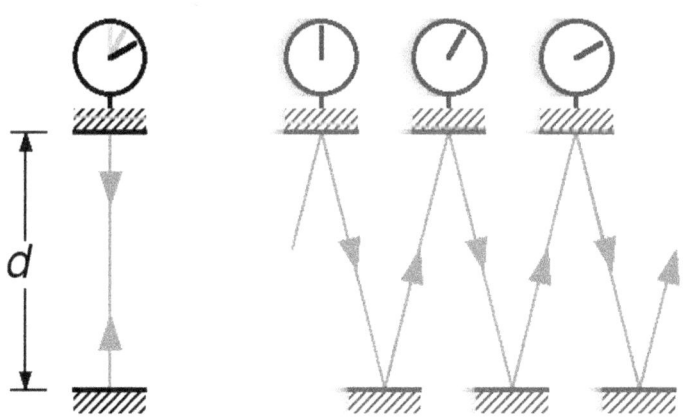

Die Zeit, die das Licht benötigt, um die Strecke d zu durchlaufen, ist t = d/c, also ist d = t·c. Nennen wir die (natürlich längere) Strecke der Hypotenuse des gedachten Dreiecks d'. Da das

Licht für diese längere Strecke eine längere Zeit benötigt, nennen wir letztere t'. Also folgt d' = t'·c. Wie wir sehen, variiert alles – nur c nicht, weil das natürlich als absolut konstant gesetzt wurde. Wenn die eine Kathete unseres Dreiecks d ist und d' die Hypotenuse, dann entspricht der zweiten (der in unserer Graphik gedachten unteren, kürzeren, liegenden) Kathete natürlich die Strecke, die sich Raumschiff A zwischen einem Tick und einem Tack seiner Lichtuhr relativ zu Raumschiff B bewegt hat – und zwar, wir erinnern uns, mit v = c/4, also sehr schnell. Da wir Raumschiff A von B aus betrachten, errechnet sich die Länge der zweiten Kathete mit v·t'.

So. Jetzt müssen wir nur noch den Satz des Pythagoras anwenden, und es folgt: $d'^2 = d^2 + (v·t')^2$. Und wenn wir diesen Term nach t' auflösen, nachdem wir für d = t·c und d' = t'·c gesetzt haben, dann ergibt sich:

$$t' = \frac{t}{\sqrt{1 - v^2/c^2}}$$

Wir hätten $d'^2 = d^2 + (v·t')^2$ natürlich auch nach t auflösen können – das ja im d steckt, da d = t·c. Dann würden t' und t in obiger Gleichung einfach ihren Platz tauschen im Sinne einer spiegelbildlich-symmetrischen Beobachtung von B durch A wie von A durch B.[12]

Und genau darin liegt der Clou der ganzen Sache: Sie ist völlig symmetrisch! Die Formel drückt ja nur aus, was real der Fall ist: A behauptet *bezüglich B*, was B *bezüglich A* behauptete – nur eben spiegelbildlich verkehrt: In B liefe, *von A aus betrachtet (und wir erinnern uns: knüppelhart physikalisch und hyperexakt gemessen!)*, die Uhr ebenso langsamer! Was B bezüglich A beobachtet, beobachtet A bezüglich B. Beide bewe-

---

[12] Wer's genau haben will: $d'^2 = d^2 + (v·t')^2$ => (mit d' = t'·c und d = t·c): $(t'·c)^2 = (t·c)^2 + (v·t')^2$ => $t'^2·c^2 = t^2·c^2 + v^2·t'^2$ => $t'^2 = t^2 + v^2·t'^2/c^2$ => $t'^2 - v^2·t'^2/c^2 = t^2$ => $t'^2(1-v^2/c^2) = t^2$ => $t'\sqrt{1-v^2/c^2} = t$ => $t' = t/\sqrt{1-v^2/c^2}$ bzw. die obige, graphisch etwas schönere Formel.

gen sich ja ‚nur' *relativ* zueinander – keiner von beiden hat das Recht (oder gar eine physikalische Begründung!) zu sagen, sein Raumschiff ruhe absolut und *seine* Lichtuhr sei insofern das ‚wahre', das *absolute* Maß der Zeit (wie des Raumes).

Wer hat recht? Beide! Genau das sei der Nachweis der *Relativität* der Zeit, so wird uns gesagt: *Kein* immer nur *gesetztes*, eben *nie absolutes* Inertialsystem ist bevorrechtigt, welchem anderen Bezugssystem gegenüber auch immer – und insofern gibt es auch keine absolut bevorrechtigte Lichtuhr, gemessen an der alle anderen Uhren zu stellen wären. Jede Lichtuhr funktioniert nach den selben Gesetzen der Physik – und diese funktionieren in *jedem* bzw. *in* jedem physikalischen System, unabhängig davon, ob es sich relativ bewegt oder nicht, ob es von anderen Systemen aus betrachtet wird oder nicht.

Aber es kommt noch schlimmer: Wir sagten ja, dass wir unsere Lichtuhr nicht nur als Zeitmaß, sondern auch als *Lichtlineal,* als ‚*Lichtzollstock*' zur *Raumvermessung* nutzen können. Und wiederum erweist sich ein solches Lichtlineal als *bestes* nur physikalisch denkbares und machbares Längenmessinstrument. Es ist quasi, weil auf dem als *absolut* gesetzten *c* beruhend, das *absoluten Maß!* Und was folgt logisch wie experimentell? Es folgt Analoges: Zur *Zeitdilatation* (Zeitverlangsamung) gesellt sich die *Längenkontraktion*[13] der (mit relativ hoher Geschwindigkeit gegeneinander sich bewegenden) Körper! Wir haben ja keinerlei andere (geschweige denn exaktere) physikalische Möglichkeit, die Raumausdehnung, also Raumkoordinaten sich relativ schnell bewegender Körper zu messen als unser Lichtlineal! Und das zeigt gnadenlos an: Mit zunehmender (relativ zu *c* schon hoher) Geschwindigkeit *verkürzt* sich ein Gegenstand in Bewegungsrichtung *relativ* zum System, von dem aus er beobachtet wird – und zwar um den gleichen Faktor $\sqrt{1-v^2/c^2}$ (*Einstein* 1997, S. 19-23 u. 76-80)[14], wobei *v* wieder die Geschwindigkeit des relativ schnell sich fortbewegenden

---

[13] Vgl. *Einstein* 1997, S. 23-25, 34 u. 51 ff., *Einstein* 1990, S. 39, 62 u. 89 f., *Einstein/Infeld* 1998, S. 183 f., 188 u. 221, oder *Goenner* 1996, S. 37 f.

[14] Vgl. hierzu etwa auch *Bührke* 1999, S. 53.

Körpers B (mit Lichtuhr und Lichtlineal B) relativ zu System A ist.

Einstein spricht sogar von der „*Fiktion* des starren Bezugskörpers" bzw. schreibt: „Der bewegte starre Stab *ist* (!! Herv. E.S.) also kürzer als derselbe Stab, wenn er im Zustande der Ruhe ist... Dass wir aus den Transformations*gleichungen* etwas über das *physikalische* Verhalten von Maßstäben und Uhren erfahren müssen, liegt *a priori* auf der Hand." (*Einstein* 1997, S. 65 u. 24; Herv. E.S.). Einstein behauptet also expressis verbis, dass wir aus einer geometrisch-mathematischen *Symbol*transformation (Inertialsystem K $\rightarrow$ Inertialsystem K') *a priori*, also ohne jede weitere empirische Überprüfung bzw. ohne weiteren Erfahrungstest, etwas über die *Physis* der Dinge erfahren *müssen*. Das ist erst mal beachtlich – wenn nicht (sprach-)idealistisch. Aber (erst mal) egal:

Das Beste ist nämlich: Es gibt physikalische Experimente, die diese Gedankenexperimente als richtig erweisen:[15] „Wirklich beobachtbar wird die Zeitdilatation nur bei Relativgeschwindigkeiten, die der Lichtgeschwindigkeit nahe kommen. Experimentell bestätigt worden ist sie beim Zerfall sehr schneller m-Mesonen (auch Myonen oder Müonen genannt; E.S), die durch die Höhenstrahlung in der Erdatmosphäre erzeugt werden. Diese Mesonen haben ruhend eine mittlere Lebensdauer von $2,2 \cdot 10^{-6}$ s; Licht durchläuft in dieser Zeit 660 m, die Mesonen durchlaufen tatsächlich die hundert- bis tausendfache Strecke, bis sie zerfallen."[16] Die zerfallenden Myonen kann man einfach als eine neue Art von Lichtuhren betrachten: Statt eines Lichtstrahles (aus Photonen) emittieren sie eben ihre Zerfallsproduk-

---

[15] Zu entsprechenden Experimenten vgl. *Goenner* 1996, S. 3, 21 f., 58 ff., 128 ff., 162 f., 181, 184 f., 186 f., 188 ff., 309 ff., 311, 313 f., 318, 341 f. u. 349.

[16] Zitiert nach *Bertelsmann Universallexikon in 20 Bänden* (CD-ROM-Version: „Discovery 99"), Stichwort „Zeitdilatation". Vgl. zum Myon analog *Goenner* 1996, S. 59 ff., *Leggett* 1989, S. 129, *Barrow* 1996, S. 175 f., *Bührke* 1999, S. 45 ff., *Lederman/Schramm* 1990, S. 78-84, oder *Hoffmann* 1997, S. 136.

te, nämlich Elektronen u.a.[17] Da sie sich sehr sehr schnell, fast mit Lichtgeschwindigkeit bewegen (0,999 c), laufen diese ‚Uhren' also, fast hätte ich gesagt: ‚vergleichsweise', also *relativ* zur Zeit auf der Erdoberfläche *sehr sehr langsam* – und das heißt: Sie können in *ihrer langsameren* Zeit *vergleichsweise* (also von der Erde aus betrachtet) sehr viel länger leben und überleben, also viel weiter fliegen als (im Durchschnitt) nur 660 m. Sie können also bis zur Erdoberfläche ‚durchkommen' und daselbst experimentell nachgewiesen werden! Und sie *werden* nachgewiesen!

Oder um ein anderes berühmtes Experiment anzuführen, das das *Uhrenparadoxon,* von dem eigentlich bisher die Rede war, als physikalisches Faktum erweist: Man stelle zwei völlig identische, hochpräzise laufende Atomuhren nebeneinander und synchronisiere sie. Die eine, nennen wir sie wieder A, stelle man danach in ein Flugzeug und umkreise damit ein mal (oder auch mehrfach) die Erde – und siehe da, die Uhr, die sich bewegt hat, also Uhr A, geht ‚nach'. Hätte man die andere Uhr B genommen – gleiches Ergebnis.

So erklärt sich übrigens auch das so genannte *Zwillingsparadoxon:* Man stelle sich einfach vor, der eine Zwilling Z_A fliege mit und habe Uhr A als Taschenuhr dabei: Dieser Zwilling Z_A wird exakt um die Zeiteinheit, die A langsamer gelaufen ist als B, *weniger gealtert* sein als Zwilling Z_B! Er kann es physikalisch exakt beweisen: Er hat ja *seine* Uhr dabei, die *seine* Zeit exakt anzeigt – Widerspruch unmöglich!

---

[17] Genau genommen Elektronen, Antielektronenneutrinos und Myonenneutrinos (vgl. *Fritzsch* 1999, S. 80).

III. Vom Universum als letztem Bezugssystem und der erkenntnistheoretischen wie praktischen Unmöglichkeit, als *absolut* angenommene Raum- und Zeitmaßstäbe *nicht* zu setzen

Widerspruch unmöglich? Nun – ich stelle im Folgenden einfach ein paar Überlegungen an, die ich als logisch schlüssig erachte. Die Logik habe ich nicht erfunden, ich wende das Zeug nur an. Man sei mir also nicht böse, und man werfe mir nicht vor, dass ich Heiligenschändung begehe und alles, was ich sage, ja lächerlich sei und nur sein *könne, weil* ich kein studierter Physiker bin – um meine einleitenden Ausführungen nochmals kurz aufzugreifen und daran zu erinnern. Mir ist durchaus bekannt, dass Einstein, dieser wunderbare Mensch, dieser große Aufklärer, Humanist und Kosmopolit und dieser große Physiker[1], vor allem vom *antisemitischen Mob* (etwa von *Philipp Lenard* vom *Bund Nationalsozialistischer Physiker*) oder auch in der stalinistischen UdSSR angegriffen worden ist.[2] Um so mehr ist mir (Scheunemann über Scheunemann: Aufklärer, Humanist und Kosmopolit bis ins Knochenmark) bewusst, auf welch gefährliches Parkett ich mich im Folgenden begebe. Aber was tut man nicht alles für die Wahrheitsfindung...

Ich gehe dabei erst mal auf einige grundlegende theoretische Konzepte und die Einsteinschen Gedankenexperimente ein, also auf die *Theorie*, ohne die kein Mensch auf die Idee gekommen wäre, die oben genannten (und viele andere) Experimente durchzuführen. Danach werde ich versuchen, die Ergebnisse dieser Experimente alternativ zu erklären.

Zunächst: Gehen wir davon aus, dass es keinen absolut ruhenden Raum gibt (im Sinne eines festen Raumgitters), an dem gemessen sich alles andere mehr oder minder schnell bewegt oder eben selbst absolut ruht. Das schon genannte *Michelson-Morley-Experiment* (von 1881/ 1887), mit dem versucht wurde,

---

[1] Den Nobelpreis hat Einstein bekanntlich für seinen Beitrag zur Quantenphysik bekommen – nicht für die SRT und/oder ART!
[2] Vgl. hierzu etwa *Wickert* 1998, S. 81-94, *Hawking* 1994, S. 220, *Benzinger* in *Bührke* 1999, S. 8, sowie *Barrow* 1996, S. 186.

diesen ruhenden „Äther' nachzuweisen, fiel jedenfalls negativ aus.[3] Uns bleibt also in der Tat nichts anderes übrig, als Inertialsysteme also *quasi ruhende* Bezugssysteme zu *setzen,* gemessen an denen andere Systeme sich, sagen wir ganz allgemein: *so und so bewegen.*

Nur: Nach *welchen Kriterien* setzen wir ein solches Inertialsystem? Wie *groß*, soll es, darf es, muss es vor allem sein? Was hindert uns daran, das *gesamte Universum* als eben dieses *Inertialsystem* zu setzen – wenn wir es schon willkürlich setzen *müssen?* Ist etwas allein deswegen ein eigenständiges Bezugssystem, weil es sich relativ zu etwas anderem *bewegt?* Dann wäre auch das sich *in* Raumschiff A ausbreitende Licht *qua* Bewegung ein eigenständiges Bezugssystem *relativ zu* A. Und dann ist *alles* eigenständiges Bezugssystem im Universum – bis hinunter zur Planck-Länge: *Jedes* Elementarteilchen, *alles* im Universum ist permanent in Bewegung *relativ* zu irgend etwas anderem. Wir haben ja gerade *keinen* Archimedischen Punkt, *kein absolutes Bezugssystem* finden können, an dem gemessen *irgend etwas* als in absoluter Ruhe befindlich nachgewiesen werden könnte!

Die Erde und mit ihr *alles*, was sich auf und in ihr befindet, bewegt sich permanent. Sie dreht sich um sich selbst und um die Sonne. Unser Sonnensystem dreht sich um den Kern unserer Galaxis. Unsere Galaxis bewegt sich relativ zu anderen Galaxien. Der Mond dreht sich relativ zur Erde und die Erde relativ zum Mond – und beide drehen sich um den gemeinsamen Schwerpunkt. Menschen am Äquator bewegen sich relativ zur Erdachse schneller als ich in Hamburg. Und mein Kopf bewegt sich, gemessen am exakten Erdmittelpunkt, relativ schneller als meine Füße, falls ich aufrecht stehe. Das Blut in meinen Adern bewegt sich relativ zu meinen Kapillaren. Meine Gehirnströme bewegen sich relativ zu meinen Neuronen. Die Elektronen, aus

---

[3] Vgl. zum Michelson-Morley-Experiment und der Äther-Problematik etwa *Einstein* 1997, S. 35 f., *Einstein* 1990, S. 29 f., *Heisenberg* 1977, S. 89 f., *Hoffmann* 1997, S. 95-100, *Hawking* 1994, S. 35, 39, 47, *Bührke* 1999, S. 13 u. 24 f., *Goenner* 1996, S. 12 f. u. 27 ff., oder *Wickert* 1998, S. 46 f.

denen diese Neuronen unter anderem bestehen, bewegen sich relativ zu den Protonen, aus denen sie auch bestehen. *Alles bewegt sich permanent relativ zu irgend etwas anderem!* Alles, betrachtet als Uhr, geht so ‚langsamer' relativ zu allen anderen Dingen, betrachtet als Uhr[4], die im Universum umherschwirren. Alles wäre zeitdilatiert – und längenkontrahiert. **ALLES!** Und deswegen, wage ich zu behaupten: **NICHTS!**

Die immer nur *willkürlich* setzbaren Inertialsysteme durchtränken das gesamte Universum also bis ‚ganz tief unten' und bis ‚ganz weit oben' gleichermaßen! Nochmals: Nach welchen *Kriterien* setzen wir also unsere Inertialsysteme, gemessen an *denen* und *nur* an *denen* die Zeit ‚relativ', also eine „Eigenzeit" (*Einstein* 1990, S. 48) des entsprechenden Inertialsystems ist? Ich setze einfach das gesamte Universum als *das* Inertialsystem – und habe damit eine „kosmische" bzw. „*absolute* Zeit" (*Kanitscheider* 1996, S. 46, *Goenner* 1996, S. 422 u. 442)![5] Vorausgesetzt natürlich, ich setze das Universum als etwas Absolutes. Ich würde das tun. Es ist das *einzige* Absolute, würde ich fast sagen, das wir kennen. Es ist das Sein selbst. Und was könnte ‚absoluter' sein als das Sein selbst!?

Man könnte ganz pragmatisch daran denken, die allgegenwärtige, also die im gesamten All gegenwärtige so genannte *kosmische Hintergrundstrahlung* (von knapp 3 Grad Kelvin, also ca. –270 Grad Celsius) als ‚Äther', als das Inertialsystem, als das Raumraster, an dem gemessen sich alles andere mehr oder minder schnell bewegt, zu setzen (*Goenner* 1996, S. 27, *Galeczki/Marquardt* 1997, S. 25, 32 u. 209). Die Relativbewe-

---

[4] Dass wir wirklich *alles* Physische als Uhr betrachten können, erschließt sich sofort, wenn wir daran denken, dass in Atomuhren (oder auch nur in ganz normalen Quarzuhren) die Eigenschwingungen von Atomen (etwa des Cäsiums) als Referenzmetrum der Zeitmessung genutzt werden. Und alles Physische im Universums besteht nun mal aus Atomen – oder Strahlung. Aber auch die schwingt wie eine Uhr…

[5] *Goenner* ist übrigens Anhänger der SRT wie ART. Oben verweise ich nur auf zwei Stellen, an denen Goenner entsprechendes *referiert*.

gung der Erde zu dieser Strahlung wurde durchaus schon gemessen (*Goenner* 1996, S. 416; vgl. zu dieser Strahlung auch *Hasinger/Gilli* 2002).[6]

Oder man denke, um es mit einem Gedankenexperiment zu versuchen, an einen kugelförmigen Behälter (als physikalisch-energetisch *geschlossenes* System), in dem sich ein Gas einer bestimmten Temperatur und eines bestimmten Druckes befindet. Temperatur und Druck des Gases sind natürlich *Durchschnittswerte* und die Wirkungssumme der mit je unterschiedlicher Geschwindigkeit in dem Behälter herumsausenden Gasmoleküle – die einen sind schneller, die anderen langsamer, die einen stoßen mit größerem Impuls gegen die Behälterwand oder gegen andere Moleküle, die anderen mit geringerem. Es ist unmittelbar klar, dass mit der *Durchschnittsgeschwindigkeit* aller Moleküle auch eine *Eigenzeit* des Gasbehälters unmittelbar *gegeben* ist – definiert man den *Fluss der Zeit* als den *Fluss der Bewegung aller Moleküle,* der wegen des in einem *geschlossenen* System geltenden Energieerhaltungssatzes *nie endet* und in diesem Sinne *absolut* ist. Der mit dem absoluten, weil ewigen *Bewegungsfluss* der Moleküle *gleichgesetzte Zeitfluss* kann also selbst nur als *absoluter* betrachtet werden. (Davon später noch mehr.)

So. Und nun setze man für den Gasbehälter das gesamte Universum (als energetisch geschlossenes System) und für die Gasmoleküle die sich permanent (relativ zu irgendetwas anderem im Universum) bewegenden Galaxien, Sterne, Planeten, Materiepartikel, Strahlungsquanten etc. pp.

Einstein sah übrigens sehr wohl, dass wir genau dann, wenn wir das gesamte Universum als *das* Inertialsystem schlechthin setzen würden, auch gleich unendlich viele Inertialsysteme setzen könnten (und umgekehrt!): „Wir haben keine Möglichkeit, die Existenz eines Inertialsystems (gemeint ist ein absolutes

---

[6] Zu den moderneren Anhängern der Theorie eines ‚Äthers' (sprich: einer absoluten Raumzeit) gehören etwa auch die Physiker *John Bell* oder *Basil Hiley* (vgl. *Davies/Brown* 1993, S. 65 ff. u. 169 ff.).

nach Art des Äthers; E.S.)[7] nachzuweisen. Gibt es allerdings eines, dann muss es unendlich viele geben, da alle Systeme, die sich gleichförmig gegeneinander bewegen, Inertialsysteme sind, wenn nur eines von ihnen ein solches ist." (*Einstein/Infeld* 1998, S.)

So ist es! Also setze ich das *gesamte Universum* als *das* Inertialsystem – und erspare mir unendliche Rechnereien (Lorentz-Transformationen etc.) aufgrund *unendlich* vieler Inertialsysteme. *Einstein* deklariert ja in seinem System von Feldgleichungen (das als rein *formales* tendenziell *unendlich viele konkrete Lösungen* kennt) ein „*infinitesimale(s)* Verschiebungsfeld" expressis verbis als „Ersatz für das Inertialsystem... Das Verschiebungsfeld ersetzt insofern das Inertialsystem, als es die... Verknüpfung herstellt, die sonst durch das Inertialsystem geleistet wird." (*Einstein* 1990, S. 141).

Zur Verdeutlichung: Unsere beiden Raumschiffe A und B bewegen sich *relativ* zueinander. Die Versuchsanordnung ist also *völlig symmetrisch!* Wir müssen uns *willkürlich* entscheiden, welches von beiden als Inertial- bzw. Bezugssystem betrachtet wird – oder eben *ob überhaupt* eines als ein solches *gesetzt wird oder werden soll!* Ich könnte ja auch sagen: Da die Situation völlig symmetrisch aufgebaut ist, ist für mich der Zeitdilatationsfaktor $\sqrt{1-v^2/c^2}$ (nennen wir ihn einfach D_z) einfach ein hilfreiches Instrument, die *physikalischen Beschränkungen* unserer Lichtuhr zu *korrigieren* in Richtung der ‚wahren', ‚absoluten' Größen: Wie könnte auch eine Uhr, die *definitorisch* physikalisch *begrenzt* ist durch die *Lichtgeschwindigkeit*, etwas

---

[7] Vgl. hierzu auch den Registereintrag „Inertialsysteme" bei *Einstein/Infeld* 1998, S. 281. Wichtig: *Einstein* (wir wollen nicht vergessen: und *Infeld*, der große Teile des Buches geschrieben hat) meint an *allen* Stellen mit dem Begriff *Inertialsystem* den *Äther*, den es nicht gibt, wenn er einfach von *einem* Inertialsystem spricht. Um nur zwei Stellen zu zitieren: „Wir wollen die Trugbilder ‚absolute Bewegung' und ‚Inertialsystem' nunmehr endgültig aus der Physik verbannen..." (ebd., S. 216) Kurz darauf ist *das* Inertialsystem sogar schon zum „Schreckgespenst" avanciert (S. 229).

messen, was sie nicht messen *kann* – nämlich *Gleichzeitigkeit?*[8] Etwas, was *definitorisch* und *faktisch* nicht gleichzeitig bei A und B sein *kann*, nämlich das Licht, *kann* gleichzeitige Ereignisse in A und B nicht messen. Um es allegorisch auszudrücken: Wir dürfen aus dem Umstand, dass eine Federwaage Radioaktivität nicht messen kann, nicht schließen, dass es Radioaktivität nicht gibt!

Physiker A und Physiker B und Sie und ich und der Schaffner im Zug, wir *wissen* doch, dass das Licht *Zeit braucht*, um den *jeweils* davoneilenden Spiegeln (respektive Vorder- und Rückfronten der Züge, der Raumschiffe etc.) zu folgen. Wir *korrigieren* das mittels D_z *wie selbstverständlich* – wozu sonst die ganze Rechnerei mit D_z? Und wir *korrigieren* ganz intuitiv richtig: Wenn wir einen Mann sehen, der in weiterer Entfernung einen Pfahl in den Boden hämmert, und wir bemerken, dass der Schall später bei uns ankommt als das Licht, schließen wir sofort aus unserem *Wissen* über die verschiedene Natur der zwei Boten (Schall- und Lichtwellen) auf die *Gleichzeitigkeit* der optischen und akustischen Ursprungsereignisse. Wenn wir *wissen*, dass ein Stern von uns 10 000 Lichtjahre entfernt ist, schließen wir *ganz natürlich* und *richtig* darauf, dass dieser Stern *jetzt* schon ganz anders aussieht als jene 10 000 Jahre alte Darstellung, die uns sein *Licht* jetzt liefert.

Im Hinblick auf weit voneinander entfernte, jedoch *ruhende* Uhren (oder welche Phänomene auch immer) stellt natürlich auch *Einstein* fest, „dass wir immer Vorgänge sehen, die *in Wirklichkeit* schon vor einer gewissen Zeit stattgefunden haben, wie uns ja auch das Licht der Sonne erst acht Minuten nach seiner Ausstrahlung erreicht. Bei allen Zeitablesungen müssen wir also je nach unserem Abstand von der Uhr gewisse *Korrekturen* vornehmen." (*Einstein/Infeld* 1998, S. 180; Herv. E.S.) Wir und *Einstein/Infeld* tun das *ganz selbstverständlich!* Und auch völlig *korrekt!*

---

[8] „Dass Gleichzeitigkeit *kein absoluter* Begriff ist", vgl. dazu (und also konträr zu meiner Sicht) etwa *Goenner* 1996, S. 35 ff., oder den Meister selbst: *Einstein* 1997, S. 13-18.

Nur – WAS ist dieses *selbstverständliche*, dieses *selbst*verständliche? Bezüglich WAS wird korrigiert? Gemessen an WAS ‚*richtigem*' ist ein ‚*Fehler*' aufgetaucht, der *korrigiert* werden muss? WAS ist, wie *Einstein/Infeld* formulierten, „in Wirklichkeit"? Wir *müssen denknotwendig* ein *Absolutes*, eine irgendwie geartete *absolute Zeit setzen, gemessen an der* korrigiert wird – und ob weit entfernte, aber relativ zueinander ruhende Uhren, oder auch bewegte Uhren, nein: lichtübermittelte Uhren*anzeigen* korrigiert werden müssen (wie in unseren beiden Raumschiffen A und B), *ist völlig unerheblich:* Letzteres verstärkt nur den Fehler und erhöht lediglich den Korrekturbedarf. Und dieser Korrekturbedarf ist vor allem und wie gesagt *völlig symmetrisch: Beide Systeme* A *und* B bewegen sich jeweils – sie *bewegen* sich, und zwar eben *nicht nur relativ* zueinander: *Beide* sehen sich jeweils in Bewegung, das *System* ‚AB' ist *in sich* wie gemessen an anderen Systemen *in Bewegung*. A und B bewegen sich *absolut* – voneinander weg.

Und zudem: Beide Astronauten *müssen* jeweils mit *identischen* Messinstrumenten und Maßstäben messen oder, wenn sie mit verschiedenen Maßstäben messen (der eine misst z.B. die Länge mit der Einheit *Meter*, der andere mit der Einheit *Elle*), beide unterschiedlichen Maßstäbe auf ein gedachtes *gemeinsames Drittes* (konkret: einen Umrechnungsfaktor) zurückführen, sonst wäre jeder Vergleich welcher Zeit- oder Längenmessung völlig sinnlos und rein willkürlich – und Messergebnisse wären von Hintergrundrauschen nicht zu unterscheiden. Auch in dieser Hinsicht werden also Maßstäbe als *absolut* gesetzt – um *daran gemessen* relative Verzerrungen feststellen zu können.

Praktischerweise sind das, was Zeit und Raum betrifft, einfach Sekunde und Meter in ihrer physikalisch genau definierten und dieserart als *absolut* gesetzten Größe. Und man beachte: Die Einheit der Zeit ist physikalisch definiert als das Vielfache der Schwingungsperiode der Strahlung eines Nuklids – ganz unabhängig von der Relativgeschwindigkeit dieses Nuklids (samt des als Bezugssystem fungierenden Apparates zur Messung dieser Schwingungsperiode) zu was auch immer! Und ein Meter ist sogar definiert als Strecke, die das Licht (im Vakuum) in einem bestimmten (winzigen) Zeitabschnitt durchquert

– und zwar mit der von der SRT und der ART als ABSOLUTUM gesetzten Lichtgeschwindigkeit![9]

Ein kleines Gedankenexperiment (bekanntlich entwickelte Einstein seine gesamte Theorie zunächst ausschließlich aufgrund von Gedankenexperimenten) soll verdeutlichen, dass man womöglich doch einen *absoluten Raum*, also (falls es überhaupt *irgend* eine Bewegung geben sollte) eine *absolute Bewegung* und also auch eine *absolute Zeit* nachweisen kann:

Ein Raumschiff A sei ganz allein im leeren Raum. Kein Orientierungspunkt ringsherum, an dem man Eigenbewegung, falls vorhanden, erkennen könnte: kein zweites Raumschiff, kein Stern, kein Planet – nichts ist zu sehen jenseits seiner rundherum installierten Fenster. Mit sechs Ausnahmen: Es gibt nach außen gerichtete Greifarme, je zwei in Richtung der drei Raum*di*mensionen. Es könnte ja doch irgendwann etwas vorbeifliegen...

Auf jeden Fall erkennt unser Astronaut anhand der von innen beweglichen Greifarme, dass ‚da draußen' etwas *ist* – nämlich leerer Raum. Nun, unser Astronaut vollführt im Raumschiff, in dem Schwerelosigkeit herrscht (es ist ja außerhalb, mit bloßem Auge oder auch mit vielen anderen Messinstrumenten, die unser Astronaut an Bord hat, nichts zu sehen, was ein Gravitationsfeld erzeugen könnte), verschiedenste Experimente. Unter anderem mit Schießpulver: Er findet heraus, dass er mit kleinen Mengen zur Explosion gebrachten Schießpulvers eine kleine Masse, etwa ein in einem Rohr befindliche Kugel, relativ zum mit dem Raumschiff fest verbundenen Rohr und damit relativ zum Raumschiff insgesamt beschleunigen kann. Und unser Astronaut erkennt natürlich sofort, dass die Explosion in dem Rohr einer der auf die Kugel einwirkenden Kraft analogen

---

[9] „Eine Sekunde ist das 9.192.631.770-fache der Periodendauer der dem Übergang zwischen den beiden Hyperfeinstrukturniveaus des Grundzustandes von Atomen des Nuklids ^{133}Cs entsprechenden Strahlung... Das Meter ist seit 1983... definiert als die Strecke, die das Licht im Vakuum in einer Zeit von 1/299.792.458 Sekunden zurücklegt."
(http://de.wikipedia.org: Suchworte *Sekunde* und *Meter*.)

Rückstoß produziert und somit das gesamte Raumschiff in seiner absoluten oder relativen Bewegung entsprechend physisch beeinflusst (zumindest in der kurzen Zeit des Fluges der Kugel bis zum Aufschlag auf ein Testziel, ebenfalls fest verbunden mit dem Raumschiff, also bis zum zweiten, entgegengesetzten Rückstoß quasi) – falls eine solche Bewegung überhaupt vorhanden sein sollte.

Unser schlauer Astronaut kommt also auf die schlaue Idee, aus seinem Raumschiff insgesamt eine beschleunigte Kugel zu machen: Er baut einen mit Schießpulver betriebenen Raketenantrieb, installiert diesen mithilfe der Greifarme an eine Seite des Raumschiffes, setzt ihn in langsam, peu à peu in Betrieb – und siehe da: Alle bislang schwerelos im Raumschiff schwebenden Dinge (eigentlich nur unser Astronaut – alle anderen Gegenstände hat unser schlauer Astronaut natürlich aus Sicherheitsgründen fest installiert) werden in Richtung der Seite, an der der Raketenmotor installiert ist, ‚gedrückt': Besser: Diese Seite kommt dem Astronauten, dieser ‚trägen Masse', plötzlich entgegen und drückt ihn dann in die gleiche Richtung. Unser Astronaut merkt also: Ich bin in Bewegung – und zwar *absolut*. Es *bewegt* und *regt* sich etwas im großen Universum *absolut: Physisch nachweisbar!*[10] Und da unser Astronaut schlau ist, weiß er, dass die Bewegung seines Raumschiffes und damit seiner selbst auch dann nicht aufhört, wenn er seinen Raketenmotor stoppt. Zwar kommt ihm die Seite seines Raumschiffes, an der der Raketenmotor installiert ist, dann nicht mehr entgegen. Aber unser Astronaut weiß, dass er sich mit seinem Raumschiff weiterhin mit linearer Geschwindigkeit durch den Raum bewegt – so lange zumindest keine physische Ursache auftaucht, die diese Bewegung abbremst, ablenkt, stoppt oder gar noch beschleunigt.

---

[10] Wir sehen hier mal von dem Spezialfall ab, dass das Raumschiff vor dem Start des Raketenmotors mit linearer (also unter den gegebenen Bedingungen nicht beobachtbarer) Geschwindigkeit durch den Raum geglitten ist und durch den genau entgegengesetzten Raketenschub abgebremst worden ist.

Nur – relativ zu WAS ist unser Astronaut samt Raumschiff in Bewegung? Wir erinnern uns, dass es da draußen kein anderes Raumschiff, keine Sterne, keine Planeten etc. gibt, gemessen an denen unser Astronaut seine Bewegung hätte erkennen können. Dennoch *bewegt* er sich unzweifelhaft! Man könnte sagen: Er bewegt sich nur *relativ* zu den Explosionsüberresten, die sich jetzt genauso draußen im Raum *relativ* zum Raumschiff von diesem wegbewegen. Das ist aber kein Argument: Relativ zu WAS bewegen sich jetzt *beide? Gibt* es da *etwas, ist* da *was? Schaffen* Raumschiff und Explosionsüberreste etwa erst dieses *Etwas,* nämlich den *Raum, in dem* sie sich doch offensichtlich bewegen, *indem* sie sich in ihm bewegen? Natürlich nicht. Oder ziehen sie ihn, falls er schon da war, mit sich mit – oder ist er nicht doch einfach vor und neben ihnen *als absoluter Raum* DA? Ich würde letzteres behaupten.

Wie man sich den *absoluten Raum* – mit der logischen wie physischen Folge einer *absoluten Bewegung* (falls es bewegte Dinge im Raum *überhaupt* gibt) und einer *absoluten Zeit* – vorzustellen hat? Wie schon angemerkt, kann man sich zunächst ganz pragmatisch an der den gesamten Weltraum durchdringenden so genannten kosmischen Hintergrundstrahlung, verstanden als Koordinatensystem, *orientieren.* Und was den, sagen wir: ‚physischen Inhalt', die ‚*Substanz*' des Raumes (das ist *äußerst* allegorisch gesprochen!) betrifft, scheint mir das so genannte Machsche Prinzip (vgl. z.B. *Galeczki/Marquardt* 1997, S. 48) den richtigen Hinweis zu geben: Im Universum wirkt (durch die beiden unendlich weit wirkenden Kräfte der Gravitation wie des Elektromagnetismus) *alles auf alles!*[11] Es gilt gnadenlos und ohne jede Ausnahme (also auch bezüglich Massen, die Milliarden von Lichtjahren voneinander entfernt

---

[11] Mach hat speziell angenommen, dass die „Trägheit (der Masse; E.S.) von der Anziehungskraft der zahllosen fernen Galaxien stammt, von denen wir umgeben sind." (*Baeyer* 1997, S. 88) Mach hat sich insofern nur auf den gegenseitigen *Gravitationseinfluss* aller Massen im Weltall bezogen. Freilich wirken Massen auch über die *elektromagnetische Wechselwirkung* über tendenziell unendlich lange Strecken aufeinander ein.

sind!) das gute alte Newtonsche Prinzip „actio = reactio" (*Galeczki/Marquardt* 1997, S. 154, 167, 221 u. 223). Es gibt, so gesehen, nicht nur einen gemeinsamen Masseschwerpunkt des Gravitationssystems Erde/Sonne oder unseres gesamten Planetensystems (oder unseres oben genannten Systems aus Raumschiff und Explosionsüberresten), sondern auch der *gesamten Masse des gesamten Universums!* „Demnach ist das absolute und bevorzugte Bezugssystem mit dem des Massenschwerpunktes des Gesamtsystems (eigentlich des gesamten Weltalls) zu identifizieren." (*Galeczki/Marquardt* 1997, S. 138)

Es *gibt* in *diesem* Sinne also einen *absoluten*, einen ‚*archimedischen Punkt'!* Aber Achtung: Das ist selbstverständlich eine Allegorie! Dieser ‚Punkt' ist *der Raum*, ist das *das Universum selbst*. Da das Universum endlich, jedoch *unbegrenzt* sowie homogen und isotrop ist, ist sein gemeinsamer Massenschwerpunkt quasi *überall*. Also haben wir ein an diesem ‚Punkt' sich entfaltendes und orientierendes *absolutes Koordinatensystem*. Unabdingbar! Der gemeinsame Massenschwerpunkt des Universums ist ein *physisches Faktum*. Unleugbar!

IV. Ist die Lichtgeschwindigkeit absolut – und ist es sinnvoll, um *eine* Naturkonstante herum ein ganzes Weltbild aufzubauen?

Wenn man sich also den *absoluten Raum* des *absoluten Universums* als vollständig durchdrungen von elektromagnetischen und gravitativen Wellen (Gravitonen)[1] vorstellt, erscheint auch schnell klar, warum das Licht (oder welche elektromagnetische oder gravitative Welle auch immer) mit c eine *absolute* Obergrenze seiner Ausbreitungsgeschwindigkeit hat. Das Licht stößt, man könnte fast sagen: *an*scheinend an genau dieser Grenze an den *absoluten*, besser: den *endgültigen*, den *Grenz*widerstand der das gesamte Universum in Form von gravitativen Wellen[2], elektromagnetischen Wellen (kosmische Hintergrundstrahlung etc.) oder auch in Form des Quantenvakuums (*Hey/Walters* 1998, S. 184 u. 222) durchdringenden Energie. Hier scheint, salopp gesprochen, das Ende der Fahnenstange zu sein. Da es einen Faradayschen Käfig für Gravitation nicht gibt (vulgo: die gravitativen Wellen durchdringen *alles*), ist es uns und dem Licht und wem oder was auch immer *nicht* möglich, ein *absolutes energetisches Vakuum* zu schaffen, in dem wir (unendlich lange auch nur ganz leicht beschleunigt) *unendlich schnell* werden könnten – was *grundsätzlich* physikalisch mög-

---

[1] Ich gehe mal eben gedankenexperimentell davon aus, dass die Gravitation kein *geometrisches* Phänomen einer *gekrümmten Raumzeit* ist (davon später natürlich noch sehr viel mehr), sondern brav und analog zu den anderen drei Grundkräften der Natur durch ein Trägerpartikel bzw. eine Trägerwelle, also durch das (leider, leider noch nicht nachgewiesene...) *Graviton* übertragen wird.

[2] In meinem Buch „Von der Natur des Denkens und der Sprache." (*Scheunemann* 2003) habe ich leider nicht immer begrifflich exakt unterschieden zwischen *gravitativen Wellen*, mit denen selbstverständlich *Gravitonen* gemeint waren und sind, und so genannten *Gravitationswellen*, also Raumzeitkräuselungen, die nach der ART etwa nach Supernovae, also durch gigantische Explosionen sterbender Sterne entstehen müssen.

lich wäre, *gäbe* es ein *absolutes* energetisches Vakuum, verstanden als *absolute Widerstandslosigkeit.*

Falls es stimmen sollte, dass das Universum permanent expandiert, müsste sich seine Strahlungs- und Materiedichte (falls keine *neue* Strahlung und Materie im Maße der Expansion *produziert* wird, was nach dem ersten Hauptsatz der Thermodynamik auch nicht zu erwarten ist) mit der Zeit immer weiter verringern – und c könnte aufgrund dieses sich ausdünnenden Widerstandes immer *schneller* werden! Oder um es so zu sagen: c ist *heute* genau c, weil die durchschnittliche Energiedichte des Universums *heute* genau so ist, wie sie ist. c ist oder wäre ‚absolut' allein bezüglich des Universums in seiner *heutigen* Form und seines *heutigen* Inhalts! Es ist in dieser Sicht ein regelrechter Anthropozentrismus, ‚unser' heutiges c als Natur*konstante* zu titulieren! Auch für c gilt, was für jedes Naturgesetz gilt: Jedes Naturgesetz gilt nur innerhalb seiner *Geltungsbedingungen*.[3]

Man kann die beobachteten spektralen Rotverschiebungen des Lichtes fernster Galaxien (üblicherweise als *der* Beweis für die Expansion des Weltalls angeführt) vor diesem Hintergrund auch ganz anders interpretieren – nicht als negativen Doppler-Effekt, sondern als Summe der eben genannten Effekte. Das Licht wird über *sehr* weite Strecken durch den energetischen Salat von elektromagnetischen und gravitativen Wellen, den es durchdringen muss, Schritt um Schritt abgebremst (von interstellarem Gas etc. ganz abgesehen).[4] c ist ja nur im *absoluten* Vakuum c!

---

[3] Vgl. hierzu im Detail den Epilog in Kapitel XVII, S. 225 ff.

[4] Zur Möglichkeit der „Ermüdung von Photonen" über lange Wegstrecken vgl. auch *Collin* 2008, S. 37. Dass c insgesamt keine absolute Größe sein könnte, diskutieren auch *Vaas* 2001b, S. 54, *Padova* 2002, *Hau* 2001, oder *Brandt* 2001. Vgl. auch den Artikel ohne Autor: *Lag Einstein daneben?* 2002. Kategorisch *gegen* die These der Ermüdung von Photonen sprechen sich *Lineweaver/Davis* aus (2005, S. 43). *Wolschin* (2001) und *Barrow/Webb* (2005) erörtern Indizien, die darauf hinweisen, dass *alle* Naturkonstanten, man könnte sagen: *in the very long run* ‚Veränderliche' sein könnten.

Vielleicht hatten andere diesen Gedanken auch schon: "Ich erinnere mich an einen Imbiss in einem angesehenen physikalischen Institut, bei dem ein sehr prominentes Mitglied dieser Fakultät (ich würde es nicht wagen, ihn durch die Erwähnung seines Namens in Verlegenheit zu bringen) sagte, er spiele oft mit dem Gedanken, einen versiegelten Umschlag zu hinterlassen, der fünfzig Jahre nach seinem Tod geöffnet werden solle. Er enthielte seine Vorhersagen über die Ergebnisse bestimmter wissenschaftlicher Kontroversen. An erster (!! E.S.) Stelle der Liste, fuhr er fort, stünde die Vorhersage, die Interpretation der Rotverschiebung als Beweis für die Ausdehnung des Universums würde sich als falsch erweisen." (*Trefil* 1997, S. 66)[5]

Ob diese Erklärung der Obergrenze von c und der Rotverschiebung des Lichtes fernster Galaxien letztlich stimmt – ich habe keine Ahnung. Aber da bin ich nicht ganz alleine: „Die physikalische Ursache von $E = mc^2$... ist bis heute nicht geklärt." (*Galeczki/Marquardt* 1997, S. 212) Und bei *Einstein* habe ich *gar keine* Erklärung der vermeintlich absoluten Obergrenze von c gefunden: c wird einfach als absolut konstant *gesetzt* – im *Vakuum* zudem, ohne zu definieren, was man darunter konkret zu verstehen hat.

Wobei das mit der Behauptung von der gnadenlos *absoluten* „Konstanz der Lichtgeschwindigkeit" (*Einstein* 1990, S. 31 ff.) natürlich auch jenseits der eben geäußerten *grundsätzlichen* Überlegungen so eine Sache ist – oder so ausgedrückt: eine Sache reiner *Interpretation* und damit ziemlich, fast hätte ich gesagt: *relativ*. Die Lichtgeschwindigkeit im Vakuum ist nämlich nur gemessen, also *relativ* zur emittierenden Lichtquelle ‚absolut' – und auch nur dann, wenn die Ergebnisse der berühmten *Michelson/Morley-Experimente* richtig sind, also richtig *ermittelt* und richtig *interpretiert* wurden – *was ich bezweifle!*

---

[5] Nebenbei: Dieses Beispiel beleuchtet in grellem Licht die Konsequenzen, die jemand zu erwarten hat, der sich gegen die geheiligten Grundsätze des Mainstreams des Physikbetriebs stellt: Als Mitglied des Betriebs fürchtet man sie *noch über den Tod hinaus!*

Ich beziehe mich dabei auf die Experimente von *Michelson/Morley* aus den Jahren 1881/1887, die, in Kurzform, zu folgendem Ergebnis führten: Es gibt keinen Äther, an dem sich das Licht orientiert, weil es in einem auf der Erdoberfläche installierten Interferometer, das sich mit der Erdbewegung ja durch den Weltraum, den vermeintlichen Äther, bewegt, *nicht* zu Laufzeitunterschieden von gegenläufig ausgesandten und wieder reflektierten Lichtsignalen kommt. Das Licht bleibt zwischen Hin- und Rückweg also nicht an einem vermeintlichen Äther (quasi einer festen Raumrasterung des absoluten Raumes) hängen, sondern läuft brav mit der gesamten Messapparatur, dem Interferometer, mit – und damit mit der Bewegung der Erde, auf dem das Interferometer installiert ist!

Galeczki/Marquardt berichten jedoch, dass *Michelson* zusammen mit *Gale* 1925 ein Experiment durchgeführt hat, das, die „drehende Erde als ‚Labortisch'" nutzend, die „*absolute* Rotationsbewegung der Erde" nachgewiesen habe (*Galeczki/Marquardt* 1997, S. 115). In diesem *Michelson/Gale-Experiment* muss es also zu Laufzeitunterschieden gekommen sein. Und in einem weiteren Experiment von *Hoek* (vgl. *Galeczki/Marquardt* 1997, S. 233 f.) kam es in einer insgesamt *bewegten* Apparatur, die eigentlich Laufzeitunterschiede des Lichtes aufgrund *verschiedener durchlaufener Medien* (Luft, Wasser) aufzeigen sollte, mit „hoher Präzision" immer zu einer „Phasendifferenz (von) Null" (ebd., S. 234) – es wurden also wiederum *keine* Laufzeitunterschiede festgestellt.

In der graphischen Darstellung von *Galeczki/Marquardt* (1997, S. 234) – und auch im Text davor und danach – wird (mir) aber nicht klar, ob das in die *bewegte* Apparatur eingestrahlte Licht von einer *nicht mitbewegten* Lichtquelle *außerhalb* der Apparatur eingestrahlt wurde, oder von einer *mit der Apparatur mitgeführten Lichtquelle*. In letzterem Falle würde das Hoek-Experiment (keine Laufzeitunterschiede) dem Michelson/Gale-Experiment (Laufzeitunterschiede) widersprechen und mit den Michelson/Morley-Experimenten von 1881/1887 (keine Laufzeitunterschiede) konform gehen.

Ich muss das alles (man könnte auch sagen: diesen Kuddelmuddel) als Nichtphysiker einfach zur Kenntnis nehmen und mir meinen eigenen Reim bilden.

Bevor ich mir meinen Reim auf diese physikalisch-empirischen Experimente zu bilden versuche, möchte ich ein kleines Gedankenexperiment durchführen. Es sei erneut, weil so wichtig, daran erinnert: *Einstein* hat via Gedankenexperimente die gesamte SRT und ART aufgebaut...

Also: Denken wir uns wieder die beiden (sich sehr schnell linear gegeneinander bewegenden) Raumschiffe A und B mit den Lichtuhren und diesmal auch mit (wie wir gelernt haben: strukturähnlichen) Interferometern an Bord. Nach allem, was bisher gesagt wurde und nach allem, was wir bisher wissen (,wissen'...), wird weder Astronaut A noch Astronaut B irgendwelche Laufzeitunterschiede des *im jeweiligen eigenen Raumschiff* ausgesandten und reflektierten Lichtes feststellen. Was folgt also? Es folgt, dass das Licht sich ,absolut' nur *relativ* zu seiner Lichtquelle im jeweiligen Raumschiff ausbreitet! Beide Astronauten messen das so! In hunderten affirmativer Darstellungen der SRT wird uns das so gesagt! Beide Raumschiffe nehmen also ,ihr' Licht mit! In beiden Raumschiffen ist das Licht also nur ,absolut' *relativ* zum jeweils eigenen Bezugssystem, relativ zur eigenen Lichtquelle!

Aber weiter: Beide Astronauten sind natürlich *doof*, sie wissen nichts voneinander und machen sich keine weiteren Gedanken über das scheinbar banale Ergebnis ihres Experimentes: Das Licht wird (im eigenen Bezugssystem) allseitig in aller Gleichmäßigkeit und ohne jeden Laufzeitunterschied ausgesandt und reflektiert! Genau so wie im Michelson/Morley-Experiment!

Nur – diesmal sind *wir* schlau und führen einen schlauen *Dritten* ein, der als Beobachter *C* (Nennen wir ihn im Folgenden den Großen C!) beide Raumschiffe sieht und auch die Messvorgänge darin beobachtet. Und er ist sogar so schlau, dass er die Übermittlungsfehler, die aus der physischen Begrenzung unseres Informationsübermittlungssklaven namens *Licht* resultieren, mit unserem schon bekannten Faktor $\sqrt{1-v^2/c^2}$ einfach *herausrechnet*.

Und nun stellen wir uns noch vor, dass die beiden Astronauten A und B mit ihren Raumschiff nach einer bestimmten Strecke kehrt machen und zum Großen C fliegen, um ihm ihre Messergebnisse zu übermitteln. Was wird der Große C also feststellen und aus allen Informationen und eigenen Messergebnissen und Korrekturrechnungen schließen?

Nun, ich bin erst mal gemein und überlasse es Ihrem Scharfsinn, liebe Leserinnen und Leser, die unumgänglichen Schlussfolgerungen selbst zu ziehen.

Bevor ich die unabwendbaren Konsequenzen aus diesem Gedankenexperiment selbst ziehe, möchte ich kurz auf die angeführten physikalisch-empirischen Experimente zurückkommen: Gehen wir davon aus, dass *Michelson/Morley* 1881/1887 korrekt gemessen haben und es also *keine* Laufzeitunterschiede gab, zumal neueste Messungen/Experimente ebenfalls zu dem Ergebnis kommen (vgl. etwa die Darstellung bei *Morsch* 2002), dass sich Licht in einem Labor auf der Erde nach allen Seiten gleich schnell ausbreitet, obwohl die Erde ja mit etwa 30 Kilometern pro Sekunde um die Sonne kreist und das Gesamtsystem Sonne/Erde mit ca. 340 Kilometern pro Sekunde durch das Weltall rast (gemessen relativ zum Mikrowellen-Hintergrund).

Ich würde diese Ergebnisse aber ganz anders *interpretieren*: Wenn ich *zwei* Lichtquellen habe und eine von beiden (Lv) sich mit der Geschwindigkeit v relativ zur anderen, relativ zu Lv ruhenden Lichtquelle (Lr), sagen wir: in gerader Linie wegbewegt, dann *addieren* (subtrahieren) sich *ganz klassisch*, hätte ich fast gesagt, $v+c$ von Lr aus betrachtet! Warum? Gerade *weil* das Gesetz gilt (wie gesagt: *wenn* es denn gilt...), dass sich das Licht von *allen* Lichtquellen aus absolut und isotrop (gleich schnell und gleichförmig in alle Richtungen) mit c ausbreitet! Ich kann logisch *nicht beides* gleichzeitig behaupten: 1. dass sich Licht von jeder Lichtquelle (natürlich immer nur im winzigen Augenblick der Emission – *danach* sind Lichtquelle und emittiertes Licht selbstverständlich voneinander unabhängig) isotrop mit c ausbreitet, „unabhängig vom Bewegungszustande der Lichtquelle" *relativ* zu etwas anderem (*Einstein* 1990, S. 32), und dass sich 2. die Geschwindigkeiten von Lichtquelle und Licht *nicht* addieren würden – *relativ* zu etwas anderem. Sie *addieren* bzw. *subtrahieren* sich definitiv – *relativ* zu anderen Lichtquellen! Und dabei ist es völlig gleichgültig, ob man unter einer ‚Lichtquelle' eine ‚richtige' Lichtquelle versteht oder ‚nur' einen Spiegel, der Licht reflektiert – auch aus einem Spiegel ‚quillt' Licht, wenn er es reflektiert.

Wenn sich dies nicht so verhalten würde, wenn sich Lichtgeschwindigkeiten zu den Eigengeschwindigkeiten der Lichtquellen *nicht* addieren/subtrahieren würden, hätten, um es so zu sagen, *Michelson/Morley* in ihrem Experiment ja gerade Laufzeitunterschiede messen müssen! Sie haben sie gerade *nicht* gemessen (wie gesagt: die Korrektheit des Experimentes vorausgesetzt), weil jede Lichtquelle (die ja gemessen an *irgend etwas* im Universum *immer* eine *relative* Eigengeschwindigkeit bzw. –bewegung aufweist) eben ‚ihr' Licht ‚mitnimmt' (Fresnel-Effekt[6]), also, mit anderen Worten, isotrop mit *c* ausstrahlt, also *logisch immer* die Eigengeschwindigkeit zu *c* hinzufügt – *addiert!*

Das Ergebnis der Experimente von *Michelson/Morley* (und ähnlicher anderer Experimente) lautet ja gerade, um es, da so wichtig, zu wiederholen: Es gibt keine Laufzeitunterschiede von Licht *in* einer sich (zum Beispiel via Erdbewegung um die Sonne) bewegenden Apparatur (Interferometer), *in* der das Licht von einer *mitgeführten* Lichtquelle *in* der Apparatur ausgesandt und von gleich weit entfernten, jedoch entgegengesetzt (oder anderweitig gewinkelt) installierten Spiegeln *in der selben* Apparatur reflektiert wird! Das Licht breitet sich also *in* der Apparatur *völlig isotrop*, also gleich schnell in alle Richtungen *relativ zur Lichtquelle in der Apparatur* aus!

Und daraus (und um unser Gedankenexperiment mit dem *Großen C* wieder aufzunehmen) folgt *logisch zwingend:* Wenn *zwei* Interferometer, die ‚ihr' ausgesandtes Licht also jeweils ‚mitnehmen' (da sie *keine* Laufzeitunterschiede *im* jeweiligen Interferometer messen), sich mit der Geschwindigkeit v voneinander wegbewegen, dann bewegt sich das jeweils in genau entgegengesetzter Richtung ausgesandte Licht (gemessen an der jeweiligen Wellenfront) mit der Geschwindigkeit $2c + v$ relativ zueinander und voneinander weg!

Das kann man nur bestreiten, wenn man sagt, dass sich, würde man ein *sehr* großes Interferometer bauen, *doch* Laufzeitun-

---

[6] Vgl. zum Fresnel- oder ‚Mitnahmeeffekt' auch (durchaus *nicht* in zustimmendem Sinne!) *Goenner* 1996, S. 20, oder *Galeczki/ Marquardt* 1997, S. 233.

terschiede einstellen würden. Aber dann müsste man wieder einen ‚Äther', einen *absoluten Raum* konstatieren, an dem sich das Licht orientiert...

Oder man müsste sagen: Das Licht, dessen Ausbreitungsgeschwindigkeit sich (kontrafaktisch) *nicht* zur Geschwindigkeit seiner Quelle addiert, *ist selbst der Äther!*[7] Wir erinnern uns: Sichtbares Licht ist ja nur *eine* Form elektromagnetischer Wellen – die kosmische Hintergrundstrahlung von knapp drei Grad Kelvin, die man, wie gesagt, *orientierungsweise* als *absolutes Koordinatensystem* betrachten kann, ist eine andere Form.

Ihr lieben Physiker müsst euch also entscheiden: *Entweder* beweisen Experimente à la Michelson/Morley (*wenn* wir von ihrer Richtigkeit ausgehen), dass sich die Lichtgeschwindigkeiten verschiedener Lichtquellen *addieren* – c wäre dann nicht ‚absolut' absolut, sondern nur absolut, *relativ* zur Eigengeschwindigkeit der Lichtquelle –, *oder* es gibt da *etwas*, an *dem* sich das Licht orientiert – den *absoluten Raum!*

Galeczki/Marquardt gehen übrigens *nicht* vom Fresnel- bzw. Mitnahmeeffekt aus (der da lautet: das bewegte Medium nimmt sein *im* bewegten Medium emittiertes Licht mit), sondern von der *absoluten Verankerung des Lichtes im absoluten Raum* (ebd., S. 232 u. viele, viele andere Stellen). Ich kann dann aber nicht begreifen, warum Galeczki/Marquardt *ebenso* vom *Additionstheorem* (ebd., S. 15 f., 60, 68 f., 81) des Lichtes bzw. der Lichtgeschwindigkeit*en* (Plural!) ausgehen: Entweder das Licht orientiert sich ausschließlich am absoluten Raum[8] – dann addiert sich seine Geschwindigkeit *nicht* zur Eigengeschwindigkeit der Lichtquelle. *Oder* Lichtgeschwindigkeit und Geschwindigkeit der Quelle addieren sich – dann orientiert sich das Licht aber nicht am absoluten Raum. (Weswegen letzterer

---

[7] Wenn ich *Galeczki/Marquardt* richtig verstanden haben, sagen sie dasselbe (1997, S. 238).

[8] *Galeczki/Marquardt* weisen ja gerade auf Experimente hin (Sagnac, Michelson-Gale), die *Laufzeitunterschiede* des Lichtes aufgezeigt haben (1997, S. 203-210), also auf einen *absoluten Raum* und auf die Möglichkeit *absoluter Bewegung* verweisen.

als *absoluter* Raum übrigens *allein* nicht widerlegt wäre. Davon aber erst später mehr).

Galeczki/Marquardt schreiben zwar: „Fazit: Die gemessene (!! E.S.) Lichtgeschwindigkeit ist *abhängig von der Geschwindigkeit des Beobachters.*" (1997, S. 16) Und sie *addiert* sich (vektoriell) also „zur absoluten Geschwindigkeit v seines Labors" (ebd.). Was ja banal ist. Nur wird nicht genau klar, wie sie das Verhältnis des Lichtes zu seiner *Quelle* interpretieren (eine Unklarheit, die *weitest* verbreitet ist!): „Wenn (!! E.S.) das Licht als Welle erst einmal seine Quelle verlassen hat, ist seine Ausbreitung und damit seine Ausbreitungsgeschwindigkeit *unabhängig* von der Quelle und ihrer Bewegung (anders formuliert, die Lichtausbreitung ist im freien Raum verankert)." (ebd., S. 15 f., analog S. 238) Das ist auch banal – und gilt, wie weiter oben schon angemerkt, auch für die klassische Physik: *Wenn* ich den Pfeil erst mal abgeschossen habe, ist seine Geschwindigkeit unabhängig von der des Bogens, den ich *danach* hinter den Pfeil her, nach links oder rechts, nach oben oder zu Boden werfen – oder auch aufessen kann. Die Frage ist nur: *Übernimmt* das Licht die Geschwindigkeit der *Quelle*, die diese hatte, *bevor* und *während* das Licht ausgesandt wird? Das ist das Ergebnis des Michelson/Morley-Experimentes! Das Licht, das *im* Interferometer ausgestrahlt wird, wird *ohne* Laufzeitunterschiede reflektiert, also *mitgenommen!* Das Licht im Interferometer übernimmt die Bewegung des Interferometers und also die Bewegung der Erde! *Was* ist also *falsch?* Die Aussage, dass c absolut ist, oder die Ergebnisse von Michelson/Morley? *Beides geht nicht zusammen!*

Einstein schreibt: „Nun zeigte es sich aber im ersten Viertel des 19. Jahrhunderts, dass die Interferenz- und Beugungserscheinungen des Lichtes sich mit erstaunlicher Schärfe erklären ließen, wenn man das Licht als ein Wellenfeld auffasste, das dem *mechanischen* Schwingungsfelde in einem elastischen *festen Körper völlig analog* war." (*Einstein* 1997, S. 99; Herv. E.S.) Also grundsätzlich: Warum sollten sich beide Arten von Feldern grundsätzlich anders bewegen – mal ohne Geschwindigkeitsaddition ($c \neq c + v$), mal mit ($V = v_1 + v_2$) –, *wenn* man die *Wellen*natur so stark mit der *Partikel*natur korreliert?

Das berühmte Zugbeispiel von oben (*im* fahrenden Zug werden keine Laufzeitunterschiede des *im* Zuge ausgesandten und reflektierten Lichtes gemessen) wurde von *Fizeau* auf eine Flüssigkeit übertragen, die mit der Geschwindigkeit v durch eine Röhre fließt.

Frage: Wie hoch ist c einmal *relativ* zur Flüssigkeit (fahrender Zug) und dann *relativ* zur Röhre (ruhender Bahndamm)? Obwohl in Einsteins Darstellung des Experimentes nicht klar wird, ob sich die Lichtquelle mit der Flüssigkeit im Moment der Aussendung des Lichtes mitbewegt (wie die Lichtquelle im Zug) oder nicht, ist aus folgendem Satz zu schließen, dass sie es tut: „Wir werden im Sinne des Relativitätsprinzips jedenfalls vorauszusetzen haben, dass *relativ zur Flüssigkeit* die Lichtausbreitung immer mit derselben Geschwindigkeit w erfolgt, mag die Flüssigkeit relativ zu anderen Körpern bewegt sein oder nicht. Es ist also die Geschwindigkeit des Lichtes relativ zur Flüssigkeit und die Geschwindigkeit der letzteren relativ zur Röhre bekannt, gesucht ist die Geschwindigkeit des Lichtes relativ zur Röhre." (*Einstein* 1997, S. 27)

Nun, interessant ist nicht das klare und stimmige Ergebnis: Ein Beobachter *beobachtet*, da er ja auf unseren physisch *begrenzten* Boten c angewiesen ist, keine komplette Addition der Geschwindigkeiten, sondern eben einen um unseren berühmten Faktor $\sqrt{1-v^2/c^2}$ verminderten Betrag (ebd.).[9] Interessant ist vielmehr, dass auch *Einstein* davon ausgeht, dass sich das Licht *relativ zur Lichtquelle* in einem Medium ‚absolut' isotrop ausbreitet – unabhängig davon, wie sich dieses Medium (Koordinatensystem) *relativ* zu *anderen* (Koordinatensystemen) bewegt! Denn daraus kann es eigentlich nur einen logischen Schluss geben: Die c's (Plural!) und v's (dto.) der *jeweiligen* Koordinatensysteme *addieren* (subtrahieren) sich entsprechend der Relativbewegungen dieser Systeme.

Stellen wir uns, um die Sache zu verdeutlichen, ein weiteres, ich möchte fast sagen: völlig ‚realistisches Gedankenexperi-

---

[9] So ganz *klar* scheinen die Ergebnisse *Fizeaus* nach *Galeczki/ Marquardt* (1997, S. 233) nicht zu sein. Für die oben folgende Argumentation sind solche Messungenauigkeiten (wenn sie nicht gerade Zentimeter für Lichtjahre ausgeben...) aber nicht relevant.

ment' vor: In einer schmalen, aber (sehr) langen Halle auf der Erde, betrachtet als Labor, schicken wir von einer Quelle genau in der Mitte aus Licht an die in Längsrichtung gegenüberliegenden Wände, das dort durch Spiegel reflektiert wird. Wir messen also, die Gültigkeit des Michelson/Morley-Experimentes vorausgesetzt, keinerlei Laufzeitunterschiede. Das Licht breitet sich also *relativ* zur *Lichtquelle*, dem Mittelpunkt unserer Halle auf der Erde, mit der *absoluten* Geschwindigkeit c *isotrop* (gleichwertig und gleich schnell nach allen Richtungen) aus. Dieses Licht nennen wir kurz L_E (für: Licht auf der Erde).

Dasselbe Experiment machen wir in einem Flugzeug, das zufälligerweise genauso lang ist wie unsere Halle und genau die gleiche Versuchsanordnung in seinem langen Rumpf trägt: Das Flugzeug überfliegt die Halle mit linearer Geschwindigkeit und in einem zu vernachlässigenden kleinen Abstand genau in Richtung des ausgesandten Lichtes in unserer Halle, und beide Lichtquellen, im Flugzeug wie in der Halle, schicken genau im selben Augenblick, in dem sie sozusagen genau übereinander in einem, wie gesagt, *vernachlässigbar kleinen Abstand*, also sozusagen in *einem* Bezugssystem übereinander stehen, ihr Licht los. Und beide, Flugzeug und Halle, sind zufälligerweise auch noch aus (lichtbrechungsfreiem) Glas, also durchsichtig.

Wetten, dass das im Flugzeug ausgesandte Licht den Spiegel in der Halle schneller erreicht als das in der Halle in Flugrichtung des Flugzeugs ausgesandte Licht? Wenn *nicht*, dann müssten ja *im* Flugzeug Laufzeitunterschiede des Lichtes *im* Flugzeug gemessen werden: Im Moment des Lichtblitzes in Halle wie Flugzeug sind ja nicht nur die Lichtquellen auf gleicher Höhe und räumlich ganz nahe beieinander – sondern auch die gegenüberliegenden Spiegel an der Front der Halle wie am Bug des Flugzeuges sind ganz nahe beieinander![10] Da sich aber

---

[10] Die Anhänger der SRT werden jetzt gleich die ‚Längenkontraktion' aus der Zaubertasche ziehen und sagen, dass aufgrund der ‚Längenkontraktion' des schnell fliegenden Flugzeugs der Front-Spiegel der Halle und der Bug-Spiegel des Flugzeuges *nicht genauso* nahe beieinander liegen würden wie die beiden Lichtquellen im Moment der *gleichzeitigen* Lichtemission…

in der Laufzeit des Lichtes der Spiegel im Flugzeug mit der Geschwindigkeit des Flugzeuges wegbewegt vom Spiegel in der Halle, in dessen unmittelbarer Nähe er gerade noch war, kann das Licht nicht zeitgleich bei beiden Spiegeln eintreffen: *Wenn* also im Flugzeug *keine* Laufzeitunterschiede des im Flugzeug ausgesandten und gemessenen Lichtes gemessen werden (was nach Michelson/Morley eben der Fall sein soll), wird das Licht aus dem Flugzeug den Spiegel in der Halle früher treffen.

Wie gesagt: Die Geschwindigkeit von Lichtquelle und ‚ihrem' ausgesandtem Licht *addieren* sich definitiv relativ zu anderen Lichtquellen und ‚ihrem' *anderen* Licht: *Wenn* sich die Geschwindigkeiten von Lichtquellen addieren oder subtrahieren können (und warum sollten sie das nicht), dann auch die Geschwindigkeiten ‚ihres' jeweiligen *absolut* mit c isotrop ausgesandten Lichtes.

Und wenn mir jetzt jemand kommt und sagt: Flugzeug und Halle sind ja gar nicht *ein* Inertial- bzw. Bezugssystem (mit dem ganzen Rattenschwanz von Zeitdilatation und Längenkontraktion etc. pp.), dann antworte ich resolut: Ich *setze* einfach, wie schon weiter oben angedroht, das *gesamte Universum als Inertialsystem* (oder zumindest das System Erde-Halle-Flugzeug-Erdatmosphäre) – und kein Gesetz der Physik wird dadurch verletzt, und nichts und niemand kann mich also daran hindern! Kein Gesetz der Physik und am allerwenigsten die *Physis selbst* wird durch welche *Umbenennung* auch immer (Koordinatensystemwechsel sind *Umbenennungen* und nicht anderes!) tangiert! Ich muss nur die ‚relativ-absoluten' bzw. ‚absolut-relativen' physischen Beschränkungen unseres ‚Botschafters' *c kennen* (und wir *kennen* sie!) und sie einfach aus meinen Beobachtungsergebnissen *herausrechnen*. Ich muss einfach ein *schlauer* Beobachter sein – der Große C! That's it. Nothing more.

Vergessen wir nämlich nicht, was denn die historische Ursache war für die ganze Koordinatensystem*umbenennerei* (Lo-

---

Nun, auf die Schimäre von der ‚Längenkontraktion' werde ich noch zurückkommen. Keine Angst!

rentz-Transformation): „Die klassische Mechanik, von der doch nicht bezweifelt werden konnte, dass sie mit großer Näherung gilt, lehrt die Gleichwertigkeit aller Inertialsysteme (bzw. Inertialräume) für die Formulierung der Naturgesetze (Invarianz der Naturgesetze in Bezug auf den Übergang von einem Inertialsystem auf ein anderes). (Wenn ich es recht erinnere, lehrten Galilei/Newton das *eine* Inertialsystem: die Erde im absoluten Raum! E.S.) Die elektromagnetischen und optischen *Experimente* lehrten dasselbe (!! E.S.) mit erheblicher Genauigkeit. Aber das Fundament der elektromagnetischen *Theorie* (gelegt von Maxwell; E.S.) lehrte die Bevorzugung eines besonderen Inertialsystems, nämlich das des ruhenden Lichtäthers (also, zumindest in meiner Interpretation, eigentlich *dasselbe* wie Galilei/Newton! E.S.)... Gab es keine Modifikation des letzteren, welche – wie die klassische Mechanik – der Gleichwertigkeit der Inertialsysteme (spezielles Relativitätsprinzip) gerecht wird?

Die Antwort auf die Frage ist die spezielle Relativitätstheorie. Diese übernimmt von der MAXWELL-LORENTZschen Theorie die Voraussetzung der Konstanz der Lichtgeschwindigkeit im leeren Raum (Welchem? E.S.). Um diese mit der Gleichwertigkeit der Inertialsysteme (spezielles Relativitätsprinzip) in Einklang zu bringen, muss der absolute Charakter der Gleichzeitigkeit (*gemessen* also *allein* mit bzw. an der Lichtgeschwindigkeit! E.S.) aufgegeben werden; außerdem folgen die LORENTZ-Transformationen für die Zeit (Zeitdilatation; E.S.) und die Raum-Koordinaten (Längenkontraktion; E.S.) für den Übergang von einem Inertialsystem zu einem anderen. Der ganze Inhalt der speziellen Relativitätstheorie ist in dem Postulat eingeschlossen: Die Naturgesetze sind invariant in Bezug auf die Lorentz-Transformationen." (*Einstein* 1997, S. 101 f.)

Und man könnte hinzufügen: Diese Transformationen werden völlig überflüssig, wenn man den *einen* absoluten Raum als das *eine* Inertialsystem einfach *setzt* (so wie man x-beliebig viele andere *willkürlich* setzen kann) und die physischen *Beschränkungen* unseres Botschafters *c* kennt – und einfach herausrechnet. Wenn es stimmt, dass die „MAXWELL-LORENTZ-*schen elektromagnetischen Feldgleichungen (nicht) bezüglich* GALILEI-*Transformationen... kovariant (sind)*" (*Einstein* 1990, S. 29), dann sollte man diese ganze Transformiererei womöglich einfach *lassen* und von dem ausgehen, was Maxwells Gleichungen voraussetzen: den *absoluten Raum* als das *eine* absolute Bezugssystem.

Zu unseren *Kenntnissen* über unseren Botschafter *c* gehört übrigens auch der so genannte *Doppler-Effekt*:[11] Die Frequenz des Lichtes, das sich auf uns zubewegt, *erhöht* sich in dem Maße, wie *wir* uns auf *es* zubewegen, wie sich seine Frequenz *reduziert* in dem Maße, wie wir uns von ihm wegbewegen. (Nebenbei: *Was* ist dann eigentlich unser ‚absolut' ‚richtiger' Standpunkt im völlig ‚relativistischen' Universum, von dem aus betrachtet wir die ‚richtige', die ‚normale' Frequenz messen?)

Warum messen unsere beiden Astronauten dann eigentlich keine *jeweilige Rotverschiebung* (Blauverschiebung) des vom *jeweils* sich wegbewegenden (zubewegenden) Raumschiff ausgesandten Lichtes? Die Rotverschiebung (Blauverschiebung) müsste, *wenn* es stimmt (nach *Michelson/Morley*), dass jede Lichtquelle ‚ihr' Licht ‚mitnimmt', also *relativ zu sich* isotrop und mit *c* ausstrahlt, nämlich nicht nur durch sich *beschleunigt* voneinander wegbewegende (zubewegende) Raumschiffe bzw. Lichtquellen entstehen, sondern auch durch *gleichmäßig* schnell sich entfernende (nähernde): Bewege ich mich *gleichmäßig* schnell mit z.B. *1/3 c* auf eine Lichtquelle zu, dann führt das zu einer dramatischen Blauverschiebung (Frequenzerhö-

---

[11] Nebenbei und für Nichtphysiker: Der Doppler-Effekt ist nach dem Physiker *Christian Johann Doppler* (1803-1853) benannt – und nicht, was ich auch mal dachte, nach dem damit bezeichneten Effekt der quasi *Verdoppelung* (besser: Vervielfachung oder Senkung) von Frequenzen. Und auch der so genannte *Schwarzschildradius* eines so genannten Schwarzen Loches heißt nicht deswegen eben so, weil ein *Schwarzes* Loch diesseits dieses ‚Schildes' nicht einmal mehr Licht entkommen lässt, sondern weil der Physiker, der ihn erstmals berechnete, so hieß: *Karl Schwarzschild* (1873-1916)! Man könnte sogar behaupten, dass das so genannte Einstein-Podolsky-Rosen-Experiment genau deswegen so heißt, wie es heißt, weil *Podolsky*, wenn er *ein(en) Stein* oder eine *Rose* an einer Seite dreht, sie *gleichzeitig* an der anderen Seite gedreht hat...

hung) – und umgekehrt zu einer entsprechenden dramatischen Rotverschiebung (Frequenzverminderung). Und bewege ich mich (Gedankenexperiment) mit *1/1 c* von der Lichtquelle weg – nun, dann kommt eben gar nichts mehr bei mir an von dem Licht der auf mich gerichteten Lichtquelle (Frequenz 0).

Von solchen Messungen, die wiederum ein *Rückrechnen* auf die *wahren*, auf die *realen*, die *physischen* Prozesse (jenseits aller Zeitdilatation und Längenkontraktion) in den jeweiligen Raumschiffen erlauben würden, habe ich interessanterweise in *keiner* Darstellung der Einsteinschen Relativitätstheorie bzw. der berühmten Gedankenexperimente mit relativ zueinander bewegten Raumschiffen (und Zügen etc.) gelesen![12] Die beobachteten Verzerrungen (Zeitdilatation, Längenkontraktion), die aus der *einen* Begrenzung des Lichtes, nämlich seiner begrenzten Ausbreitungsgeschwindigkeit *c*, resultieren, würden einfach durch einen *anderen, gegenläufigen* Effekt (Doppler-Effekt) wieder kompensiert!

Kehren wir, um *c* als ‚absolutes' Maß aller Dinge auch von einer anderen Seite anzukratzen, kurz zurück zu unseren zwei Raumschiffen: *Wenn* die Sache, wie gezeigt, *völlig symmetrisch* aufgebaut ist (Astronaut A beobachtet die gleiche Zeitdilatation in B wie Astronaut B in A), springt mich folgende Frage regelrecht an: Ich bewege mich *relativ* zu dem von mir z.B. mittels einer Taschenlampe ausgesandten und also von mir mit *c* davoneilenden Licht *selbst* mit *Lichtgeschwindigkeit* – warum habe ich dann nicht (nach $E = m \cdot c^2$)[13] unendlich große Masse?

---

[12] Die Rotverschiebung des Lichtes wird ausschließlich im Kontext der ART, also als Gravitationseffekt diskutiert. Davon erst später mehr.

[13] Man kann sich die relativistische ‚Massenzunahme' durch, gemessen an *c*, hohe Relativgeschwindigkeit auch einfach anhand unseres schon bekannten Faktors klar machen: Statt *t* für die Zeit (oder etwa *l* für die Länge) setzen wir einfach *m* für eine Masse ein. Und es folgt:

$$m' = \frac{m}{\sqrt{1 - v^2/c^2}}$$

Ich glaube, dass mir mal mein Freund *Hanns-Peter Maass* erklärt hat (oder zumindest versuchte zu erklären...), warum das *nicht* der Fall ist. Habe das aber gerade vergessen. Vorab: Dass Photonen die Ruhemasse 0 haben, ändert nichts daran, dass *ich* mich *relativ* zum Licht mit Lichtgeschwindigkeit bewege! Und noch schlimmer: Galaxien streben seit dem Urknall „mit Geschwindigkeiten, die der des Lichtes nahe kommen," auseinander (*Weinberg* 2000, S. 20). Haben diese Galaxien dann (von ihrer so und so schon gigantischen schweren bzw. Ruhemasse also abgesehen) auch *(nahezu)* unendlich träge Masse? *Alles* bewegt sich *relativ vom Licht aus betrachtet* mit Lichtgeschwindigkeit – hat dann *alles unendliche Masse?* Aber zu $E = m \cdot c^2$ erst später mehr...[14]

Desto mehr sich v an c annähert, desto kleiner wird der Nenner insgesamt und desto größer (nach vollzogener Division) der Zähler – desto mehr wächst also die ‚relativistische Masse'. Und tendiert der Nenner gegen Null, dann tendiert m' sogar gegen Unendlich! Wenn ich z.B. m, die Ruhemasse, = 10 kg setze und v 90% von c beträgt (also ≈ 270.000 km/s), dann ist m' ≈ 22,94 kg. Und wenn v 99% von c beträgt, landen wir schon bei ≈ 78,89 kg. Wir werden übrigens später sehen, dass es so etwas wie eine ‚relativistische Masse' nicht gibt.

[14] Vorab: Mein guter Freund *Peter Feuerstein* antwortete (per E-Mail) auf obige Stelle: „Licht selbst, also der Lichtstrahl, auf dem man gedankenexperimentell (!! E.S.) herumreitet, ist im Sinne der SRT keine zulässiges Bezugssystem. Insofern ist der Schluss, dass alles relativ vom Licht aus betrachtet eine unendliche Masse hätte, kein zulässiger Schluss im Rahmen der SRT..." Ich schrieb ihm zurück: „Auf einem Lichtstrahl herumzureiten ist im Sinne der SRT kein zulässiges Bezugssystem. Das ist mir bekannt. Nur im Sinne des Egbert Scheunemann ist ein Aufzug, an dem man mit einem Seil zieht, auch kein zulässiges Experiment (Auf dieses Einsteinsche Gedankenexperiment wird noch zurückzukommen sein. E.S.), um die ‚Krümmung' eines Lichtstrahles, der den Aufzug durchquert, zu ‚beweisen'. Ich habe zur Kenntnis zu nehmen, dass es Rot- und Blauverschiebungen im Spektrum des Lichtes gibt und dass damit in der Kosmologie ganz brav hantiert wird. Ich kann dem Licht also entgegen kommen (blau), oder mich von ihm entfernen (rot). Ich kann also

Um es abzuschließen und nur kurz anzudeuten: SRT und ART sind Theorien, die um exakt *eine* Naturkonstante herum aufgebaut sind – um die Vakuumslichtgeschwindigkeit c. Die Lichtgeschwindigkeit wird somit als etwas Exzeptionelles, als etwas quasi über alle anderen Naturkonstanten Schwebendes gesetzt und geadelt.

Ich frage mal rhetorisch und auch etwas neckisch: Warum nicht ein ganzes Weltbild aufbauen um nur eine *andere* Naturkonstante – die Elementarladung, den Bohrschen Radius oder die Boltzmann-Konstante? Die Frage ist neckisch gestellt, aber epistemologisch durchaus auch ernst gemeint: Denn es erscheint in der Tat hoch spannend, herauszufinden, wie solche Welten aussehen könnten. Eine Welt um je eine Naturkonstante zu konstruieren – das wäre doch mindestens Thema einer Doktorarbeit! Man versuche sich! Man vergebe solche Themen, werte Lehrstuhlinhaber der Theoretischen Physik, an Doktoranden!

Aber man erwarte sich von solchen Projekten auch nicht zuviel. Man erinnert sich womöglich an jene (zum Glück vergangene) Zeit, als alle Welt, von der Physiker- bis zur Ökogemeinde, vom ‚Wärmetod' des Weltalls fabulierte, der unabwendbares Resultat des Wirkens des zum Alleinherrscher über alle anderen Naturkonstanten und Naturgesetze ausgerufenen Zweiten Hauptsatzes der Thermodynamik, des Entropiesatzes, sei. Ich kann und möchte hier nicht im Detail meine Argumentation gegen die These vom ‚Wärmetod' des Weltalls wiederholen (vgl. *Scheunemann* 2003, S. 359 ff.). Aber ihr Ergebnis möchte ich wiederholen: Die Erhebung des Entropiesatzes zum Alleinherrscher über alle anderen Naturgesetze ist wie das daraus abgeleitete Resultat vollständiger Unsinn.[15]

---

doch irgendwie auf oder *neben* dem Licht ‚reiten' – zwar nicht mit c, aber grundsätzlich *kann* ich das, es ist *physisch* möglich. Und ob das, was *physisch* möglich ist, in einer bestimmten Theorie nun zulässig ist oder nicht – nun ja..."

[15] Auch an dieser Stelle sei auf das XVII. Kapitel über den vermeintlichen Determinismus der vermeintlich ‚universell' geltenden Naturgesetze verwiesen.

V. Die Absurdität des Zwillingsparadoxons – und der Theorie, die dahinter steht

Στάυρος (Stávros), ein Mönch aus einem kleinen Kloster auf Kreta, geht jeden Donnerstag pünktlich um sechs Uhr morgens los, um eine kleine Kapelle auf einem Berg zu besuchen und dort nach dem Rechten zu sehen. Auf seinem Weg geht er mal schneller und mal langsamer, mal macht er hier ein Päuschen, mal an einer anderen Stelle. Wie er gerade Lust hat. Er läuft aber immer genau so, dass er Punkt sechs Uhr abends an seinem Ziel ist. An der Kapelle angekommen, genießt er erst mal den wunderbaren Blick über die Insel und das Meer. Es dauert ein, zwei Stunden, bis er alles erledigt hat, was in der kleinen Kapelle zu erledigen ist. Müde und erschöpft legt er sich gleich nach Sonnenuntergang zum Schlafen auf und unter ein paar Decken, die er über die Jahre mitgebracht hat. Dort oben wird es nachts nämlich empfindlich kalt, selbst im Sommer.

Am nächsten Morgen nach einem kurzen Gebet macht sich Στάυρος wieder auf den Weg nach Hause. Um exakt sechs Uhr. Er geht auch immer die exakt gleiche Strecke. Hin wie zurück. Wieder läuft er mal schneller und mal langsamer, wieder macht er mal hier, mal dort, mal kürzer oder länger eine kleine Rast. Worauf er aber, fast hätte ich gesagt: höllisch achtet, ist, dass er pünktlich um sechs Uhr abends wieder in seinem kleinen Kloster ist. Die Regeln und der Zeitplan dort sind gnadenlos streng. Abt des Klosters ist nämlich ein vor langen, langen Jahren nach Kreta ausgewanderter und zum orthodoxen Glauben konvertierter uralter Preuße namens Fritz Zack!

Nun frage ich Sie, liebe Leserinnen und Leser: Gibt es auf den beiden Strecken, die Στάυρος an den beiden Tagen zurückgelegt hat, einen Punkt, an dem er zur gleichen Zeit am gleichen Ort war? Und zwar *immer*, also nicht nur zufällig auf einer Wanderung hin und zurück, sondern zwingend auf allen seinen Wanderungen?

Die Antwort lautet natürlich: Ja, zwingend. Es handelt sich um zwei stetige Raum-Zeit-Funktionen, die sich, bei gleichem Anfangs- und Endpunkt, *zwingend* irgendwo treffen müssen – und zwar unabhängig davon, ob über dem Koordinatensystem ‚Donnerstag' oder ‚Freitag' steht. Man muss sich einfach vorstellen, *zwei* Mönche gingen *gleichzeitig* los – einer oben an der Kapelle und einer unten am Kloster. Und die müssen sich eben *zwingend* irgendwo, an irgendeinem *identischen* Raumzeitpunkt treffen, *wenn* beide zur gleichen Zeit losgehen *und* zur gleichen Zeit ankommen *und* den gleichen Weg gehen, egal wie schnell oder langsam sie zwischendrin einzelne Streckenabschnitte gehen. Fast hätte ich gesagt: Daran führt kein Weg vorbei! (Wir abstrahieren hier davon, dass die Mönche natürlich nicht durcheinander hindurch gehen können. Die Bedingung, dass sie sich am *exakt* gleichen Raumzeitpunkt treffen, soll also auch dann erfüllt sein, wenn sie in fünfzig Zentimeter Abstand aneinander vorbeigehen.)

Man kann es sich als Nichtmathematiker auch einfach so klar machen: Der Mönch beschleunigt zwei Sekunden vor sechs Uhr in der Früh auf seine Gehgeschwindigkeit, die er exakt um sechs Uhr an der Klostergrenze erreicht, und geht dann völlig gleichmäßig und ohne jede Geschwindigkeitsschwankung hoch zur Kapelle und bremst erst in der Kapelle ab, nachdem er deren Schwelle um exakt sechs Uhr überschritten hat. (Hoffentlich stand die Tür offen.)

Wenn er den Rückweg genau in der gleichen Weise gestaltet, wird er *zwingend* um genau zwölf Uhr mittags am gleichen Ort sein wie am Tag davor um genau zwölf Uhr mittags. Also zur gleichen Zeit am gleichen Ort – unabhängig davon, ob es Donnerstag oder Freitag ist.

Nun, an diesem Tatbestand ändert sich überhaupt und rein gar nichts, wenn der Mönch mal schneller geht und mal langsamer oder wenn er mal hier, mal dort ein längeres oder kürzeres Päuschen einlegt – *solange* er exakt um sechs Uhr morgens losgeht und exakt um sechs Uhr abends ankommt und seinen Weg zwischendrin nicht verlässt. Exakt in dem Maße, in dem er einen Streckenabschnitt langsamer läuft, *muss* er einen anderen schneller laufen, um pünktlich am Ziel zu sein. Und wenn er irgendwo ein längeres Päuschen einlegt, muss ein anderes kürzer sein, will er es vermeiden, dass Abt Fritz Zack ihn züchtigt wegen frevelhafter Unpünktlichkeit. Die, *bildhaft gesprochen*, Dehnungen und Stauchungen der Raumzeitstrecke durch Beschleunigungen und Entschleunigungen *heben sich also exakt gegeneinander auf*. Wieder würden sich zwei Mönche *zwingend* irgendwo, und zwar an einem *identischen* Raumzeitpunkt treffen, auch wenn beide mal schneller und mal langsamer gegangen sind. Und würde man beider Weg samt identischem Raumzeitschnittpunkt in Form zweier mathematischer Funktionen aufzeichnen und graphisch darstellen, würde sich an der Identität des raumzeitlichen Treffpunktes auch dadurch nichts ändern, dass man an die eine Kurve ‚Donnerstag' schreibt und an die andere ‚Freitag'.

Wir stellen also fest: Die Sache ist *vollkommen symmetrisch* – und zwar, und das ist ganz wichtig, *unabhängig* davon, ob unser Mönch seine Strecke mit (real natürlich nur annäherungsweise erreichbarer) *linearer* Geschwindigkeit zurücklegt oder beliebig of *beschleunigt* und *entschleunigt*. *Jeder* Beschleunigung muss eine *völlig symmetrische* Entschleunigung folgen (und umgekehrt) – sonst geht die Sache schief, logisch wie empirisch!

So, liebe Leserinnen und Leser, womöglich ahnen Sie schon, wohin der Mönch, nein: der Hase läuft. Auch auf die Gefahr hin, einen dramaturgischen Fehler zu begehen, möchte ich die Quintessenz der folgenden Argumentation vorwegnehmen: Das so genannte Zwillingsparadoxon, also die Behauptung, dass ein Zwilling A, der mit hoher Geschwindigkeit eine Reise macht, nach seiner Rückkehr weniger gealtert ist als sein zurückgebliebener Bruder B, ist kein Paradoxon, sondern eine physikalische Absurdität. Sämtliche (affirmativen) Darstellungen dieses so genannten Zwillingsparadoxons (ich habe inzwischen einige Dutzend gelesen), sind logisch wie in ihrer graphischen Darstellung falsch. Es wird, nicht nur bildhaft gesprochen, immer nur die halbe Wahrheit erzählt: Durch eine – auch das sei vorweggenommen – spiegelbildliche (horizontale) Verdoppelung der graphischen Darstellungen käme die ganze Wahrheit zutage, dass nämlich die ganze Sache logisch wie empirisch-physikalisch völlig symmetrisch aufgebaut ist und nur aufgebaut sein *kann*.

Schon die Einsicht der *absoluten Symmetrie* des Versuchsaufbaues der Gedankenexperimente mit den beiden relativ zueinander bewegten Bezugssystemen (Zügen, Raumschiffen etc.) hätte eigentlich zu einer, wie ich sagen möchte: *symmetrischen Relativierung* der Experimente und ihrer Ergebnisse (*beide* Uhren gehen ‚langsamer') und damit zur – im Sinne einer doppelten Negation – Reinthronisierung des *Absoluten* führen müssen, *gemessen* an denen *beide* Uhren ‚langsamer' gehen – also faktisch *nicht* langsamer gehen: Wenn *alles* ‚langsamer' geht, geht *nichts* langsamer…

Ich möchte im Folgenden auf drei, man könnte fast sagen: ‚klassische' (affirmative) Darstellungen des so genannten Zwillingsparadoxons etwas näher eingehen. Sie könnten, dies vorweg, unterschiedlicher und widersprüchlicher kaum sein – was angesichts der Tatsache, dass die Physik ansonsten wohl die exakteste aller exakten Wissenschaften ist, zunächst etwas verwundert. Aber was soll man erwarten von Versuchen, das Absurde als logisch und physikalisch schlüssig hinzubiegen!

Die erste Darstellung stammt aus der Feder eines promovierten Physikers und ist nachzulesen in einem populärwissenschaftlichen (deswegen aber nicht *un*wissenschaftlichen) Buch über die SRT und die ART, publiziert in einem großen, seriösen Verlag; die zweite ist abgedruckt in einem ‚offiziellen' Lehrbuch der SRT und ART, das von einem Professor für Theoretische Physik geschrieben und in einem bekannten, noch seriöseren fachwissenschaftlichen Verlag veröffentlicht wurde; und die dritte schließlich ist in der Internet-Enzyklopädie *Wikipedia* unter dem Stichwort *Zwillingsparadoxon* nachzulesen – in einem sogar als *lesenswert* eingestuften Artikel.

Weil ich die erste Darstellung nutzen werde, die gesamte Sache grundsätzlich zu beleuchten, werde ich auf die zwei anderen Darstellungen nur in dem Maße eingehen, wie sie sich von der nun folgenden ersten unterscheiden:

„Gerade die Gleichberechtigung (!! E.S.)[1] der Bezugssysteme und die daraus resultierende bemerkenswerte Symmetrie (!! E.S.) brachte Kritiker der Speziellen Relativitätstheorie auf ein Gedankenexperiment, das sie als schlagkräftigen Gegenbeweis der Einsteinschen Theorie ins Felde führten. Es ist als *Zwillingsparadoxon* (Herv. E.S.) berühmt geworden.

Stellen wir uns vor, in ferner Zukunft sei es möglich, Raumschiffe zu bauen, die nahezu mit Lichtgeschwindigkeit fliegen

---

[1] Ich hoffe, dass Sie, liebe Leserinnen und Leser, von meinem vielen Einschüben in Klammern nicht genervt sind. Aber wir müssen im Folgenden *sehr* genau hinlesen und hingucken, damit klar wird – wie unklar, ja absurd die ganze Sache ist.

können. Im Jahre 2100 begibt sich der Astronaut Neil Armstrong jr. auf eine Reise zum 25 Lichtjahre entfernten Stern Wega. Zufällig ist am Starttag sein dreißigster Geburtstag, den er zusammen mit seinem Zwillingsbruder feiert. Um die folgende Betrachtung zu vereinfachen (!! E.S.), nehmen wir an, die Rakete würde nahezu ohne Zeitverlust (!! E.S.) auf 98 Prozent der Lichtgeschwindigkeit beschleunigt und würde mit dieser Geschwindigkeit die Reise fortsetzen. Bei der Wega nimmt Armstrong jr. vom Raumschiff aus einige Messungen vor, dreht dann ohne Aufenthalt um und kehrt mit derselben Geschwindigkeit wie auf dem Hinweg zur Erde zurück. Auf dem Heimatplaneten angekommen begrüßen sich die beiden Brüder herzlich, aber sie müssen feststellen, dass sie, die Zwillinge, nicht mehr gleich alt sind. Nach Neils Borduhr sind seit seinem Start zehn Jahre vergangen, er ist also vierzig Jahre alt. Sein Bruder feiert hingegen bereits seinen achtzigsten Geburtstag, hat demnach also fünfzig Jahre auf Neils Rückkehr warten müssen.

Was uns intuitiv schreckt, ist im Lichte (!! E.S.) der Speziellen Relativitätstheorie vollkommen klar. Da sich Neil in einem schnell bewegten Bezugssystem aufgehalten hat, ist seine Borduhr langsamer gelaufen als die seines Bruders auf der Erde. Bei 98 Prozent der Lichtgeschwindigkeit beträgt der Zeitdehnungsfaktor fünf, das heißt im Raumschiff verging die Zeit fünfmal langsamer als auf der Erde.

Zu einem Paradoxon, also einem in sich widersprüchlich erscheinenden Zustand, wird dieses Beispiel erst durch den Grundsatz, dass alle Inertialsysteme gleichberechtigt (also symmetrisch; E.S.) sind. Das heißt, die Behauptung des Bruders, er habe sich auf der Erde in Ruhe befunden und Neil habe sich schnell bewegt, lässt sich ebenso umkehren in die Behauptung, Neil sei unbewegt geblieben und der Bruder habe sich mit der Erde von ihm entfernt. Wem diese Anschauung immer noch befremdlich vorkommt, kann sich den Bruder auch in einem Raumschiff (!! E.S.) vorstellen, das irgendwo im Weltraum so stationiert ist, dass es bezüglich der Erde in Ruhe ist (!! E.S.). Nun hat man also zwei Brüder in zwei Raumschiffen, die sich gegenseitig voneinander entfernen. Betrachtet sich Neil als ruhend, so muss er annehmen, dass die Uhr seines Bruders (auf der Erde oder im anderen Raumschiff) langsamer geht. Bei ihrem Wiedersehen müsste nun Neil schneller gealtert sein als sein Zwilling. Eine von beiden Schlussfolgerungen muss aber falsch sein, denn einer der beiden Brüder kann beim Wiedersehen nicht gleichzeitig älter und jünger sein als der andere. Gibt es das Phänomen der Zeitdilatation also doch nicht? Und ist die (spezielle; E.S.) Relativitätstheorie falsch?

So haben es Kritiker immer wieder sehen wollen. Tatsächlich hat aber schon Einstein dieses Problem geklärt. Des Rätsels Lösung liegt darin, dass die völlig symmetrische Betrachtung, ‚Neil in Ruhe und der Bruder bewegt' oder ‚der Bruder bewegt und Neil in Ruhe', nicht zutrifft (!! E.S.). Es gibt einen entscheidenden Unterschied zwischen beiden: Während sich der Bruder tatsächlich die ganze Zeit über in einem Inertialsystem befindet (Was ein Inertialsystem ist, ist, wir erinnern uns, eine vollkommen willkürliche Entscheidung! E.S.), ist dies bei Neil nicht der Fall. Sein Raumschiff muss selbst unter Berücksichtigung aller denkbaren Vereinfachungen mindestens einmal stark beschleunigt (!! E.S.) werden (Damit haben wir den Geltungsbereich der Speziellen Relativitätstheorie verlassen, die nur für *gleichmäßig-linear* gegeneinander bewegte Systeme gilt. E.S.), und zwar bei der Umkehr an der Wega. (Was ist mit der Beschleunigung am Beginn der Reise und der Entschleunigung vor der Umkehr? E.S.) Sein Raumschiff bildet daher kein Inertialsystem, so dass auf dieses die Spezielle Relativitätstheorie *nicht angewendet werden darf* (!! Herv. E.S.). Es wird manchmal vermutet, dass die bei der Beschleunigung auftretenden Kräfte den wesentlichen Einfluss auf den Gang der Uhr ausüben. Das ist aber nicht der Fall.[2] (Das *ist* der Fall, wie ich gleich aufzeigen werde. E.S.) Man kann unser Gedankenexperiment (!! E.S.) so anlegen (also *hin*konstruieren!! E.S.), dass der Moment der Beschleunigung gegenüber den beiden langen Strecken nicht ins Gewicht (im wahrsten Sinne des Wortes;

---

[2] Das sagt – sogar wortgleich – auch *Goenner* in seinem offiziellen Lehrbuch der SRT und der ART: „Man könnte den Verdacht haben, daß es gerade die Beschleunigungen sind, die den wesentlichen Einfluß auf den Uhrengang haben. Das ist aber nicht der Fall." (1996, S. 52)

E.S.) fällt. Entscheidend ist die Tatsache, dass man an dem Wendepunkt beim Stern Wega das Inertialsystem wechseln muss. Erst eine genaue Analyse in einem Raum-Zeit-Diagramm klärt schließlich das Zwillingsparadoxon, und es zeigt sich, dass tatsächlich (!! E.S.) der Astronaut Neil langsamer altert als sein auf der Erde zurückbleibender Bruder." (*Bührke* 1999, S. 50-52; vgl. analog *Hawking* 1994, S. 51)[3]

Nun ich würde sagen, dass die ganze Sache *völlig symmetrisch* ist und bleibt, wenn man sie *vollständig* beschreibt: Neil und *relativ* zu ihm *auch sein Bruder* beobachten hin und zurück *zwingend* zwei Beschleunigungsphasen (ART) und sie beobachten *zwingend* zwei Entschleunigungsphasen (ART). Neil *erlebt* die Be- und Entschleunigung (was aber laut Bührke nicht für Neils langsameres Altern verantwortlich ist) und *beobachtet* ihre Ergebnisse, sein Bruder *beobachtet* sie nur.[4] Was die Beschleunigungsphasen gravitativ *relativ* verlangsamen (Neil und sein Bruder beobachten *jeweils* verlangsamte Uhren in der gravitativ wirkenden Beschleunigungsphase auf den *jeweils* zurückbleibenden Raumschiffen), wird *völlig symmetrisch* wieder ‚entlangsamt', also *relativ* zum *jeweils* anderen Bezugssystem wieder *schneller* (also nicht *absolut* schneller!) – und umgekehrt. Ob zwischen Beschleunigungs- und Entschleunigungsphase übrigens eine Phase linearer, gleichförmiger Bewegung existiert (SRT), *ist völlig gleichgültig*, da auch diese lineare Phase *völlig symmetrisch* aufgebaut ist – wie schon gesagt.

---

[3] Nebenbei: Bührke behauptet, dass Einstein „am 15. März 1879" zur Welt gekommen ist (ebd., S. 9). Es war der 14. März... Nicht alles ist relativ und der Zeitdilatation unterworfen!

[4] Streng genommen *erlebt* auch der auf der Erde zurückbleibende Bruder die Beschleunigung des Bruders: Die Rakete übt natürlich einen Rückstoss auf die Erde bzw. ihre Atmosphäre aus. Aufgrund der gewaltigen Masse der Erde *merkt* er aber nichts davon. Die Rückstosskraft ist aber ohne jede Frage physisch *da* – und zwar *völlig symmetrisch* zur Schubkraft, die zur Beschleunigung des fliegenden Bruders führt.

Es mag ja richtig sein, wenn man eine Beschleunigungsphase als Ausstieg aus einem vorherigen (wir erinnern uns: immer nur *willkürlich* definierbaren) *Inertialsystem* beschreibt. Aber *in der Beobachtung* steigen *beide* Brüder *jeweils* zeitweilig aus ihren ‚Inertialsystemen' aus! Und sie steigen immer *gleichzeitig* aus! Es ist in der *relativistischen* Betrachtung bzw. *Beobachtung* (der Uhren) völlig unmöglich, dass sich *A zu B* in einer Be- oder Entschleunigungsphase befindet, ohne dass sich nicht *gleichzeitig B zu A* in einer *völlig symmetrischen* Be- oder Entschleunigungsphase befindet! *Beide* Uhren erscheinen in der *jeweilig beobachteten* Beschleunigungsphase *jeweils* rotverschoben!

Und man kann das alles auch in *absolute, also physisch-reale* (und nicht nur gedankenexperimentell *hin*konstruierte) Größen transformieren, wenn man das Experiment nur entsprechend vernünftig gestaltet: Stellen Sie sich einfach vor, beide Raumschiffe wären in einer Röhre wie in einem nach beiden Seiten offenen Gewehrlauf. Eine kontrollierte Explosion zwischen beiden Raumschiffen würde *beide* Raumschiffe (ihre Baugleichheit mal vorausgesetzt) *gleichermaßen* in die entgegengesetzte Richtung *beschleunigen – völlig symmetrisch!*

Es wird (wie später noch belegt werden wird) oft behauptet, dass nur der reisende Zwilling eine Be- und Entschleunigungsphase erfahre, nicht aber der auf der Erde zurückbleibende. Natürlich ist diese Behauptung physikalisch völliger Unsinn! Der Rückstoss, den, wie oben schon angemerkt, die Erde (und damit der Zwillingsbruder) erfährt, ist zwar angesichts der enormen Masse der Erde nicht spürbar, aber definitiv und unabdingbar ein physisches Faktum. Alles andere würde gegen den Energie- bzw. Impulserhaltungssatz verstoßen.

Sehen wir weiter, was Bührke schreibt: Man stelle „sich eine Uhr vor, die pro Sekunde einen kurzen Lichtblitz aussendet. Bewegt sich diese Uhr in einem Raumschiff beschleunigt von uns fort, so kommen die Lichtpulse in immer langsamerer Folge bei uns an, weil sich die Uhr zwischen zwei Pulsen mit wachsender Geschwindigkeit von uns entfernt und die Lichtblitze bis zu uns immer mehr Zeit benötigen. (Das ist genau das, was ich eben ausgeführt habe – nur vergisst Bührke wieder die zweite Hälfte der Sache darzustellen: Auch das von der Erde dem beschleunigt wegfliegenden Astronauten hinterher eilende Licht erscheint diesem rotverschoben! E.S.) Uns erscheint (!! E.S.) es also so, als würde (Konjunktiv!! E.S.) die Zeit in dem beschleunigten Raumschiff immer langsamer vergehen. Da nach dem Äquivalenzprinzip die physikalischen Vorgänge in einem beschleunigten Raumschiff genauso ablaufen (Indikativ!! E.S.) wie unter dem Einfluss der Gravitation, muss (Imperativ!! E.S.) eine Uhr, die der Schwerkraft ausgesetzt ist, langsamer gehen als dieselbe Uhr in Schwerelosigkeit." (*Bührke* 1999, S. 72)

Wetten, dass der Astronaut unsere zurückbleibende Uhr genauso verlangsamt beobachtet wie wir seine? Auch bei ihm treffen die Lichtpulse unserer Uhr verlangsamt ein, da er sich ja beschleunigt von uns bzw. von ihr wegbewegt. Wir können es drehen und wenden wie wir wollen: Die Sache bleibt *völlig symmetrisch!*

Die so genannte *Gravitationsrotverschiebung* erklärt sich also wie im eben genannten Beispiel: Das langsamere Ticken der Uhr im Gravitationsfeld ist einfach eine Verringerung der *Frequenz,* also eine (relative) Verlängerung der Wellen*länge* des Lichtes (*Einstein* 1990, S. 91, *Einstein* 1997, S. 87-89, *Einstein/Infeld* 1998, S. 231). Was wir als Farben wahrnehmen, das sind die verschiedenen Wellenlängen des Lichtes – und (eher) langwelliges Licht ist eben (eher) rotes Licht (in der Skala violett, blau, grün, gelb, rot).[5]

Wir dürfen aber nicht vergessen: Wir befinden uns hier nach wie vor in einem *Gedankenexperiment* – *real* sind natürlich Beschleunigungen nur *eines* Bezugssystems (relativ zu einem anderen) möglich (und sogar die Regel), die (fast) alles, was im beschleunigten System an Strukturen (oder gar Leben in Form von Astronauten etc.) existiert, schlichtweg zerfetzen und zerquetschen würden! *Real,* also „tatsächlich", wie *Bührke* formulierte, würde Astronaut Neil so *langsam* auf dem Hin- wie Rückweg *völlig symmetrisch* be- und entschleunigen müssen,

---

[5] Vgl. zur *Gravitationsrotverschiebung* auch *Einstein* 1990, S. 107 f., *Goenner* 1996, S. 175, 181 f., 186, 188, 297 u. 309, *Leggett* 1989, S. 132 f., *Hawking* 1994, S. 122, oder *Bührke* 1999, S. 73 u. 95.

um nicht zerfetzt zu werden, dass er real *nicht* jünger wäre als sein Bruder. Dagegen *Bührke*: „Die Apollo-Astronauten beispielsweise waren nach einem insgesamt acht Tage dauernden Mondflug... etwa zehn millionstel Sekunden (rein rechnerisch!! E.S.) weniger gealtert als ihre Kollegen auf der Erde (die, so könnte man sarkastisch hinzufügen, natürlich völlig regungslos auf einem völlig bewegungslos im Weltenraume hängenden, sich nicht um sich selbst und um die Sonne drehenden Planeten auf die Rückkehr der Astronauten warteten...; E.S.)." (*Bührke* 1999, S. 45)

Wetten, dass der Stress und die Strapazen des Fluges sie *wesentlich* und *real* mehr *altern* ließen als diese rein rechnerische *relativistische* Größe sie (relativ) verjüngte? Noch ‚realer' übrigens würden Neil und sein Bruder sogar schlicht und ergreifend *tot* sein nach dem langen Flug, den Neil *physisch real* eben *nicht* mit 98 Prozent der Lichtgeschwindigkeit absolvieren kann. Von dieser nicht relativistischen *Realität* aber erst später mehr.

Bührke schreibt im Anschluss an das oben angeführte letzte Zitat: „Bleiben wir noch ein wenig bei Neil Armstrong jr., denn er hält eine weitere Überraschung bereit: Betrachten wir nur einmal den Hinweg zur Wega mit konstanter (!! E.S.) Geschwindigkeit. Der Astronaut weiß bei seiner Ankunft, dass er fünf Jahre lang mit 98 Prozent der Lichtgeschwindigkeit gereist ist, er kann also leicht ausrechnen, dass er insgesamt 5 · 0,98 = 4,9 Lichtjahre zurückgelegt hat. Wie kann er aber dann schon am Ziel sein (Das ist er selbstverständlich nur in diesem *hin*konstruierten Gedankenexperiment. E.S.), wenn die Astronomen auf der Erde den Abstand ihres Heimatplaneten zur Wega ziemlich genau mit 25 Lichtjahren bestimmt haben? (Was hier behauptet wird, ist also nichts anderes als: Das Licht selbst braucht für den Hinweg 25 Jahre, der mit 0,98·c Geschwindigkeit reisende Astronaut aber nur fünf Jahre! E.S.) Wer hat nun recht? Antwort: beide (!! E.S.), denn sowohl Neil Armstrong jr. als auch die Astronomen befinden sich in *völlig gleichberechtigten Systemen* (Herv. E.S.). Die Lösung lautet: Entfernungen sind relativ. Genauer: In Bewegungsrichtung verkürzen sich alle Körper (!! E.S.) und Entfernungen (!! E.S.) um denselben Faktor, um den die Zeit gedehnt wird. (Nach dieser ‚Logik' wären alle Entfernungen für das Licht selbst – null! E.S.) Eine

Distanz 1 im ruhenden System schrumpft in einem mit v bewegten System zur Strecke 1'. Diese berechnet sich nach der Formel 1' = 1 · $\sqrt{1-v^2/c^2}$." (*Bührke* 1999, S. 53, vgl. analog *Charon* 1988, S. 47 f.)[6]

Wir sehen also: Urplötzlich ist alles wieder *völlig symmetrisch* in der Versuchsanordnung – und urplötzlich erklärt die ‚Längenkontraktion' der Körper, ja die relativistische ‚Streckenkontraktion' die ganze Sache. Kurz zuvor wurde noch behauptet, dass die Betrachtung des Experimentes als „völlig symmetrisch... *nicht* zutrifft" (ebd., S. 52; Herv. E.S.). Was nun? Ist es wissenschaftlich, dient es der Wahrheitsfindung, sich die *Gedanken*experimente so *hin*zukonstruieren, wie

---

[6] Auf den Seiten 54 bis 56 seines Buches erklärt *Bührke* übrigens selbst, dass man die *beobachtete* ‚Längenkontraktion' bei sehr schnellen Objekten auch ganz anders erklären kann: Als Effekt der Laufzeitunterschiede des Lichtes, das von *verschieden* weit entfernten Teilen des ‚einen' Objektes ausgesandt wird: ‚vorne' und ‚hinten' können bei großen Objekten sehr weit voneinander entfernt sein: Ein z.B. von links nach rechts sich sehr schnell bewegendes Objekt *erscheint* deswegen verzerrt (verkürzt), weil das Objekt sein ‚Hinten links' durch seine schnelle Eigenbewegung *selbst* freilegt, was ohne diese schnelle Eigenbewegung, da ja ‚hinten', überhaupt nicht zu sehen wäre: ‚Vorne links' gibt, da sehr schnell bewegt, sozusagen den Weg frei für das *gleichzeitig* ‚hinten links' ausgesandte Licht: Das Objekt *erscheint* wie schräg von hinten und also perspektivisch verkürzt (vgl. hierzu auch *Goenner* 1996, S. 53-57).
Diesen Effekt hat *James Terrell* Ende der 1950er Jahre zuerst aufgedeckt: „Terrell wurde übrigens anfänglich mit seiner Entdeckung nicht sonderlich ernst genommen, und musste erleben, wie mehrere Zeitschriften seinen Aufsatz mit dem Argument ablehnten, er widerspräche der gängigen (relativistischen!! E.S.) Lehrmeinung. Erst als der bekannte Theoretiker Roger Penrose auf diesen Effekt stieß, veröffentlichte die Zeitschrift ‚Physical Review' 1959 Terrells Arbeit. Einstein hätte diese Art von Zensur sicher nicht gefallen." (*Bührke* 1999, S. 56) Ich verstehe nicht, warum Bührke daraus keine Konsequenzen zieht. Zum Terrell-Effekt vgl. auch *Galeczki/Marquardt* 1997, S. 72, 102 u. 126.

man's gerade braucht? Nochmals: *Physisch real* kann *nichts* Physisches, kein Raumschiff, kein Neil jr. etc. pp. ohne jede Beschleunigung 98 Prozent der Lichtgeschwindigkeit erreichen! Und physisch real schrumpft für *kein* sich mit (annähernd) *c* bewegendes Etwas irgend eine Strecke auf (annähernd) null!

Bevor ich auf die Darstellung des so genannten Zwillingsparadoxons in dem weiter oben angeführten ‚offiziellen' Lehrbuch eingehe, möchte ich noch kurz ein Beispiel aus meiner eigenen Profession (der Naturphilosophie) anführen, das die Absurdität der ganzen Gedankenexperimentiererei in besonders grellem Lichte zeigt:

„Die scheinbare Paradoxie, die darin liegt, dass eine zunächst reziproke (symmetrische!! E.S.) ‚Verlangsamung' des Uhrengangs (jeder der Zwillinge ist ja, gesehen vom anderen, bewegt und führt aus dessen Sicht eine ‚verlangsamte' Uhr mit sich) schließlich zu einem asymmetrischen (!! E.S.) Ergebnis führt, kann aufgelöst (!! E.S.) werden: Setzt man die Weltlinie des einen Zwillings aus einem Hin- und einem Rückweg zusammen, also aus zwei jeweils *un*beschleunigten (!! E.S.), in entgegengesetzte räumliche Richtungen laufenden Abschnitten, so zeigt sich, dass aus Sicht des Zwillings, der auf der gestückelten Weltlinie läuft, am ‚Umkehrpunkt' die Uhr des anderen Zwillings einen ‚Zeitsprung' zu vollführen scheint (scheint!! E.S.); dieser ‚Zeitsprung', für den es keine Entsprechung aus Sicht der ungestückelten Weltlinie gibt, ist (plötzlich *ist!!* E.S.) für das asymmetrische Resultat verantwortlich: der Zwilling der ungestückelten Weltlinie ist (ist!! E.S.) am Vereinigungspunkt älter." (*Bartels* 1996, S. 57 f.; Herv. E.S.) Und in einer Fußnote, angeheftet am eben zitierten Wort „‚Umkehrpunkt'", steht zu lesen: „Um einen beschleunigungsfreien (!! E.S.) Übergang zwischen den Weltlinien-Abschnitten zu gewährleisten (!! E.S.), muss der reisende Zwilling am Umkehrpunkt (im Original steht „Uhrkehrpunkt"; E.S.) durch eine in Gegenrichtung bewegte Kopie (!! E.S.) ersetzt werden." (ebd., S. 57)

Es ist einfach unglaublich! Eine physikalische Unmöglichkeit nach der anderen wird modelltheoretisch *hin*konstruiert (beschleunigungsfreie Beschleunigung, Zwillingskopien, Zeitsprünge etc.), nur um eine völlig absurde Behauptung bzw.

Theorie aufrechtzuerhalten – um nicht zu sagen: zu „gewährleisten"! Fürchterlich![7]

So. Betrachten wir nun noch, was ein ‚offizielles' Lehrbuch und ein, wie schon angeführt, als *lesenswert* titulierter Beitrag in der Enzyklopädie Wikipedia zu diesen physikalischen Unmöglichkeiten zu sagen haben – damit niemand auf die Idee kommt, die genannten absurden Behauptungen (Zeitsprünge etc.) seien dem populärwissenschaftlichen (Bührke) oder naturphilosophischen (Bartels) Charakter der bisher referierten Darstellungen geschuldet:

Hubert Goenner, Professor für theoretische Physik, schreibt in seinem hochwissenschaftlichen und hochmathematischen Lehrbuch für Studenten im Hauptstudium der Physik „Einführung in die spezielle und allgemeine Relativitätstheorie" lapidar, dass es für die im Zwillingsparadoxon (vermeintlich) sich offenbarende „Asymmetrie durch den *Wechsel der Inertialsysteme*" und für die Tatsache, dass genau an dieser Stelle, so zumindest die (formalmathematisch-graphische) Behauptung, die Zeitlinien beider Zwillinge „**abrupt springen..., keine physikalische Erklärung**" gebe für unseren weitgereisten Zwilling (1996, S. 52; Herv. E.S.) und also auch für uns nicht! Physikfreie Räume in einem ‚offiziellen' Lehrbuch der Physik!

Lassen wir uns diese Behauptung auf der Zunge zergehen: Der Wechsel eines *willkürlich* gesetzten Bezugssystems (wir erinnern uns: *jede* Setzung eines Bezugs- bzw. Koordinatensystems in einem Weltall, in dem ein absoluter Bezugsrahmen (Äther) nicht nachgewiesen werden konnte (so zumindest die Behauptung), ist eine *willkürliche* Setzung)[8] führt zu einer *ab-*

---

[7] Vgl. auch als „Kostprobe" des „Rückzugsgefecht(s) der Orthodoxen auf dem Schlachtfeld des Zwillingsparadoxons" die Darstellung des Versuches von *Herbert Dingle,* von renommierten Physikern eine vernünftige Erklärung dieses Paradoxons (vulgo: dieses Blödsinns) zu bekommen, bei *Galeczki/Marquardt* 1997, S. 216 f.

[8] „Ein Bezugssystem, in dem ein Körper ruht, ist ein Inertialsystem. Für jeden Punkt dieses Körpers existieren diskrete Koordinatenwerte des Bezugssystems. Die Eigenschaften dieser Inerti-

rupten Alterung der das Bezugs- bzw. Koordinatensystem wechselnden (in unserem Falle biologischen) Masse! Und uns wurde expressis verbis und sogar (im Falle von Bührke und Goenner) wortgleich gesagt, dass dieses physikalische Wunder *nicht* auf die Be- und Entschleunigungsphasen der ganzen Sache zurückzuführen ist!

Betrachten wir vor diesem Hintergrund noch die angekündigte dritte Darstellung des Problems. Ich habe dabei ganz bewusst einen Artikel aus der Internet-Enzyklopädie Wikipedia[9] ausgewählt, weil über diesen als *lesenswert* eingestuften Artikel wohl schon zehntausende von Physikeraugen gewandert sind, deren Eigner sofort Fehler korrigiert hätten, würden sie nach Meinung des wissenschaftlichen Mainstreams der Physik existieren. Er gibt also nicht nur eine Privatmeinung wieder.

Nun, wir erfahren zunächst, dass beide Zwillinge unter Voraussetzung einer konstant-linearen Geschwindigkeit des reisenden Zwillings (wir sind also im Geltungsbereich der SRT) zunächst das Gleiche beobachten (nämlich *jeweils* langsamer gehende Uhren): „Die *wechselseitige* Verlangsamung steht in Einklang mit dem Relativitätsprinzip, das besagt, dass alle Beobachter, die sich mit *konstanter* Geschwindigkeit gegeneinander bewegen, *völlig gleichberechtigt* sind. Man spricht von Inertialsystemen, in denen sich diese Beobachter befinden." (Herv. auch im Folgenden E.S.)

---

alsysteme werden an Körpern manifest. Unabhängig davon sind Inertialsysteme *primär Konstrukte des Denkens* und nach ihrer Natur Bezugssysteme für Koordinatenpunkte." (http://de.wiki books.org/wiki/Elektroimpuls_und_Masse:_4._Spezielle_Relati vitätstheorie; Herv. E.S.)

[9] Er ist unter http://de.wikipedia.org natürlich zu finden nach Eingabe des Suchbegriffs *Zwillingsparadoxon*. Weil es medienbedingt nicht möglich ist, nach dem üblichen Verfahren Zitate zu belegen (Autor, Jahr, Seite), fehlen oben entsprechende Belege. Die zitierten Stellen finden sich aber ganz leicht nach Eingabe kurzer Textstellen als Suchbegriffe in das Suchenfeld, das sich in allen (mir bekannten) Browsern öffnet durch den Befehl Strg+f.

So. Und jetzt kommt's: „Wieso erweist sich der auf der Erde zurückgebliebene Zwilling nach der Reise als der ältere?... Zur Beantwortung der... Frage ist die *Abbrems-* beziehungsweise *Beschleunigungsphase* zu betrachten, die für die *Rückkehr* (Warum nur für die? E.S.) des fliegenden Zwillings erforderlich ist. (Damit haben wir den Geltungsbereich der SRT verlassen, und wir könnten und müssten die Diskussion in Sachen SRT-Zwillingsparadoxon an dieser Stelle aus Gründen wissenschaftlicher Seriosität eigentlich beenden. Aber sind wir vorläufig gnädig und lesen weiter. E.S.). Während dieser Phase vergeht nach *Einschätzung* des fliegenden Zwillings die Zeit auf der Erde schneller. Der dort zurückgebliebene Zwilling *altert* dabei soweit *nach*, dass er trotz des langsameren Alterns während der Phasen mit konstanter Geschwindigkeit im Endergebnis der Ältere ist, so dass sich auch aus der Sicht des fliegenden Zwillings kein Widerspruch ergibt. Das Ergebnis nach der Rückkehr steht auch nicht im Widerspruch zum Relativitätsprinzip, da die beiden Zwillinge *aufgrund* (!! E.S.) der *Beschleunigung* (!! E.S.), die *nur* (!! E.S.) der fliegende erfährt, bezüglich der Gesamtreise *nicht als gleichwertig* betrachtet werden können. (Zwei Physiker, Bührke und Goenner, sagten uns also, dass die ganze Sache mit der Beschleunigungsphase nichts zu tun habe – jetzt erfahren wir von einem anderen, dass dem doch so sei. E.S.)

Ursache dieser Nachalterung ist wiederum die Relativität der Gleichzeitigkeit. Während der *Beschleunigung* wechselt der fliegende Zwilling gewissermaßen *ständig in neue Inertialsysteme*. In jedem dieser Inertialsysteme ergibt sich jedoch für den Zeitpunkt, der gleichzeitig auf der Erde herrscht, ein anderer Wert und zwar derart, dass der fliegende Zwilling auf eine Nachalterung des irdischen *schließt*...

Der irdische Zwilling spürt von dieser Nachalterung nichts, sondern es handelt sich, wie beschrieben, um einen *Effekt*, der im Rahmen der speziellen Relativitätstheorie (Nochmals: Dieser Rahmen wird durch die Einbeziehung der Beschleunigungsphase eigentlich verlassen! E.S.) *lediglich* die Folge einer *Beschreibung* der Vorgänge aus unterschiedlichen *Koordinatensystemen* heraus ist, zwischen denen der reisende Zwilling wechselt."

Wir lesen also schwarz auf weiß, dass die vom reisenden Zwilling *beobachtete* Nachalterung des auf der Erde zurückgebliebenen Zwillings, lediglich *Folge einer Beschreibung* aus unterschiedlichen *Koordinatensystemen* ist! Es wird aber das *physisch-biologische Faktum* des schnelleren Alterns des zurückgebliebenen Zwillings behauptet! Und das würde bedeuten: Physische Realität ändert sich durch *Beschreibung*, durch Umhängen verschiedener Koordinaten-Namensschildchen!

Zur graphischen Erläuterung dieses, Entschuldigung: physikalischen Irrsinns, wird uns folgendes Diagramm angeboten (das übrigens völlig typisch ist für die graphische Darstellung des Zwillingsparadoxons in der spezifischen Literatur):

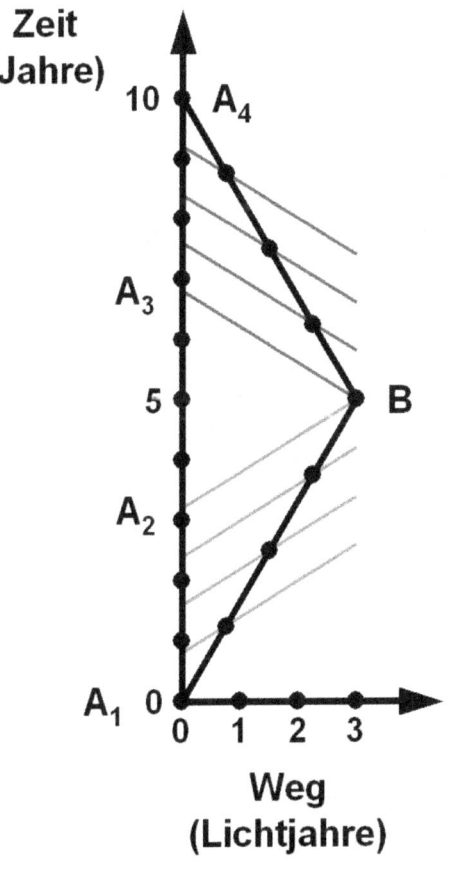

Und als Erläuterung direkt unter dem Diagramm[10] steht zu lesen: „Weg-Zeit-Diagramm für v = 0,6c. Der Zwilling auf der Erde bewegt sich auf der Zeitachse von A1 nach A4. Der reisende Zwilling nimmt den Weg über B. Linien der Gleichzeitigkeit *aus der Sicht des reisenden Zwillings* sind für die Hinreise rot und für die Rückreise blau eingezeichnet (entsprechend der Rot- und Blauverschiebung des wahrgenommenen Lichtes, das von der Erde zum reisenden Zwilling gelangt; E.S.). Die Punkte auf den Reisewegen markieren jeweils ein Jahr Eigenzeit. (Wobei die auf der Strecke über Punkt B eingezeichneten ‚Eigenzeitjahre' natürlich eine *Behauptung* und eine *Voraussetzung* der gesamten Darstellung sind – die eigentlich erst zu beweisen wären! E.S.)"

Das Interessante bis Absurde an dieser Darstellung ist, dass das, was nach den bisherigen Ausführungen des oder der Autoren des Wikipedia-Artikels das eigentlich *einzig relevante Faktum* ist, nämlich die Be- und Entschleunigungsphase auf dem Hinweg und die Be- und Entschleunigungsphase auf dem Rückweg (Wie erinnern uns: Beide Phasen *müssen* völlig symmetrisch sein, sonst schießt unser reisender Zwilling am Zielpunkt oder am Rückkehrpunkt vorbei!), *überhaupt nicht eingezeichnet ist!* Wir erfahren diesbezüglich: „Unmittelbar vor seiner Ankunft am Ziel B befindet sich der ruhende Zwilling *nach Ansicht* (In des Wortes direkter Bedeutung! E.S.) des fliegenden daher bei A2 und erscheint daher *weniger* gealtert (Weniger!! Der ruhende Zwilling, der später dramatisch älter sein soll!! E.S.). Während der *Umkehrphase*, die hier als *so kurz angenommen* (!! E.S.) wurde, dass sie im Diagramm *nicht zu erkennen ist* (!! E.S.), *schwenken* (genauer: *springen*; E.S.) die Linien der Gleichzeitigkeit für den fliegenden Zwilling, und sein Bruder auf der Erde *altert* bis zum Punkt A3 *nach*. (Die Alterung muss, da die Umkehr*phase* in der Darstellung ein

---

[10] Die Graphik wurde freundlicherweise erstellt und der Allgemeinheit zur Verfügung gestellt von Wolfgang Beyer: http://de.wikipedia.org/wiki/Zwillingsparadoxon und http://de.wikipedia.org/wiki/Bild:Zwillingsparadoxon.png

Umkehr*punkt* ist, also *schlagartig* erfolgen – womit wir wieder bei dem oben bei *Goenner* etc. schon dargestellten *Zeitsprung* wären, für den es, wir erinnern uns, „**keine physikalische Erklärung**" gibt. E.S.) Während der Rückreise nach A4 scheint der Zwilling auf der Erde wieder *langsamer* zu altern."

Nun, liebe Leserinnen und Leser, verzeihen Sie mir die deutlichen Worte, aber das alles ist nur noch absurd! Selbst (und gerade) in der um den ‚Punktus Knacksus' bereinigten Version dieser graphischen Darstellung ist die ganze Sache noch immer vollkommen symmetrisch! Die Graphik ist horizontal (auf der Linie von Punkt „5" der Lebenslinie des zurückbleibenden Zwillings zum Umkehrpunkt „B") völlig spiegelsymmetrisch! Alle Rot- und Blauverschiebungen heben sich gegenseitig exakt auf! Und wenn man die *gesamte* Graphik an ihrem Kopfende horizontal spiegelt, hat man die *gesamte* Wahrheit, nämlich *zwei* Graphiken für die *jeweilige* Blickrichtung *beider* Zwillinge – sie sehen nämlich, wie schon gesagt, *beide* Rotverschiebungen des *jeweils* ausgesandten Lichtes in der Beschleunigungsphase auf dem Hinweg bzw. Blauverschiebungen in der Beschleunigungsphase auf dem Rückweg (und jeweils umgekehrte Verhältnisse in den Entschleunigungsphasen).

So. Und dann nehmen wir noch zur Kenntnis, dass in *beiden* Diagrammen (Perspektiven) die Zeiträume zwischen den Punkten A_2 (bzw. kurz danach) und A_3 (bzw. kurz davor) *jeweils überhaupt nicht wahrgenommen werden können* – weil *gar kein* Lichtweg von dort bzw. nach dort führt! Weder vom zurückbleibenden noch vom reisenden Zwilling! Die Graphik hat an dieser Stelle (das nicht blau oder rot schraffierte Dreieck in der Mitte) konsequenterweise einen weißen Fleck![11] Obwohl ein schwarzer, ein ‚dunkler Fleck' konsequenter wäre – da er fern allen Lichts und aller physikalischen Erklärbarkeit ist.

Man kann diese Zeiträume nur modelltheoretisch *hin*konstruieren, indem man eben die Umkehr*phase* als Umkehr*punkt* setzt, also von einem (physikalisch unmöglichen!) Zeit*sprung* ausgeht, so dass die Zeitstrecke von A_2 (bzw. kurz danach) bis

---

[11] Er ist analog etwa auch im Lehrbuch von *Goenner* (1996, S. 50) zu betrachten.

A₃ (bzw. kurz davor) sozusagen in einer Zeitspanne mit dem Betrag *null* verstreicht. Warum man übrigens nach Abzug der Zeitspanne von A₂ (bzw. kurz danach) bis A₃ (bzw. kurz davor) nicht auf die *gleiche* Jahrespunktzahl auf beiden Lebenslinien beider Zwillinge kommt, das fragen Sie, liebe Leserinnen und Leser, bitte den Konstrukteur dieser Graphik – und vor allem die *Hin*konstrukteure des ganzen Irrsinns namens Zwillingsparadoxon. Selbst diese Unstimmigkeit wird durch die horizontale Spiegelung der gesamten Graphik aber noch zu einer – *symmetrischen...*[12]

So. Das nahezu Niederschmetternde ist, dass wir nun noch erfahren, dass die gesamte bisherige Argumentation eigentlich für die Katz war: „Durch Einführen einer dritten Person lässt sich eine Variante des Zwillingsparadoxons formulieren, *die völlig ohne Beschleunigungsphasen auskommt*. Dabei passiert der reisende Zwilling den Stern mit gleich bleibender Geschwindigkeit, während die dritte Person gleichzeitig den Stern mit einer gleich großen, aber zur Erde gerichteten Geschwindigkeit passiert, wobei beide lediglich ihre Uhren abgleichen. Wenn *beide* (!! E.S.) auch die *Erde* mit konstanter Geschwindigkeit *passieren* und dabei lediglich mit dem irdischen Zwilling Uhrenstände vergleichen, *findet überhaupt keine Beschleunigung statt*. (Beide!! Wie ist der am Stern vorbeisausende Zwilling ohne Entschleunigung, Umkehr und erneute Beschleunigung in Richtung Erde nur wieder zurückgekommen zu seinem Heimatplaneten und seinem Bruder? E.S.) Die mathematische Behandlung dieses Szenarios und sein Endergebnis sind identisch mit dem zuvor geschilderten, sofern (!! E.S.)

---

[12] Unsere Hinkonstrukteure abstrahiert übrigens generös von der Eigenbewegung des auf der Erde zurückbleibenden Zwillings – die Erde dreht sich (am Äquator) mit ca. 1.666 km/h um die eigene Achse und mit ca. 107.208 km/h um die Sonne. Weil unser reisender Zwilling unser Sonnensystem verlässt, müsste man, je nachdem, wo genau er hinfliegt, sogar noch die Rotationsgeschwindigkeit unseres Sonnensystems relativ zum Mittelpunkt unserer Galaxis berücksichtigen. Sie beträgt ca. 792.000 km/h. Vgl. in http://de.wikipedia.org die Suchbegriffe bzw. Artikel *Erde*, *Sonnensystem* und *Bahngeschwindigkeit*.

die Dauer der Beschleunigungsphasen vernachlässigbar kurz ist. (Was eine *mathematische* Möglichkeit, aber eine *physische Unmöglichkeit* ist. E.S.) Diese Variante mit drei Personen demonstriert, dass *nicht unbedingt* (Aber so ein bisschen doch? E.S.) die Beschleunigung als Phänomen das Zwillingsparadoxon auflöst, sondern der Umstand, dass das Geschehen während der Hin- und Rückreise aus unterschiedlichen *Inertialsystemen* mit unterschiedlichen *Einschätzungen* der Gleichzeitigkeit heraus *beurteilt* wird."

Schlussendlich erfahren wir also wieder, dass physikalisch-biologische Prozesse (Altern) durch das Umhängen von Koordinaten-Namensschildchen („unterschiedliche Inertialsysteme") beeinflusst werden können bzw. durch „Einschätzungen" und dadurch, dass etwas „beurteilt wird".

Das alles, Liebe Leserinnen und Leser, ist *Meta*physik in des Wortes direkter, wahrster – und schlechtester Bedeutung!

VI. Fliegende Atomuhren und Myonen – oder was haben Chronometer und radioaktiv zerfallende Materiepartikel mit der Zeit selbst zu tun?

Wenn die SRT wirklich *nur* für sich *völlig gleichförmig* zueinander bewegende Bezugssysteme gilt und auf andere, wie zitiert, gar „nicht angewandt" werden darf (*Bührke* 1999, S. 52) – nun, dann gilt sie im gesamten Universum *nirgendwo!* Irgend etwas wird im Universum *immer* gerade be- oder entschleunigt – und *alles andere* ist es dazu *relativ* also ebenso! *Bührke* etwa meint selbst: „Nun ist eine gleichförmige Bewegung ein *Spezialfall* in der Natur." (1999, S. 69; Herv. E.S.) Er ist sogar so speziell, dass er *letztlich,* also in *Relation* zu mindestens einem anderen Gegenstand im Universum, der immer als Bezugssystem *willkürlich* gesetzt werden kann, weil *jede* Setzung eines speziellen Bezugssystems, wie wir gesehen haben, *willkürlich* ist, *überhaupt nicht* vorkommt! Quasi vom (falls es ihn gegeben hat…) Urknall aus gerechnet ist alles permanent beschleunigt im, wie uns gesagt wird, permanent expandierenden Universum. Die Materieenergie bzw. Energiematerie des gesamten Universums ist in einem permanenten Rotations-, also Be- und Entschleunigungsprozess begriffen: Alle Planeten, Sterne und Galaxien drehen sich um sich selbst und/oder, wie Monde oder Meteoriten etc., um andere Systeme. Durch die Eigendrehung der Erde be- oder entschleunigt jeder Punkt auf ihr permanent – relativ zum Mond oder zur Sonne. Und auch auf's letzte Wirkungsquant heruntergerechnet be- und entschleunigt sich alles permanent: Elektronen, die um ihre Atomkerne schwirren, oder Spins, also Eigendrehimpulse von Elementarteilchen, betrachtet jeweils als Bezugssysteme, bewegen sich (bzw. gedachte Punkte an ihrer Peripherie bewegen sich) permanent aufeinander zu oder voneinander weg – ein *permanenter* Be- und Entschleunigungsprozess!

Aber nehmen wir erst mal Abstand von den etwas akademischen Gedankenexperimenten (zumal wir im Kontext der Darstellung der ART noch zur Genüge auf Einsteins diesbezügliche Gedankenexperimente zurückkommen werden) und betrachten wir die *realen* Experimente etwas genauer, die üblicherweise als Beweise für die Geltung der SRT angeführt werden – trotz ihres, der SRT, eigentlich nicht vorhandenen Geltungs*bereichs*.

Warum zeigt etwa eine Atomuhr, die ein mal um die Erde bewegt wurde, eine andere (frühere) Zeit an als die andere, die ruhend (gleichwohl laufend...) auf der Erde verblieb? Lesen wir, was geschrieben steht: „Im Jahre 1971 waren die damaligen Atomuhren genau genug, um die Zeitdilatation zu messen, die bei einem ganz gewöhnlichen Transatlantikflug auftritt. Richard Keating vom US Naval Observatory und Joseph C. Hafele von der Washington University in St. Louis hatten in zwei Reise-Jets jeweils vier Sitze reserviert: Zwei für sich und zwei weitere für vier Atomuhren. Zunächst flogen sie mit ihrer Ausrüstung in östlicher Richtung und eine Woche später in westlicher. Die Flugzeiten betrugen jeweils über vierzig Stunden. Vor Antritt ihres Fluges hatten sie ihre Atomuhren mit einer in ihrem Institut verbliebenen Uhr genau synchronisiert. Hafele und Keating wollten bestätigen, dass die Uhren in den Flugzeugen langsamer oder schneller (relativ!! E.S.) laufen als diejenigen auf der Erde. Langsamer oder schneller deswegen, weil man bei diesem Experiment wieder genau auf das Bezugssystem achten muss, von dem aus das Experiment betrachtet wird. (Hier haben wir es übrigens in Reinform: *Alles* hängt von der jeweiligen *Setzung* des Bezugssystems ab! E.S.)

Laut Spezieller Relativitätstheorie unterliegt auch die Atomuhr im Institut wegen der Bewegung der Erde im Raum und der Rotation unseres Planeten um die eigene Achse der Zeitdilatation (Und eigentlich unterliegt, wie man so langsam sagen möchte, *alles* der Zeitdilatation, da sich ja *alles* permanent *relativ* zu irgend etwas anderem bewegt. E.S.). Man stelle sich vor, man würde aus dem Weltraum auf den Nordpol blicken, dann ergeben sich für die Uhren relativ zum Labor auf der Erde folgende Relativbewegungen: Bei dem Flug in westlicher Richtung fliegt das Flugzeug entgegen der Erdrotation und bleibt hinter ihr zurück. Daher bewegt sich von diesem Bezugssystem aus *betrachtet* die Uhr im Flugzeug langsamer als die am Boden, und erstere sollte daher schneller laufen. Bei dem Flug in östlicher Richtung bewegt sich die Uhr im Flugzeug schneller als die im Institut, das heißt, die Zeit im Flugzeug müsste langsamer vergehen als am Boden. Tatsächlich stellten die beiden Physiker nach den Flügen fest, dass die Uhr

beim Ostflug gegenüber der Laboruhr um 59 milliardstel Sekunden nach- und beim Westflug um 273 milliardstel Sekunden vorging. Damit hatten sie die Vorhersage der Speziellen Relativitätstheorie bis auf acht Prozent bestätigt.
Im nächsten Kapitel werden wir sehen, dass die Zeit nicht nur in schnell bewegten Systemen langsamer vergeht, sondern auch in Gravitationsfeldern. Dass heißt, in Flugzeugen vergeht die Zeit aufgrund der geringeren Schwerkraft schneller als am Erdboden. Diesen Effekt der Allgemeinen Relativitätstheorie, der im Bereich von 200 milliardstel Sekunden liegt, hatten Hafele und Keating selbstverständlich berücksichtigt." (*Bührke* 1999, S. 43 f., Herv. E.S.; vgl. analog *Goenner* 1996, S. 58 f.)[1]

Ist hier die Situation, möchte ich zunächst fragen, nicht genauso *völlig symmetrisch?* Die Atomuhr auf der Erde (A_E) bewegt sich genauso relativ zur Atomuhr im Flugzeug (A_F), wie letztere relativ zu ersterer – ob *nur* aufgrund der Eigenbewegung des Flugzeuges oder *auch* der Eigenbewegung der Erde, ist dabei *grundsätzlich* völlig gleichgültig. Der Flug entgegen oder in Richtung der Eigenbewegung der Erde vermindert oder erhöht die Relativgeschwindigkeiten der beiden Uhren zueinander, tangiert aber nicht die *jeweilige* Symmetrie: A_E bewegt sich relativ zu A_F – wie umgekehrt! Man könnte auch *nur* die Eigenbewegung der Erde als ‚Flugzeug' nutzen, wie *Einstein* selbst feststellte: „Man schließt daraus, dass eine am Erdäquator befindliche Uhr um einen sehr kleinen Betrag langsamer laufen muss als eine genau gleich beschaffene, sonst gleichen Bedingungen unterworfene, an einem Erdpole befindliche Uhr." (Zitiert nach *Bührke* 1999, S. 39) Und das ‚Flug-

---

[1] Das Experiment von *Hafele/Keating* kommt bezüglich der *Datenerfassungsmethoden* von *Hafele/Keating* bei *Galeczki/Marquardt* (1997, S. 114 f.) übrigens nicht sonderlich gut weg: „*Hafele* und *Keating* (haben) ihre Uhren *während der Reise* persönlich ‚justiert' und ‚synchronisiert'. Ihre berichteten Ergebnisse sind damit natürlich völlig wertlos..." (ebd., S. 114) Meine oben folgende Argumentation gilt jedoch, *selbst wenn* diese Mängel nicht existieren würden und *völlig korrekte* Laufunterschiede der Atomuhren gemessen worden wären.

zeug Erde' hat dann natürlich auch im galaktischen Kontext seine ‚eigene Uhr' – wie weiter oben schon kurz angemerkt: „Die Erde umkreist die Sonne mit einer Geschwindigkeit von 30 Kilometern pro Sekunde, und das Sonnensystem wird von der Rotation unserer Galaxie, die eine Geschwindigkeit von etwa 250 Kilometern pro Sekunde hat, mitgerissen." (*Weinberg* 2000, S. 86, analog *Einstein* 1990, S. 27) Da ist also kein Unterschied.

Was wurde durch das Experiment jedoch verändert, da sich A_F ja ganz offen*sichtlich* von A_E nach dem Experiment unterscheidet? Nun, ich würde sagen: Es wurde zwar nicht am Zeiger von A_F gedreht (der fliegt ja – als die Strahlungsprodukte des extrem regelmäßigen und deswegen als Uhr hochgradig geeigneten Cäsiumzerfalls – frei umher, ist also frei beweglich wie die Photonen unserer Lichtuhr[2]), aber das *Ziffernblatt* der Uhr wurde sozusagen verschoben![3] Ich könnte auch bei einer (laufenden) Sanduhr den Behälter relativ zum Sand bewegen und mich dann wundern, dass am Schluss (relativ zu einer in Ruhe gelassenen Sanduhr) eine andere ‚Zeit' angezeigt wird: Ich vollziehe ebenso mit unserer Lichtuhr oder mit A_F, also mit einem physikalischen *Messinstrument* ein Experiment, in dem dieses physikalische Messinstrument *selbst* Gegenstand des physikalischen Experimentes ist[4] – und mit der Vergleichsuhr eben *nicht!* Ich wirke auf das eine *physische Messinstrument physisch ein* – und auf das andere *nicht* gleichermaßen! That's it!

---

[2] „Eine Atomuhr ist eine Uhr, deren Zeittakt aus den Strahlungsübergängen der Elektronen freier Atome abgeleitet wird. Da die Strahlungsfrequenz dieser Übergänge konstant ist, sind Atomuhren die bislang genauesten Uhren. Die Hyperfeinstruktur-Strahlungsfrequenz des ^{133}Cäsiums definiert seit 1967 im internationalen Einheitensystem die Zeitdauer einer Sekunde." (http://de.wikipedia.org/wiki/Atomuhr)

[3] Zu den Funktionsprinzipien einer Atomuhr auch sehr gut *Röthlein* 1999, S. 79 f.

[4] Kein Satz kann etwas über sich selbst aussagen – kein Messinstrument kann sich selbst messen...

Auch bei der *Lichtuhr im Raumschiff* verschiebe ich, während der frei schwebende ‚Zeiger' unabhängig seine Arbeit tut (nämlich als Photon frei durch den Raum zu schweben), gleichsam das Ziffernblatt ‚rücklings' – *perspektivisch* vom jeweils anderen Raumschiff betrachtet. Die *Laufzeitunterschiede* des Lichtes in der Lichtuhr oder der Strahlung in der Atomuhr entstehen *ausschließlich* aus dieser *relativen Verschiebung* des ‚Ziffernblatts' zum frei schwebenden ‚Zeiger', also, im Falle der Atomuhr, der Strahlungsdetektoren der Atomuhr *relativ* zur frei schwebenden Strahlung – und die SRT (bzw. die Lorentz-Transformation) ist eine nach wie vor geniale (wenn auch eigentlich sehr einfache...) ‚Erfindung', diese durch *relative* Bewegungen der Bezugssysteme bzw. der ‚Ziffernblätter' zueinander verursachten Laufzeitunterschiede der ‚Zeiger' zu *korrigieren*. Sie ist *kein Beweis* für die Relativität der *Zeit selbst!*

Um nochmals, weil so wichtig, auf das Beispiel mit der Lichtuhr zurückzukommen (an dem die ganze Theorie ja ‚aufgehängt' wurde): *Ohne* die relative Verschiebung der Spiegel via Relativbewegung des Bezugssystems, in dem sie sich befinden, würde ein Dreieck aus den Punkten *Lichtquelle, verschobener Spiegel* und (nach der Rückspiegelung zwischenzeitlich) *noch mehr verschobener Gegenspiegel überhaupt nicht konstruiert werden können!* Unser berühmter Zeitdilatationsfaktor $\sqrt{1-v^2/c^2}$ *entsteht* ausschließlich aus der Verschiebung des Spiegels und damit der *Konstruktion* unseres Dreieckes, aus dem er (wie weiter oben vorgeführt) *errechnet* wird! Dieser Zeitdilatationsfaktor ist ein reines *Beobachtungs- und Rechenprodukt!*

Wie ich übrigens das *Verhältnis* zwischen Zeiger und Ziffernblatt verschiebe, ist völlig egal: Ich kann mit meinem Finger den Zeiger manipulieren, ich kann die Spiegel meiner Lichtuhr wegziehen, ich kann die Strahlungsdetektoren meiner Atomuhr mit dieser selbst schnell wegziehen relativ zur Cäsiumstrahlung – oder ich kann die Gravitationskraft nutzen (ART): Uhren auf Höhe des Meeresspiegels gehen genauso langsamer im Vergleich, also *relativ* zu Uhren auf hohen Türmen oder Bergen (*Hawking* 1994, S. 50 f., *Goenner* 1996, S. 184 ff. u. 188): Die Gravitation ist in Erdnähe (*Einstein* 1997, S. 53) oder gar „auf der Sonne" (*Einstein/Infeld* 1998, S. 231) stärker, wirkt also auf den einen Chronometer stärker („lähmender') als auf den anderen (*Einstein* 1990, S. 91, *Barrow* 1996, S. 181).

Wir dürfen ja nicht vergessen, dass das in der SRT ‚absolut' geltende Postulat vom ‚absoluten' Charakter der Lichtgeschwindigkeit in der ART, also unter Gravitationseinfluss, *urplötzlich nicht mehr gilt!* Der Meister sagt es uns selbst: „Im ersten Teil dieses Schriftchens haben wir uns raum-zeitlicher Koordinaten bedienen können, welche eine einfache, direkte physikalische Interpretation zuließen und welche sich... als vierdimensionale kartesische Koordinaten deuten lassen. Dies war möglich auf Grund des Gesetzes von der Konstanz der Lichtgeschwindigkeit, an welchem aber... die allgemeine Relativitätstheorie nicht festhalten kann (!! E.S.); wir kamen vielmehr zu dem Ergebnis, dass gemäß letzterer Theorie die Lichtgeschwindigkeit stets von den Koordinaten abhängen muss, falls ein Gravitationsfeld vorhanden ist." (*Einstein* 1997, S. 61 f.) Man höre und staune!

Und übrigens: Wenn gleichmäßig-lineare Bewegung definiert ist als eine *Rate,* als Raumstreckeneinheit pro Zeiteinheit (z.B. m/s), dann ist Beschleunigung (m/s^2), also Gravitation, als Veränderungs*rate* dieser *Rate* zu verstehen. Da diese *Rate* letztlich gequantelt ist (aus dem Planckschen Wirkungsquantum folgt, dass jede Energieeinwirkung auf einen Körper mit der Folge einer Beschleunigung desselben *letztlich* gequantelt erfolgt), wäre gleichsam die ART (Beschleunigung) aus (extrem) vielen Anwendungen der SRT (lineare Bewegung) zusammengesetzt: Den Planckschen Wirkungsquanten entsprächen dann die (linearen) Punkte bzw. die jeweils anliegenden (linearen) Tangenten einer gekrümmten (weil beschleunigten) Bewegungslinie in einem Raumzeit-Koordinatensystem (zur vektoriellen Darstellung einer solchen vgl. z.B. *Einstein/Infeld* 1998, S. 41 ff. u. 46 ff.). Es ergäbe sich somit *keine* Besonderheit der SRT gegenüber der ART – oder umgekehrt. Das ist (unter anderem) der Grund, warum ich, wie einleitend schon ‚angedroht', zwischen beiden Theorien, je nach Bedarf, hin und her springe.

Aber zurück zu unseren Uhren: Aus dem bisher Gesagten folgt, dass komplett falsch ist, was etwa *Bührke* schreibt: „Noch einmal: Die Zeitdehnung in einem Schwerefeld lässt sich nicht auf mechanische Einflüsse auf die Uhr, wie Verbiegungen oder ähnliches zurückführen. Sie ist eine Eigenschaft der Zeit an sich." (1999, S. 95) Das beschleunigte Wegziehen des Spiegels (Ziffernblattes) unserer Lichtuhr relativ zum Licht (Zeiger) *durch was auch immer* (beschleunigte Raumschiffe oder Züge, die Gravitation etc.) *ist eine mechanische Manipulation der Uhr* und nichts anderes.

Habe ich also durch welche Manipulationsart welcher Uhr auch immer *die Zeit selbst* verschoben, tangiert, verlangsamt, gekrümmt, verändert etc.? Nein.[5] Man könnte die eine von den beiden Uhren auch in eine als *ein* Bezugssystem *definierte* Zentrifuge stellen, sie nach Art des Hammerwerfens längere Zeit in *einem* Bezugssystem in der Luft herumwirbeln, sie mit einem Katapult senkrecht noch oben schießen und wieder auffangen, sie am Foucaultschen Pendel länger Zeit aufhängen etc. pp. Man könnte, drastisch formuliert, auch auf die eine *schießen* und auf die andere nicht und sich dann wundern, dass die eine danach eine ‚andere Zeit' anzeigt als die andere...

Wichtig ist also allein: Auf die eine wirke ich physisch ein, auf die andere *nicht*. Oder so gefragt: Warum ist es erlaubt, von den Resultaten des Einwirkens *einer* bestimmten Naturkraft, eben der Gravitation, auf eine Uhr auf die ‚Relativität' *der Zeit selbst* zu schließen – warum aber nicht auch von den Resultaten der Einwirkung einer der *anderen* drei Naturkräfte? Warum darf ich nicht auf die ‚Relativität' *der Zeit selbst* schließen, wenn ich eine mechanische Uhr aus magnetisierbarem Metall mit einem Magneten manipuliere?

Aber wie können wir denn *die Zeit selbst* definieren oder messen jenseits der Möglichkeit, die *regelmäßige Bewegung*

---

[5] Ein schönes Beispiel, wie ein physisches *Messinstrument*, eben ein *Chronometer*, in Eins gesetzt wird mit dem, *was* es messen soll, liefert etwa *Wolschin*, wenn er schreibt: „*Zeit*dehnung im Test. Wissenschaftler am Heidelberger Max-Planck-Institut für Kernphysik konnten eine Kernaussage der Speziellen Relativitätstheorie experimentell mit bisher unerreichter Präzision bestätigen: dass *Uhren* bei Annäherung an die Lichtgeschwindigkeit immer langsamer ticken." (*Wolschin* 2004a, S. 23; Herv. E.S.).

physikalischer Prozesse (nichts anderes sind ‚Uhren': auch Sonnenauf- und -untergang, also die Erdrotation, die Jahreszeiten, also die Rotation der axial geneigten Erde um die Sonne, etc. sind ‚Uhren') als ihr ‚Sein', ihr Maß, ihren Ausdruck zu nehmen?

Bevor wir einen kleinen Exkurs über das ‚Wesen' der Zeit machen, möchte ich versuchen, eine Frage zu klären: Warum geht jede ‚bewegte' Uhr relativ zu einer ‚nicht bewegten' immer nur langsamer – und nie schneller? Können wir das Ziffernblatt nicht auch in die entgegengesetzte, ‚schnellere' Richtung verdrehen? Selbstverständlich können wir das *nominal* (wir schieben die 7 statt der 6 hinter den Zeiger, dann ist es ‚schon' 7 statt erst 6 Uhr...), nur der *physische* Effekt ist derselbe, weil wir von einem *kürzesten* Weg immer nur in Richtung eines *längeren* Weges abweichen können: Jede funktionsfähige Uhr (*egal* welcher Art: Lichtuhr, „Sanduhr" [*Einstein/Infeld* 1998, S. 179], mechanische Uhr etc.) schreibt ihrem beweglichen Teil (Zeiger, Photonen etc.) *qua Konstruktion* einen kürzesten Weg vor: *Jede* Manipulation der Konstruktionsverhältnisse in der Uhr kann also nur eine Verlängerung des Weges des ‚Zeigers' bedeuten – der ‚Zeiger' braucht zum Ziel also mehr Zeit, die Uhr zeigt also eine ‚langsamere Zeit' an.

Selbstverständlich kann ich den Zeiger einer Uhr einfach mit dem Finger *vorstellen* – nur habe ich dadurch die Uhr *als Uhr* (definiert als, wie gesagt, ‚*Anzeigegerät regelmäßiger physikalischer Prozesse*') negiert: Der Zeiger der Uhr zeigt dann zwar immer noch etwas an – aber nicht mehr den Verlauf eines regelmäßigen physikalischen Prozesses oder gar *die Zeit selbst*, sondern das Ergebnis einer unregelmäßigen physischen Krafteinwirkung (nämlich der meines Fingers). Und wenn etwa ein Zahnrädchen einer mechanischen Uhr bricht und die Kraft, die in der gespannten Feder steckt, in einen schnelleren Gang der Uhr sich verwandeln sollte – nun, dann ist wiederum die eigentliche *Konstruktion* negiert und die ganze Sache eigentlich keine Uhr mehr.

Man kann sich die Angelegenheit auch so vorstellen: Jede Uhr, auch gedacht als *ideale* Konstruktion, benötigt für ihr ‚Gehen' eine *genau dosierte maximale* Energie: die Energie, die in einer gespannten Feder, in der Strahlung eines Nuklids oder in einem schwingenden Pendel etc. steckt. Und in dem

Maße, wie diese Energie aufgebraucht wird, geht die Uhr – *langsamer* bzw. sie kommt irgendwann mehr oder minder abrupt zum *Stillstand*. Nur ein *konstruktionswidriges* ‚Hineinpumpen' zusätzlicher Energie kann sie *manipulativ beschleunigen*.

Betrachten wir in diesem Kontext auch das weiter oben (S. 34) schon angesprochene Myonen-Phänomen, das als Beweis der Relativität der Zeit angeführt wird. Zur Erinnerung hier nochmals das entsprechende Zitat: „Wirklich beobachtbar wird die Zeitdilatation nur bei Relativgeschwindigkeiten, die der Lichtgeschwindigkeit nahe kommen. Experimentell bestätigt worden ist sie beim Zerfall sehr schneller m-Mesonen (auch Myonen oder Müonen genannt; E.S), die durch die Höhenstrahlung in der Erdatmosphäre erzeugt werden. Diese Mesonen haben ruhend eine mittlere Lebensdauer von $2,2 \cdot 10^{-6}$ s; Licht durchläuft in dieser Zeit 660 m, die Mesonen durchlaufen tatsächlich die hundert- bis tausendfache Strecke, bis sie zerfallen."[6]

Um es so auszudrücken: Ich kann die Halbwertzeit von Myonen nicht dadurch beeinflussen, dass ich die Myonen quasi *schnell woanders hinbringe*. *Das* wird bewiesen durch den Myonenflug, nicht die Relativität der Zeit. Eine Banane, die in genügend kurzer Zeit von Mittelamerika nach Hamburg gebracht wird, ‚zerfällt' (falls sie nicht gegessen wird) eben ‚erst' in Hamburg statt ‚schon' in Mittelamerika oder irgendwo auf dem Weg. Was ist daran verwunderlich? Gehen deswegen (von der Zeitzonenverschiebung aufgrund der Erdrotation natürlich abgesehen) in Mittelamerika die Uhren anders als in Hamburg?

Und genau genommen: Ein *noch nicht* zerfallenes Myon ist eigentlich keine Uhr (maximal eine, die steht): Es gibt in diesem Zustand quasi noch keinen ‚Zeiger' (wohl das ‚Zifferblatt', nämlich das Myon selbst). Erst *wenn* es zerfällt bzw. *nachdem* es zerfallen ist (und also definitorisch *nicht* die Erdoberfläche erreicht und dortselbst also *nicht* mehr nachgewiesen werden kann), ist oder wäre es eine Uhr, weil sich nun die

---

[6] *Bertelsmann Universallexikon in 20 Bänden* (CD-ROM-Version: „Discovery 99"), Stichwort „Zeitdilatation".

Zerfallsprodukte (Elektronen etc.) frei wie ein Zeiger bewegen können vor dem *gedachten* Hintergrund des Myons kurz vor dem Zerfall – *nach* dem Zerfall ist es ja *weg*. Das Myon ist *so* betrachtet also gar keine Uhr: Vor dem Zerfall fehlt der Zeiger, danach das Ziffernblatt. Was folgt? Genau – nichts. Mit einer Uhr, die bei genauer Betrachtung keine Uhr ist, kann man nichts messen.

Das sagt der Meister (in einem anderen Zusammenhang freilich...) selbst: „Zeitangaben lassen sich auflösen in die Konstatierung von Begegnungen des Körpers (dessen Auftreten zeitlich gemessen werden soll; E.S.) mit Uhren in Verbindung mit Konstatierung der Begegnung von Uhrzeigern mit bestimmten Punkten von Zifferblättern. Nicht anders ist es mit den räumlichen Messungen durch Maßstäbe, wie einiges Nachdenken zeigt." (*Einstein* 1997, S. 63) Kam es bei den Myonen zu einer Begegnung der Uhrzeiger mit den Zifferblättern? Man investiere auch nur kurzes Nachdenken...

Walter Theimer schreibt zudem: „Schließlich ist fraglich, ob die ‚Lebensverlängerung' des Mesons (d.h. Myons; E.S.) überhaupt stattfindet. Rossi (1940) untersuchte die Verteilung der Mesonen in verschiedenen Höhen bis 3000 m und stellte fest, dass sie nicht der Theorie der Lebensverlängerung durch Zeitdehnung entsprach. Die meisten Mesonen haben nur eine Reichweite von 400 m und müssen daher in großer Erdnähe entstehen, wahrscheinlich durch Sekundärprozesse. Schnelle Mesonen scheinen tatsächlich etwas länger zu existieren als langsamere, aber nicht durch eine ‚Zeitdehnung', sondern dadurch, dass sie schwerer von anderen Teilchen eingefangen werden.

Es ist nach diesen Untersuchungen zu bezweifeln, dass die auf der Erde gefundenen Mesonen tatsächlich in großer Höhe entstanden sind. Wahrscheinlich beruht die ganze Mesonengeschichte auf einem Irrtum.

Hingegen ist in Teilchenbeschleunigern beobachtet worden, dass andere Mesonen bei sehr hoher Geschwindigkeit tatsächlich bis zu 26 Millionstelsekunden länger existieren als in Ruhe. Statt gleich ‚Zeitdehnung' zu rufen, sollte man besser nach physikalischen Ursachen für die Verlangsamung des Zerfalls suchen." (zitiert nach *Galeczki/Marquardt* 1997, S. 120)

VII. Exkurs: Vom ‚Wesen' des Raumes, der Zeit, der Materie und der Energie – einige erkenntnistheoretische, naturphilosophische und empirisch-physikalische Überlegungen

Zunächst eine notwendige Vorbemerkung zum ‚Wesensbegiff': Ich halte nicht viel von ihm. In der Alltagssprache und in einer ganz unaufgeregten Nutzungsweise hat er seine Berechtigung – wenn man mit dem ‚Wesen' der Dinge, eines Prozesses, eines Phänomens einfach, wie man oft auch formuliert, den *Kern* der Sache oder ihre *Substanz* meint, den ‚*Punktus Knacksus*', die *grundlegenden Strukturen*, den *Generalplan*, den *Dreh- und Angelpunkt*, den *springenden Punkt,* die *Quintessenz* etc., also das, was man, will man die Sache, um die es geht, grundlegend beeinflussen und verändern, *radikal* verändern muss – man muss sie an der *Wurzel* packen.

Jede Adelung des Wesensbegriffs zu einer ontologischen Kategorie ist aber idealistischer Unsinn: Der Platonische Ideenhimmel, das Kantsche ‚Ding an sich', das Heideggersche ‚Sein' der Dinge schlechthin – das alles sind idealistische Phantastereien, die *als solche* natürlich in unseren Schädeln (und Büchern etc.) *existieren,* aber nur in dem Sinne, in dem dort auch Kobolde, Feen und Zauberer ‚existieren'.

Wenn man die Sache *bewusst* etwas ins Lächerliche zieht, offenbart sie schnell ihre *grundlegende* Albernheit: Was ist denn ein Vanillejoghurt ‚an sich'? Was ist das ‚Wesen' eines Barhockers oder eines Clubsessels – oder das eines vollen Aschenbechers, eines halbleeren Mülleimers, meiner letzten Stromrechnung oder gar des letzten schlechten Witzes, den man mir erzählte? Was ist denn das ‚Sein' der Französischen Revolution oder der letzten Bundestagswahl ‚selbst'? Das Haus, die Hundehütte, das Drei-Mann-Zelt ‚an sich'? Was ist die ideale, die wesenhafte, die vom nur ‚falsch-scheinhaften' Sein der realen Dinge unterschiedene ‚richtig seiende' ‚Idee' des Verkehrsstaus, der Nebenhöhlenentzündung, des epileptischen Anfalls oder des Amoklaufs?

Zugestanden: Es gibt wohl einige ‚grundlegende' Dinge. Aber die *wirklich* (‚wirkend') *grundlegenden* Dinge kann man an einer Hand abzählen – ja sogar an nur drei Fingern! Man kann diese *grundlegenden* Dinge, ohne die *nichts* anderes gedacht, erkannt, gesehen, gemessen, also in irgend einer Weise als **DA** bezeichnet werden kann, in den Satz, ja Merksatz ‚*Etwas in der Raumzeit*' fassen: Ohne Raum, Zeit und mindestens ein ‚Etwas', das in Raum und Zeit herumschwirrt und dort eben nicht sein ‚Wesen', sondern sein – alltagssprachlich sehr gut getroffenes – *Unwesen* treibt, ist jeder Denk- und Erkenntnisprozess zu Ende, noch bevor er begonnen hat. Nennen wie dieses ‚Etwas' im Folgenden Materieenergie bzw. Energiematerie. Die Triade von Raum, Zeit und Materieenergie ist denk- und erkenntnisnotwendig, alltagspragmatisch existenziell und auch wissenschaftlich nicht hintergehbar – auch und *vor allem* in der Physik nicht, dieser ‚realistischsten' aller Wissenschaften:

„Es muss noch eine *dritte* universelle Naturkonstante geben (neben der Lichtgeschwindigkeit und dem Planckschen Wirkungsquantum; E.S.). Dies folgt einfach, wie der Physiker sagt, aus Dimensionsgründen. Die universellen Konstanten bestimmen die *Maßstäbe* der Natur, sie liefern uns *charakteristische Größen*, auf die man *alle anderen* Größen in der Natur *zurückführen* kann. Man braucht aber mindestens *drei* Grundeinheiten für einen vollständigen Satz solcher Einheiten. Am einfachsten kann man das aus den üblichen Konventionen über Maßeinheiten erkennen, wie etwa dem Gebrauch des c-g-s-Systems (Zentimeter-Gramm-Sekunde-System) durch die Physiker. Eine Einheit der *Länge*, eine der *Zeit* und eine der *Masse* sind zusammen ausreichend, um ein vollständiges System zu bilden. Man braucht mindestens *drei* grundlegende Maßeinheiten. Man könnte sie auch durch Einheiten der *Länge*, der *Geschwindigkeit* und der *Masse* ersetzen oder durch solche von *Länge*, *Geschwindigkeit* und *Energie* usw. Aber *drei* Grundeinheiten sind *auf jeden Fall* notwendig... Wenn man von unserer gegenwärtigen Kenntnis der Elementarteilchen ausgeht, so ist vielleicht die einfachste und angemessenste Weise, die dritte universelle Konstante einzuführen, die Annahme, dass es eine universelle *Länge*... gibt..." (*Heisenberg* 1977, S. 136)[1]

---

[1] Ich habe im obigen Zitat die konkreten Werte, die Heisenberg an dieser Stelle nennt, weggelassen, weil sie inzwischen etwas ver-

Mit anderen Worten: Wir brauchen ‚*Etwas in der Raumzeit'*, also etwas
- ‚*Raumhaftes'* (Phänomene: Länge, Strecke, Ausdehnung, Dimensionalität, Höhe, Breite, Radius etc.; zugehörige Naturkonstante: Planck-Länge; Dimension/Größe: Länge L; Formelzeichen: z.B. l oder x; SI-Einheit: Meter m);
- etwas ‚*Zeithaftes'* (Phänomene: Bewegung, Geschwindigkeit, Beschleunigung, Veränderung, Schwingung, Frequenz etc.; zugehörige Naturkonstante: Lichtgeschwindigkeit (als Verhältnis jeweiliger Vielfacher der Planck-Länge und der Planck-Zeit); Dimension/Größe: Zeit T; Formelzeichen: t; SI-Einheit: Sekunde s)
- und etwas ‚*Energiemateriemassehaftes'* (Phänomene: Masse, Materie, Gewicht, Kraft, Wirkung, Energie, Strahlung etc.; zugehörige Naturkonstante: Plancksches-Wirkungsquantum; Dimension/ Größe: M; Formelzeichen: m; SI-Einheit: Kilogramm kg).

Wir sehen sofort, warum es mindesten *drei* grundlegende Größen sein müssen: Diese drei grundlegenden physikalischen Größen *definieren* sich nämlich *gegenseitig* (was übrigens nicht bedeutet, dass man sie *ontologisch*, also ‚seinsmäßig' aufeinander *reduzieren* kann). Und dazu brauchen wir eben mindestens *drei*. Ich kann nicht sagen, dass Geschwindigkeit (v) eine Strecke (l) *ist* oder ein Zeitabschnitt (t) *ist*, aber ich kann (und sollte) sagen, dass Geschwindigkeit eine Strecke pro Zeitabschnitt ‚ist'. Ich kann also nicht schreiben $v = l$ oder $v = t$. Das wären sinnlose Ausdrücke. Mit nur *zwei* Größen wäre ich also hilflos! Habe ich aber *drei* Größen, kann (und sollte) ich zum Beispiel $v = l/t$ schreiben. Das entspricht nämlich unserer Alltagserfahrung – vor allem dann natürlich, wenn man die Sache in alltagsüblichen Einheiten ausdrückt: Beispielsweise ist die Geschwindigkeit eines Autos v_A = 100 km/h (also ≈ 27,78 m/s). Und die Länge, also die zurückgelegte Strecke, ist dann eben $l = v \cdot t$. Alltagssprachlich ausgedrückt: Die zurückgelegte

---

altet sind. Das ändert aber nichts am Grundgedanken. Die ‚universelle' Länge wird heute als *Planck-Länge* bezeichnet. Sie beträgt ≈ *1,61624 · 10^{-35} m*.

Strecke (l) ist die gefahrene Geschwindigkeit (v) mal der gefahrenen Zeit (t).

Wir sehen also, dass die drei *Naturkonstanten*, die mit den drei *grundlegenden physikalischen Größen*, ohne deren Festlegung *nichts* geht, assoziiert sind (man könnte übrigens auch *andere* Naturkonstanten oder sogar, rein theoretisch zumindest, langfristig *veränderliche* Natur-'Konstanten' mit ihnen assoziieren – nur um die *Festlegung der Größen selbst* kommt man nicht herum), jeweils als sich *gegenseitig definierende Verhältnisse* dieser Grundgrößen erscheinen. In *Einheiten* dieser Grundgrößen ausgedrückt

- ist die Lichtgeschwindigkeit (im Vakuum) $c \approx 300.000.000$ *m/s*, also ein Verhältnis zwischen Längeneinheit und Zeiteinheit;
- ist das Plancksche Wirkungsquantum $h \approx 6,63 \cdot 10^{-34}$ *Js* (Joulesekunden), wobei ein *Joule* definiert ist als ein bestimmtes Verhältnis zwischen Masse-, Länge- und Zeiteinheit: $J = kg \cdot m^2/s^2$;
- ist die Planck-Länge $l_P \approx 1,61624 \cdot 10^{-35}$ *m*, wobei ein Meter (*m*) wiederum definiert ist als die Strecke, die das Licht in einem bestimmten Zeitabschnitt, nämlich in 1/299.792.458 Sekunden (*s*) zurücklegt.

Nochmals, weil so wichtig: *Alles* definiert sich *gegenseitig*, *nichts* davon kann quasi als ‚archimedischer Punkt' definiert werden, *von dem aus* alles andere abgeleitet werden könnte ohne Zuhilfenahme eines Dritten. Formal ausgedrückt, kann – in *physischer*, nicht *mathematischer* Interpretation[2] – niemals $x = y$ sein (weil *physisch* alles immer nur mit sich selbst identisch ist), aber es *kann* (*muss* also nicht) *physisch* und *physikalisch* sein, dass z.B. $x = y/z$ ist (wenn ich etwa für x, y und z die gerade eingeführten Größen v, l und t einsetze).

Durch die *gegenseitige physikalische Definition* aller drei grundlegenden physikalischen Größen hat also *alles* im (physikalischen) Universum etwas ‚*Raumhaftes*', etwas ‚*Zeithaftes*'

---

[2] Ich werde auf die Bedeutungsunterschiede zwischen einer *mathematischen*, *physikalischen* und *physischen* Interpretation gleich noch zurückkommen.

und etwas ‚*Energiemateriemassehaftes*'. Wenn also jemand daherkommt und behauptet, er habe *im Bereich des Physischen* etwas gefunden, das nichts Raumhaftes oder nichts Zeithaftes oder nichts Energiemateriehaftes hat – dann betreibt er auf jeden Fall und in des Wortes direkter Bedeutung und erst mal ganz wertfrei gesprochen *Meta*physik.[3]

Wichtig ist auch, dass es dann, wenn es *ein* Kleinstes gibt, durch die *gegenseitige* physikalische Definition *auch von den beiden anderen grundlegenden physikalischen Größen etwas Kleinstes geben muss*. Max Planck hat experimentell nachgewiesen, dass Energie in kleinsten Energiequanten abgestrahlt wird – daher das Plancksche Wirkungs*quantum*. Wenn aber Energie physikalisch definiert wird als ein bestimmtes Verhältnis zwischen, ich sage mal zunächst und ganz bewusst sehr allgemein: Masse und irgend einer (potenziellen) Bewegungsform ($E = m \cdot c^2$ oder $E = h \cdot f$ oder $E = m \cdot g \cdot h$)[4] – nun, dann gibt es auch von den beiden anderen *physikalischen* Größen *Länge* und *Zeit* etwas Kleinstes![5] Es gibt also nicht nur ein Plancksches Wirkungsquantum (als Naturkonstante des kleinsten ‚*Energiemateriemassehaften*') und nicht nur die, wie schon angeführt, Planck-Länge (als Naturkonstante des kleinsten ‚*Raumhaften*'), sondern auch eine Planck-Zeit (als Naturkonstante des kleinsten ‚*Zeithaften*').[6]

---

[3] Im Griechischen bedeutet μετά einfach dahinter, danach.

[4] Dabei ist *h* wiederum das Plancksche Wirkungsquantum, *f* die *Schwingungs*frequenz (etwa eines Photons) und *g* die Erd*beschleunigung*.

[5] Mein guter Freund Peter Feuerstein wies mich darauf hin, dass dies *mathematisch* nicht unbedingt der Fall sein muss.

[6] Die Planck-Zeit beträgt ≈ $5{,}39121 \cdot 10^{-44}$ s. Die Lichtgeschwindigkeit, die weiter oben als Naturkonstante des ‚Zeithaften' ausgewiesen wurde, ist natürlich ein Verhältnis (m/s) bestimmter Vielfacher der Planck-Länge und der Planck-Zeit – und ein Meter (m) ist wieder definiert als die Strecke, die das Licht in 1/299.792.458 Sekunden (s), zurücklegt. Wir sehen also auch in dieser Hinsicht, dass wir aus dem Zirkel *gegenseitiger physikalischer Definitionen* nicht herauskommen – so lange zumindest,

Stimmt das alles, dann ist die Raumzeit samt aller ihrer ‚Inhalte' also in kleinste Einheiten unterteilt – sie ist, wie man mathematisch formuliert, *diskret* strukturiert. Es gibt dann also „Quanten der Raumzeit" (*Smolin* 2004).
So. Was also *ist* die Zeit?
Ich würde *die Zeit selbst* definieren als das ‚Wesen', als die *Daseinsweise* der *Bewegung* (und vice versa), in der *alles* im Universum sich *permanent* befindet – einen *informierten Blick* auf die physischen Dinge und Phänomene vorausgesetzt.

Mit einem *informierten Blick* meine ich Folgendes: Man könnte natürlich auf die Idee kommen, dass es auch Dinge gibt, die sich – relativ zueinander – in ‚Ruhe' befinden: So steht mein Schreibtisch stoisch ruhig vor der stoisch ruhigen Wand in meinem Zimmer (Bezugssystem), vor der er schon gestern stand. Nur sagt uns eben ein *informierter Blick*, dass der obere Teil des Schreibtisches (oder der Wand) relativ zum Erdmittelpunkt aufgrund der permanenten Erdrotation ein anderes (größeres) Drehmoment hat als der untere – und dass Schreibtisch und Wand aus Molekülen und Elementarteilchen bestehen, die in permanenter Bewegung sind (Wärmeschwingung der Moleküle und Atomgitter, Drehimpuls der Elektronen, Kernspins etc.).

Wenn ich also die Zeit, in Kurzform, als die *Bewegung* der *Dinge* definiere, fällt sie unter die *Erhaltungssätze*. Sie ist so *absolut,* wie *überhaupt* etwas *absolut* sein kann in unserem Universum: die *Erhaltung* der *Materieenergie* bzw. der *Energiematerie* in ihren verschiedenen *bewegten* Erscheinungsformen.[7]

---

bis uns jemand einen physikalischen ‚archimedischen Punkt' nachweist.

[7] Vgl. zur Energieerhaltung z.B. *Einstein/Infeld* 1998, S. 70 u. 192 f., oder *Lederman/Schramm* 1990, S. 64 ff.; zu anderen Erhaltungsgrößen (elektrische Ladung, Baryonen- und Leptonenzahl) vgl. z.B. *Feynman* 1997, S. 77-105, *Weinberg* 2000, S. 102 ff., oder *Fritzsch* 1999, S. 73 ff. u. 173 (Teilchenerzeugung aus Energie); zur „Erhaltung des Gesamtspins" welcher Teilchenmenge auch immer vgl. *Charon* 1988, S. 155 ff., speziell S.158.

Um ein erstes, schwächeres Argument für die genannte Definition der Zeit bzw. ihres ‚Wesens' anzuführen: Es ist unmittelbar klar, dass wir eine Uhr, also einen Chronometer (griech. ο χρόνος, die Zeit), ohne irgend etwas, das sich relativ zu irgend etwas anderem *bewegt,* nicht einmal denken, geschweige den konstruieren können: emittierte Photonen, schwingende Atome oder schwingende Pendel, Schwungräder und gespannte Federn in mechanischen Uhrwerken, rieselnder Sand, rotierende Planeten etc. pp.

Und um das stärkste nur denkbare Argument gleich folgen zu lassen: Man stelle sich ein Universum vor ohne *jede* Bewegung von irgend etwas! Eine bessere ‚Definition' des (eben auch zeitlichen) **NICHTS** kann man sich kaum – ‚vorstellen'! Und man merkt sofort und intuitiv, dass ein Zustand absoluter Bewegungslosigkeit eine physikalische und physische Unmöglichkeit ist: Ein Planet, der nicht mehr um sein Zentralsystem kreisen würde, müsste, denkt man sich zunächst, durch die Gravitation in letzteres stürzen. Aber halt: Auch *diese* Bewegung gäbe es nicht mehr, wenn es *keine* Bewegung mehr gäbe! Und sogar den Planeten selbst und die Sonne, um die er kreist, und alle anderen Planeten und Sterne und alle andere Materie und Energie und Strahlung im Universum würde es nicht mehr geben – weil kein Molekül und kein Atomgitter und kein Atom und kein Elementarteilchen und keine Strahlung vibrierend, schwingend, rotierend, also sich bewegend Energie tragen könnte, weil kein Elektron mehr um seinen Atomkern kreisen oder als Strom fließend sich durch Atomgitter bewegen würde, kein Atomkern, kein Elementarteilchen, definiert (nach De Broglie) als Materiewelle, kein Photon, definiert als elektromagnetische Welle, kein Teilchenspin sich schwingend, vibrierende oder rotierend im Universum tummeln würde, weil also einfach **NICHTS** mehr wäre – ‚wäre'.

Muss ich noch groß ausführen, dass in einem solchen physikalisch und physisch unmöglichen und nicht einmal denkbaren Zustand (es gäbe ja auch niemanden mehr, der denken könnte…) auch alles ‚weg' wäre, was man in irgend einem vernünftigen Sinne als Materie oder Energie bezeichnen könnte? **Die Totalannihilation jeder Bewegung wäre die Totalannihilation jeder Zeit, jeder Energie, jeder Materie – also des Seins schlechthin.**

Darüber nachzudenken, ob in einem solchen ‚Zustand' noch ein leeres ‚Weltentheater', also ein ‚*Raum selbst*' übrig bliebe, ist vollkommen sinnlos – weil nichts wäre, was diesen sehen, denken, erkennen, erleben, durchmessen, durchfliegen oder füllen könnte. Weil nichts wäre und nichts stünde, dessen *Gegen*stand er wäre.[8]

Wenn es noch jemanden gäbe, der denken könnte, könnte man sich einen solchen ‚Zustand' (Zu*stand*) quasi all Totalstillstand aller (durch die Stringtheorie[9] beschriebenen) ‚Raumzeit-

---

[8] Unser Denken und Sprechen ist von der existenziellen Hintergrundannahme des ‚Weltentheaters', also eines *als Raum* definierten Seins, freilich regelrecht durchtränkt: „(D)ie Sprache übersetzt alle unanschaulichen Verhältnisse ins Räumliche. Und zwar tut das nicht eine oder eine Gruppe von Sprachen, sondern alle ohne Ausnahme tun es. Diese Eigentümlichkeit gehört zu den unveränderlichen Zügen (‚Invarianten') der menschlichen Sprache. Da werden Zeitverhältnisse räumlich ausgedrückt: *vor* oder *nach* Weihnachten, *innerhalb* eines Zeitraumes von zwei Jahren. Bei seelischen Vorgängen sprechen wir nicht nur von *außen* und *innen*, sondern auch *über* und *unter* der Schwelle des Bewusstseins, vom *Unter*bewussten, vom *Vordergrunde* oder *Hintergrunde*, von *Tiefen* und *Schichten* der Seele. Überhaupt dient der Raum als Modell für alle *unanschaulichen* Verhältnisse: *Neben* der Arbeit er*teilt* er *Unter*richt (und im ‚*-richt*' steckt sogar noch die *Richtung*; E.S.), *größer* als der Ehrgeiz war die Liebe, *hinter* dieser *Maßnahme stand* die Ab*sicht* – es ist überflüssig, die Beispiele zu häufen, die man in beliebiger Anzahl aus jedem Stück geschriebener oder gesprochener Rede sammeln kann. Ihre Bedeutung bekommt die Erscheinung von ihrer ganz allgemeinen Verbreitung und von der Rolle, die sie in der Geschichte der Sprache spielt. Man kann sie nicht nur am Gebrauche der Prä*positionen* (oder eben *Prä*positionen; E.S.), die ja ursprünglich alle Räumliches bezeichnen, sondern auch an Tätigkeits- und Eigenschaftswörtern aufzeigen." (*Walter Porzig: Das Wunder der Sprache. Probleme, Methoden und Ergebnisse der Sprachwissenschaft*, Tübingen/Basel 1993 (1950), S. 209 f., Herv. E.S.)

[9] Auf die *Stringtheorie*, also die Theorie der *Schwingung* letzter, kleinster ‚*Raumzeitsaiten*', wird noch zurückzukommen sein.

saiten' denken – also quasi als die absolute, totale, endgültige Totenstarre des Universums als Raum des (sonstigen) **NICHTS**.

Die Fragen ‚Was *ist* Energie?' und ‚Was *ist* Materie?' sind also bis zu einem gewissen Grade schon beantwortet. Um sie ‚endgültig' beantworten zu können, betrachten wir, ja *kontemplieren* wir etwas die drei oben schon genannten physikalischen Darstellungsweisen bzw. Definitionen bzw. Definitionsgleichungen von Energie und die physikalische Definition bzw. Definitionsgleichung ihrer physikalischen SI-Einheit, des Joule:

$$E = m \cdot c^2$$
$$E = h \cdot f$$
$$E = m \cdot g \cdot h$$
$$[J] = [kg \cdot m^2/s^2]$$

So. Ich würde, um es erst mal kurz anzudeuten, in einer *physischen* (alltagspragmatischen) Interpretation behaupten wollen, dass Energie *bewegte Materie* ‚ist': In allen vier Definitionsgleichungen gibt es jeweils einen *eher ‚energiemateriemassehaften'* Zustandsfaktor (m, h, kg) und einen *eher ‚raumzeithaften'* Bewegungsfaktor (c^2, f, g, m^2/s^2). Dabei sind die beiden ‚eher' dem Umstand zu verdanken, dass sämtliche Größen sich eben *gegenseitig* definieren, also immer auch etwas von den anderen haben, was etwa sehr stark in der Definition des Planckschen Wirkungsquantums als *Joulesekunde* zum Ausdruck kommt – und ein Joule ist eben wieder ein Verhältnis zwischen ‚allem', also Masse-, Längen- und Zeiteinheit ($kg \cdot m^2/s^2$).

Die *gegenseitige* definitorische Abhängigkeit der physikalischen Grundgrößen wie auch der Umstand, dass man sie *nicht* vollständig aufeinander *reduzieren* kann, kommt darin zum Ausdruck, dass in den vier Definitionsgleichungen von Energie bzw. ihrer SI-Einheit der gesamte Wert *null* wird, wenn wir auch nur *einen* Faktor *null* setzen. Alltagssprachlich formuliert: Aus ‚null Masse' resultiert genauso ‚null Energie' wie aus ‚null Bewegung' oder ‚null Beschleunigung' – falls vor der Beschleunigung nicht schon Bewegung bzw. Geschwindigkeit ‚da' gewesen sein sollte.[10]

Das wird unmittelbar einsichtig, wenn wir Energie (wie in den Lehrbüchern der Physik üblich) als Fähigkeit eines Systems definieren, *Arbeit*[11] zu verrichten: „Energie bedeutet in der Physik die im System gespeicherte Arbeit oder die Fähigkeit des Systems, Arbeit zu verrichten."[12] Die analoge, reziproke Definition von Arbeit lautet: „Die Arbeit W (engl. *work*) ist im Rahmen der Physik eine Energiemenge E, die von einem System in ein anderes System übertragen wird. Diese Übertragung erfolgt in der klassischen Mechanik durch das Wirken einer Kraft entlang eines Weges."[13] Wie könnte man aber Arbeit verrichten, also eine *Kraft* entlang eines *Weges* wirken lassen, ohne *etwas* zu bewegen bzw. ohne etwas zu *bewegen?*

Also ganz wichtig: Wir brauchen *beide* Faktoren, den ‚Zustandsfaktor' *wie* den ‚Bewegungsfaktor', um Energie sinnvoll definieren zu können. Oder mit anderen Worten: Materie und Energie sind (nach $E = m \cdot c^2$) nur *äquivalent* – sie sind *nicht identisch!* Mein (gleich noch etwas genauer zu formulierender und zu erläuternder) Vorschlag für das, was Energie in einer physischen, alltagspragmatischen Definition ‚ist', lautet ja ‚*Energie ‚ist' bewegte Materie'* – und nicht ‚*Energie ‚ist' be-*

---

[10] Man könnte *Beschleunigung*, also die Einwirkung einer Kraft auf einen Körper (in der Zeit und in einer bestimmten Richtung) insofern als ‚Produktionsprozess' der Bewegung, der Geschwindigkeit definieren – was natürlich die Möglichkeit einer *Entschleunigung* impliziert, also die Einwirkung einer Kraft *gegen* die Bewegungsrichtung eines Körpers.

[11] Das ist auch die direkte Bedeutung des griechischen Wortes ενέργεια, das man wörtlich als *drinsteckende Arbeit* übersetzen könnte (εν-: innen, drinnen, έργο: Arbeit, Werk).

[12] http://de.wikipedia.org/wiki/Energie_%28Physik%29, vgl. auch *Kuchling* 1999, S. 106 ff.

[13] http://de.wikipedia.org/wiki/Arbeit_%28Physik%29, vgl. auch *Kuchling* 1999, S. 101 ff.

wegte Energie', was ja eine Tautologie, besser: eine völlig unsinnige Definition wäre.[14]

Und spätestens jetzt, liebe Leserinnen und Leser, muss ich Ihnen (sozusagen in Form eines kleinen Exkurses innerhalb dieses Exkurses) kurz Rede und Antwort stehen auf die Frage, was ich unter *mathematischen* (aus der Perspektive der Wissenschaft *Mathematik* vollzogenen)*, physikalischen* (aus der Perspektive der Wissenschaft *Physik* durchgeführten) und *physischen* (aus der Perspektive der alltäglichen Lebenswelt getätigten) Interpretationen der *Physis*, also der *Natur*, als auch ihrer mathematisch-physikalischen *Beschreibungen*, *Definitionen* und *Formeln* verstehe.

Um so anzufangen: In einer hitzigen Diskussion mit (mathematisch wie naturwissenschaftlich hochgebildeten) Freunden warf mir einer der Anwesenden, der meiner Definition, was Energie ‚ist', nicht folgen wollte, folgenden Satz an den Kopf: „Das c^2 in $E = m \cdot c^2$ ist ein *Proportionalitätsfaktor* und hat mit *Bewegung* nichts zu tun."

Falls es eine Steigerungsform von *perfekt* geben sollte, könnte man sagen: Perfekter kann man nicht aneinander vorbeireden! Ich stelle die Frage: ‚*Was ist ein Hund?*', und mir wird nicht etwa auf alltagspragmatisch-*physischer* (und in diesem Falle auch *biologischer*) Ebene und mit Kurt Tucholsky geantwortet: ‚*Ein Hund ist ein von Flöhen bewohnter Organismus, der bellt'*, sondern ich bekomme die Antwort: ‚*Hund ist ein Substantiv mit vier Buchstaben.'*!

Die Antwort ‚*Proportionalitätsfaktor'* auf die Frage, was bedeutet in der Gleichung $E = m \cdot c^2$ das c^2, ist auf *mathematischer*

---

[14] Davon unberührt ist, dass *Fermionen* (Protonen, Neutronen, Elektronen etc.), also *Masseträger*, womöglich vollständig in *Bosonen* (Photonen, Gluonen, Gravitonen etc.), also *Kraftträger* (Energieträger bzw. –übermittler), transformiert werden können – wie es die teilchenphysikalische Theorie der ‚Supersymmetrie' voraussagt (*Jolie* 2002). Selbst wenn der experimentelle Nachweis gelingen sollte, wäre damit nicht bewiesen, dass Materie bzw. Masse vollständig in Energie verwandelt werden kann – auch Bosonen haben eine *Masse*.

105

Argumentationsebene selbstverständlich völlig richtig: In der Definitionsgleichung $E = m \cdot c^2$ ist c^2 definitiv (‚definitiv'…) ein Proportionalitätsfaktor. Und auch die *physikalische* Antwort auf die Frage, was denn in der Gleichung $E = m \cdot c^2$ das c^2 zu bedeuten hat, ist völlig richtig: ‚c^2 *ist das Quadrat der Lichtgeschwindigkeit c = 299.792.458 m/s.'*

Nur, *beide* Antworten sind *keine* Antwort auf die *alltagspragmatische* Frage, für welches *physische* Faktum, Sein, Wesen, Ding etc. c^2 denn steht. Und wir begreifen sofort, dass *mathematische* und *physikalische* Antworten auf die Frage, was es denn mit dem anderen Faktor (m) oder dem Definiendum (E) auf sich hat, uns ebenso wenig weiterhelfen bei dem alltagspragmatisch Versuch, die gesamte Definitionsgleichung $E = m \cdot c^2$ *physisch* zu interpretieren. Was steht da? Was *bedeutet* diese Formel? Und was *bedeutet* die andere berühmte Definition von Energie $E = h \cdot f$?

Bevor wir uns an einer solchen etwas tiefer gehenden (und mathematisch-physikalisch nicht ganz uninformierten) alltagspragmatisch-physischen Interpretation versuchen, sei also festgestellt, dass wir drei Argumentations- und Interpretationsebenen streng unterscheiden müssen:

- Die *mathematische Argumentation* bezieht sich auf die Symbolik und Grammatik (Axiome, Definitionen, Beweise etc.) der Geisteswissenschaft *Mathematik*. Ihre Inhalte sind tendenziell identisch mit dem, was in den Lehrbüchern der Mathematik geschrieben steht. Was dort geschrieben steht, hat nicht immer und – speziell in der ‚höheren' Mathematik – sogar recht selten etwas mit empirisch-realen Dingen zu tun.
- Die *physikalische Argumentation* bezieht sich auf die Symbolik und Grammatik (Definitionen, Herleitungen etc.) sowie die empirisch-experimentell beobachteten und erhobenen Daten der Naturwissenschaft *Physik*. Ihre Inhalte sind tendenziell identisch mit dem, was in den Lehrbüchern der Physik geschrieben steht. Was in den Lehrbüchern der *Experimentellen Physik* geschrieben steht, erhebt (tendenziell ohne Ausnahme) den Anspruch, die *physische* (also nicht *physikalische*, die Wissenschaft *Physik* betreffende) *Realität* (wenn auch oft nur in statistischer Näherung) richtig zu beschreiben. Der *Theoretischen Physik* eignet dieser ‚Wirk-

lichkeitsbezug' – vorsichtig formuliert und man könnte sagen: ‚naturgemäß' – nicht immer.[15]
- Die *alltagspragmatisch-lebensweltliche Argumentation* bezieht sich auf sämtliche Phänomene der *Physis*, also der Natur, inklusive aller Lebewesen und ihrer (gegebenenfalls) sozialen Artefakte, betrachtet als *auch* physische Gegenstände. Ihre Inhalte sind tendenziell identisch mit dem mündlich wie schriftlich überlieferten Universalwissen der Menschheit. Bei der alltagspragmatisch-lebensweltlichen physischen Interpretation dessen, was die Naturphänomene *sind*, ist mathematisch-physikalisches Wissen nicht unbedingt hinderlich und oft sogar förderlich. Es gibt aber keine ‚Experten' für die alltagspragmatisch-lebensweltliche Interpretation der Physis, und sie heißen auch nicht Einstein oder Heisenberg oder Hawking – und am allerwenigsten Platon, Hegel oder Heidegger. Und selbstverständlich auch nicht Scheunemann.

So. Vor dem Hintergrund der bisher in diesem Exkurs geäußerten Gedanken wage ich folgende mathematisch-physikalisch nicht ganz uninformierte, alltagspragmatisch-lebensweltliche *physische* und bis zu einem gewissen Grade auch *naturphilosophische* Interpretation dessen, was Energie ‚ist':

Energie ist bewegte Materie, ist die Summe der Bewegungsenergie, also der kinetischen Energie, die vorhanden ist in Form der (je nachdem) Rotation, Schwingung und Vibration aller Strahlungsquanten, Materiebausteine, Atome, Atomgitter und Moleküle und – im Falle freier Beweglichkeit – ihrer Relativbewegungen zueinander. Energie ist also letztlich immer kinetische Energie. Energie kann (letztlich immer verlustfrei – Energieerhaltungssatz) in verschiedene Erscheinungsformen verwandelt werden. Sie kann aber niemals in absolute Bewegungslosigkeit verwandelt werden oder aus absoluter Bewe-

---

[15] Nach bestimmten Stringtheorien soll es 10^{500} mögliche Universen geben – obwohl es, um eine Vergleichszahl anzuführen, ‚nur' 10^{80} Atome im Weltall gibt! Auf gewisse Phantastereien der Theoretischen Physik wird noch zurückzukommen sein.

gungslosigkeit erschaffen werden, da absolute Bewegungslosigkeit weder denkbar noch physikalisch definierbar ist.

Betrachten, ja ‚*kontemplieren*' wir – bevor ich einige Standardeinwände gegen diese Interpretation diskutiere – vor diesem Hintergrund die beiden berühmtesten Energiedefinitionsgleichungen $E = m \cdot c^2$ und $E = h \cdot f$ ein zweites Mal. Zu diesem Zwecke bringe ich sie in eine mathematische Form, die uns die *Semantik*, also den *Bedeutungsinhalt* beider Formeln gerade in ihrer *Gegenüberstellung* offenbart[16] – als zwei Seiten *einer* Medaille:

$$E = m \cdot c^2 = h \cdot f = E$$

Und demnach:

$$m \cdot c^2 = h \cdot f$$

Die Gleichung $E = h \cdot f$ stammt aus dem Theoriegebäude der Quantenphysik, also aus der Welt des ganz Kleinen und (vor allem) *Kleinsten*, und besagt schlichtweg und eigentlich ganz banal, dass ein gewisses Energiequantum immer ein Vielfaches des *kleinsten* Wirkungsquantums pro Zeiteinheit ist – also eben $h \cdot f$, wobei f für die Frequenz (1 Hz = 1/s), also die Häufigkeit eines (in unserem Falle: Energiewirkungs-)Ereignisses pro Zeiteinheit steht.

Die Gleichung $E = m \cdot c^2$ stammt aus dem Theoriegebäude der relativistischen Physik, also aus der Welt, die um das *Schnellste*, die Lichtgeschwindigkeit *c*, aufgebaut ist.

Das Plancksche Wirkungsquantum *h* (h ≈ 6,63 · 10⁻³⁴ Js) ist durch den *empirisch-experimentell* ermittelten Zahlenwert (≈

---

[16] Die mathematisch-*formale* Gleichheit beider Formeln offenbart sich, wenn man die konkreten Zahlenwerte (für c und h) weglässt und einfach die jeweiligen *Einheiten* hinschreibt (wobei es jeweils um *eine* Einheit geht also z.B. 1 kg): Dann steht kg·m²/s² auf der linken Seite und (kg·m²/s²)·s·1/s auf der rechten. Und da sich auf der rechten Seite das s·1/s sofort wegkürzt, bleibt auf beiden Seiten banalerweise Identisches stehen: kg·m²/s² = kg·m²/s². Interessant wird die Sache natürlich dadurch, dass man die *konkreten* Zahlenwerte von *c* und *h*, die sie ja gerade zu Natur*konstanten* machen, eben *nicht* weglässt – siehe oben.

6,63 · 10⁻³⁴) als Naturkonstante *absolut* bestimmt. *Rein theoretisch-formal* könnte man, wäre der Term $h·f$ [(kg·m^2/s^2)·s·1/s] *nicht* durch einen konkreten empirisch-experimentell ermittelten Zahlenwert bestimmt, für alle Größen, also auch für den ‚bewegungshaften' Faktor in h [m^2/s^2], *unendlich* große Werte einsetzen. Nur die ‚Praxisprüfung' zeigte, dass der Gesamtwert faktisch *begrenzt* ist.

Diese empirisch-faktische bzw. physische Begrenzung rührt natürlich (‚natürlich') daher, dass elektromagnetische Strahlung (im Kontext ihrer Untersuchung stieß Max Planck auf h und formulierte seine berühmte Gleichung $E = h·f$)[17] sich nicht unendlich schnell (longitudinal) ausbreiten kann und auch nicht unendlich schnell (transversal) schwingen kann. Einsteins berühmte Gleichung ist von vornherein durch das als *absolut* gesetzte (und natürlich ebenso empirisch-experimentell ermittelte) c definiert. SRT und ART sind physikalische (nicht *physische*…) Weltbilder, deren zentraler Kern c ist, die um c quasi aufgebaut sind – und die mit c, könnte man sagen, stehen und fallen.

Wenn also $E = m·c^2$ besagt, dass Energie und Masse äquivalent sind und entsprechend des Proportionalitätsfaktors c^2 ineinander umgewandelt werden können, dass also in Masse irgendwie Energie ‚steckt' (und umgekehrt), besagt $E = h·f$, *wie* die Energie ‚dort unten' tief im Innern der Materie ‚eingepackt' ist: nämlich in Form hochfrequenter Schwingung bzw. hochfrequenter Drehimpulse, also bestimmter *Bewegungszustände* von Materiewellen, deren Energie z.B. durch Absorption oder Emission Energie tragender Photonen (in Form des Quantensprungs der Elektronen, d.h. der gequantelten Veränderung ihres Drehimpulses) sich gequantelt erhöhen oder vermindern kann.[18]

---

[17] Wobei Planck noch $E = h·v$ schrieb, also für das heute übliche f (für Frequenz) den griechischen Buchstaben ν (sprich: ‚nü' bzw. ‚ny') setzte.

[18] Vgl. unter http://de.wikipedia.org die Artikel „Plancksches Wirkungsquantum" und „Materiewelle".

Und dadurch, dass *c* eben einen *endlichen* absoluten Wert hat, kann Energie weder ‚dort unten' *un*endlich (durch unendlich hohe Schwingungsfrequenz der Materiewellen, der Atome, der Atomgitter) dicht gepackt noch ‚dort draußen', also etwa im Vakuum des Weltalls, als Photonenenergie – und am allerwenigsten in Form kondensierter Materie (also als ‚dicht gepackte' Energie) – unendlich schnell transportiert werden. That's it! That's all!

Wir werden noch auf den ‚Unterschied' bzw. die Äquivalenz von (in einem Gravitationsfeld) *schwerer* und (auch weitab von einem Gravitationsfeld) *träger* Masse zu sprechen kommen. Hier nur soviel: Wenn man (auch nur intuitiv) begreift, warum sich ein schnell drehender Kreisel dagegen ‚wehrt', umgestoßen zu werden, also einen *Widerstand* gegen seine Ortsveränderung ‚leistet', dann ahnt man vielleicht auch, warum das unglaubliche Gewimmel, Geschwirre, Geschwinge und Rotieren der Materiewellen, Atome und Atomgitter ‚dort unten' in der Summe – Widerstand leistet, träge ist, schwer ist.[19]

Nun. Mit diesem Hintergrundverständnis können wir ganz unbesorgt an die Beantwortung der beiden Standardargumente gegen die Behauptung ‚*Energie ‚ist' bewegte Materie'* gehen: Gibt es nicht *potenzielle*, also ‚*Lageenergie'* bzw. ‚*Ruheenergie'*, oder auch ‚reine', also völlig ‚materiefreie' bzw. ‚massefreie' Energie, etwa in Form des Photons, also der Energieübertragung durch elektromagnetische Wellen?[20]

---

[19] „Eine Mausefalle mit gespannter Feder ist schwerer als im nicht gespannten Zustand." (*Trefil* 1997, S. 198 f.) „Auch Atomkerne lassen sich zum Schwingen anregen, beispielsweise, indem man sie mit elektromagnetischen Wellen bestimmter Frequenz bestrahlt. Der Kern verschluckt dann sozusagen einen Teil der anregenden Strahlung und schwingt nun seinerseits schneller. Je schneller der Kern pulsiert, desto mehr innere Energie besitzt er. Nach der Formel $E = mc^2$ müsste dann aber auch ein schnell schwingender Kern etwas schwerer sein als ein langsamer... Bei der Gesellschaft für Schwerionenforschung in Darmstadt ließ sich dieser Effekt 1996 nachweisen." (Bührke 1999, S. 67)

[20] „Photonenstrahlung" wird als Form „reine(r) Energie" z.B. hier behauptet: http://de.wikipedia.org/wiki/Antimaterie

Betrachten wir zunächst verschiedene Erscheinungsformen so genannter *potenzieller Energie* ($E_{pot} = m \cdot g \cdot h$)[21] – mit einem (wie ich zumindest hoffe) inzwischen weit besser *informierten Blick*. Und machen wir es uns nicht so leicht, dass wir einfach und lapidar sagen, dass auf diesem um sich selbst und um die Sonne rotierenden Planeten und in unserem um den galaktischen Kern rotierenden Sonnensystem und im (wie uns zumindest gesagt wird) permanent expandierenden Universum natürlich *alles* in ständiger Bewegung ist, dass also ‚Ruhe' immer nur Resultat einer bestimmten Beobachterperspektive bzw. Behauptung eines *uninformierten* (oder sich dumm stellenden) *Beobachters* ist und sein kann und dass sich Energie, definiert als bewegte Materie, einen Kehricht darum schert, ob sie und aus welcher Perspektive sie beobachtet wird.[22]

Also, E_{pot} lieg vor (‚liegt' vor – wie anders) etwa in Form statisch fixierter, also ‚ruhender' kondensierter Materie, die zu ihrem Gravitationsschwerpunkt ‚hingezogen'[23] wird – also als klassische ‚Lageenergie': Der obere Teil der vor mir stehenden Wand hat relativ zum Erdmittelpunkt eine höhere E_{pot} als ihr unterer Teil. E_{pot} liegt im weiteren vor etwa in Form einer gespannten Feder oder Saite, eines Kondensators oder einer Batterie.

Bei der Klärung der Frage, was etwa *ist*, hilft sehr oft die Klärung der Frage, *wie* es *entstanden* ist – und *wie* und *worin* es *vergeht*.

---

[21] Also ‚*Masse (m) mal Erdbeschleunigung (g) mal Höhe (h)*', wobei $g \approx 9{,}81 \ m/s^2$.

[22] Das gilt im ganz Kleinen übrigens nicht immer: ‚Beobachtung' ist dort nämlich *Wechselwirkung* des Beobachtungsobjektes (eines Elementarteilchens etc.) mit den ‚beobachtenden' Quanten elektromagnetischer Strahlung, deren Wellenlänge *kürzer* sein muss als die Dimensionen des Beobachtungsobjektes, deren Energiegehalt also *höher* ist, so dass es zu einer starken Beeinflussung des Beobachtungsobjektes kommt und nur indirekt auf dessen Beschaffenheit geschlossen werden kann.

[23] Warum ich an dieser Stelle ironisierende Anführungszeichen setze, werde ich erst später verraten…

Betrachten wir zunächst die E_{pot} einer gespannten Saite. Man kann bei diesem Beispiel nämlich (bis zu einem bestimmten Grad) direkt *zusehen* und sogar *zuhören*, wie eine bestimmte *kinetische* Energie in eine andere *kinetische* Energie verwandelt wird (und nur vordergründig und mit *uniformiertem* Blick betrachtet in E_{pot}): Die Drehbewegung meiner Hand (als Resultat der Bewegung meiner Muskeln respektive der dahinter sich wiederum verbergenden biochemischen und biomechanischen *Prozesse* – also nicht *Zustände*) wird in immer höherfrequentes, kurzwelligeres Schwingen der Saite verwandelt – und das sieht man (bis zu einem gewissen Grad) mit bloßem Auge und man hört es vor allem. Das ‚makroskopische' Schwingen der Saite hört zwar (vor allem) aufgrund der Reibung der Saite an den Luftmolekülen recht schnell auf – d.h. ein Teil der in die Saite gesteckten Energie verwandelt sich in die *Bewegungs*energie der angestoßenen Luftmoleküle (mit anderen Worten: in Abwärme). Aber es bleibt das ‚Gespanntsein' der Saite natürlich übrig.

Was ist aber ‚Spannung' bzw. ‚Spannungsenergie'? Sie ist nichts anderes als die Erhöhung der *mikroskopischen* Frequenz der *Schwingung* (mit entsprechender Variation der Wellenlänge[24]) der Atomgitter, aus denen die Saite besteht. Und weil es ‚dort unten' keine Luftmoleküle gibt, an der sich diese mikroskopische Atomgitterschwingung reiben könnte, bleibt diese ‚Spannungsenergie' für sehr lange Zeit erhalten (bis beispielsweise die Saite aufgrund von Materialermüdung reißt; eine – in Relation zur Reibung der makroskopischen Saite an den Luftmolekülen – sehr schwache Reibung der Atomgitter aneinander gibt es natürlich auch).

Betrachten wir als zweites Beispiel die stoisch ‚ruhende' Wand, vor der mein Schreibtisch steht – also einen, könnte man fast sagen, *klassischen* Fall von ‚Ruheenergie' bzw. ‚Lageenergie': Oben ist ihre E_{pot} relativ zum Erdmittelpunkt (oder auch nur relativ zum Fußboden meines Zimmers) höher als an

---

[24] Frequenz (f) und Wellenlänge (λ) stehen in folgendem einfachen Verhältnis (hier bezogen auf elektromagnetische Wellen): f = c/λ, wobei c wieder die Lichtgeschwindigkeit ist.

ihrem Fuße. Klar ist, dass ein Stein, der im oberen Teil der Wand sein ‚statisches' Werk vollzieht, dort hingekommen ist durch den Aufwand an kinetischer Energie, also an Arbeit, die der Maurer, der ihn dort eingemauert hat, aufgewandt hat. Aber in welcher *konkreten* ‚ruhenden' Weise ‚steckt' seine E_{pot} da jetzt ‚drin'?

Nach den bisherigen Ausführungen werden Sie, liebe Leserinnen und Leser, bestimmt schon ahnen, dass da gar ‚drin' gar nichts ‚ruht' – wenn man wieder etwas genauer hinguckt.

Ich habe ein sehr schönes Beispiel der Erläuterung potenzieller Energie gefunden, das aufzeigt, was faktisch und vor allem *mikroskopisch* der Fall ist, wenn kinetische Energie in ‚Ruheenergie', in ‚statische' Energie verwandelt wird, zu ‚liegen' – ja in des Wortes direkter Bedeutung zu ‚stehen' kommt:

„Ein Turmspringer besitzt vor dem Abspringen eine potentielle Energie (im Gravitationsfeld) gegenüber der Wasseroberfläche. Das *Bezugsniveau* kann aber auch auf den Grund des Beckens *gelegt* werden, dann hat der Springer entsprechend *mehr* potentielle Energie. *Analog* muss *er mehr Arbeit* (also kinetische Energie; E.S.) *aufwenden*, um vom Grund auf das *Sprungbrett* zu kommen (Wenn man weiß, was mit dem Sprungbrett passiert, wenn der Springer sich ‚ruhig' auf es stellt, dann weiß man, in was sich seine aufgewandte Kletterarbeit, also die aufgewandte kinetische Energie verwandelt: in eine Erhöhung der *Spannungsenergie* des Brettes, also – analog zum Spannen einer Saite oder Feder – eine Erhöhung der Schwingungsfrequenz der Atomgitter, aus denen das Sprungbrett besteht. E.S.)…

Auch das in einem Stausee aufgestaute Wasser, ehe es durch Fallrohre hinabstürzt, oder eine Metallkugel, welche zwischen zwei elektrisch geladenen Kondensatorplatten im Schwebezustand gehalten wird, verfügt über potentielle Energie, *wenn* das Bezugsniveau entsprechend *darunter gewählt* wird."[25]

Es hat natürlich seinen Grund, warum ich gleich noch den letzten Absatz mitzitiert und einige Wörter darin hervorgehoben habe – davon gleich mehr.

---

[25] http://de.wikipedia.org/wiki/Potenzielle_Energie; Herv. E.S.

Zunächst aber ist die Frage zu beantworten, in was *konkret* sich die kinetische Energie unseres Maurers, also sein Arbeitsaufwand, verwandelt hat, als er den genannten Stein in die genannte Mauer einsetzte. Nun, die Sache ist nicht so offensichtlich (offen*sicht*lich) wie im Falle der gespannten Saite oder des gespannten Sprungbrettes – aber sie ist *prinzipiell völlig identisch:* Die Erhöhung der Masse- bzw. Materiesäule unterhalb des Steines erhöht durch die Gravitationskraft den Druck auf die Moleküle und Atomgitter, aus denen diese Materiesäule besteht – bis tendenziell zum Erdmittelpunkt (würde dieser Druck nicht diffus im flüssigen Kernmantel der Erde verteilt werden). Und wieder haben wir den gleichen Salat, das gleiche Resultat: Die ‚E_{pot}' des Steines ist identisch mit der Erhöhung der *kinetischen* Energie, die in Form höherer Schwingungsfrequenzen der Moleküle und der Atomgitter vor-‚liegt' (Erhöhung des Drucks heißt bei gegebenem Volumen Erhöhung der Temperatur, also der kinetischen ‚Angeregtheit' der Materie).

Und wenn wir nun noch bedenken, dass – wie im letzten Zitat extra hervorgehoben – E_{pot} abhängig ist von der *Wahl* eines *Bezugssystems*, eines ‚Darunter' und ‚Darüber', dann, fast hätte ich gesagt: *relativiert* sich ihr ‚physisches Sein' noch eine ganze Ecke mehr: Von meinem Kopf aus betrachtet sind meine Füße weiter ‚unten' – und die Füße eines Menschen auf der mir genau gegenüberliegenden Seite des Erdballes (ob nun auf dem Festland oder auf einem Schiff) sind noch viel weiter ‚unten'!

Na, sie merken schon, Liebe Leserinnen und Leser, die ganze Sache mit der E_{pot} hat mit ‚oben' und ‚unten' nichts zu tun und sie hat eigentlich mit *gar nichts* etwas zu tun, weil es sie *letztlich gar nicht gibt!* Die ganze Sache wird verursacht durch die gravitative (im Falle der ‚Lageenergie') bzw. die elektromagnetische (im Falle z.B. der gespannten Saite) Wechselwirkung der Materieenergie bzw. Energiematerie und ist eine Verwandlung einer bestimmten Erscheinungsform *letztlich immer kinetischer* Energie in eine andere – die Dimensionen, die ‚Packungsgrößen' der schwingenden, schwirrenden, rotierenden Materieenergiewellen bzw. Energiemateriewellen werden verändert. Sonst nichts.

Es ist im physikalischen Alltagsgeschäft, um das gleich hinzuzufügen, äußerst sinnvoll, mit E_{pot} weiterhin zu hantieren und zu rechnen (weil, zurückhaltend formuliert, der experimentelle

Nachweis und die mathematische Darstellung der sukzessiven Erhöhung der Schwingungsfrequenzen der Materiebausteine, aus denen die genannte Materiesäule vom oberen Ende meiner Zimmerwand bis zum tendenziellen Erdmittelpunkt besteht, sich etwas schwierig gestalten könnte), und es ist natürlich auch völlig o.k., wenn jemand sagt, dass ihm bei E_{pot} der Aspekt des kleinsträumigen ‚*Eingepacktseins'* kinetischer Energie wichtiger erscheint als der Umstand, dass es eben *kinetische* Energie ist, die da ‚eingepackt' ist. Aber man sollte sich immer bewusst sein und bleiben, was sich hinter E_{pot} eigentlich verbirgt!

Um das mit der ‚Ruhe-' ‚Lageenergie' an einem Extrembeispiel zu verdeutlichen: Stellen Sie sich vor, die Gravitation, die dafür verantwortlich ist, dass die Materie in Richtung Erdkern immer extremeren Drücken ausgeliefert, d.h. bei gegebenem absolutem Volumen auf immer kleinere Räume zusammengepresst immer heißer wird, also immer wilder umherschwingt und wirbelt – dass diese Gravitation plötzlich und auch nur für wenige Sekunden *nicht mehr da* wäre, die ganze Sache sich also schlagartig ‚entspannen' könnte und faktisch entspannen würde! Sie werden erahnen, in welcher, man könnte fast sagen: explosiven ‚Lage' sich die Erde in Kürze befände...

Angesichts der Tatsache, dass in den Standardlehrbüchern und Nachschlagewerken der Physik brav vom *Faktum* einer E_{pot} ausgegangen wird (vgl. z.B. *Kuchling* 1999, S. 106 f.), ist es womöglich etwas kühn zu behaupten, dass es so etwas wie E_{pot} eigentlich gar nicht gibt. Wie es der Zufall wollte und auch zu meiner großen Freude, habe ich nach der Ausformulierung der obigen Zeilen jedoch zumindest einen Physiker gefunden, der der gleichen Meinung ist:

„Die potentielle Energie ist Schuld an der Verwirrung. An dieser Stelle rächt sich ein Versäumnis, das wir bei der Einführung der Energieformen begangen haben. Wir hätten schon dort fragen sollen: ‚Was ist eigentlich potentielle Energie?' Durch langjährigen Umgang sind wir an die Energieform ‚potentielle Energie' schon so gewöhnt, dass wir sie ganz selbstverständlich als alte Bekannte im Kreise der Energieformen begrüßt haben, ohne nach ihrer Abstammung zu fragen. Bei den meisten Anwendungen des Energiesatzes bereitet sie auch keinerlei Schwierigkeiten. Offenbar kommt es aber zu Problemen, sobald es um die Arbeit geht. Die Ursache davon ist ein kleiner Makel in der Herkunft der potentiellen Energie. Es ist nämlich gar nicht selbstverständlich, dass es sie *überhaupt gibt* (Herv. im Original; E.S.). Genauer gesagt hängt es von einer *Entscheidung* ab, die Sie selbst fällen müssen und die... die Wahl der Systemgrenzen betrifft... Wenn Sie zwei Körper entgegen der Gravitationsanziehung auseinander ziehen, erhöhen Sie dadurch die Energie des *Gravitationsfelds*. Im Energiesatz muss diese Energie berücksichtigt werden. Das tut man auch – meist jedoch, ohne sich darüber Rechenschaft abzulegen. In Kasten 7.3 (den wir hier übergehen können; E.S.) wird erläutert, dass diese *im Feld gespeicherte Energie identisch mit der potentiellen Energie ist*... Normalerweise lässt man *aus gedanklicher Sparsamkeit* das *Gravitationsfeld* völlig unter den Tisch fallen und spricht statt dessen von *potentieller Energie*, die man in Gedanken dem betrachteten Körper zuschreibt." (*Müller* 2007, S. 158-160; Herv. E.S.) Welch schöne Formulierung: E_{pot} als Resultat gedanklicher Sparsamkeit!

Nun, was ist aber mit *chemischer* oder gar *atomarer* Bindungsenergie? Wie konkret steckt denn, nach $E = m \cdot c^2$, die Energie in der Masse? Was passiert, wenn eine Atombombe explodiert oder auch nur eine konventionelle in Form der blitzartigen Freisetzung chemisch gebundener Energie?

Nun, nach allem, was bislang ausgeführt wurde, sollte die Sache eigentlich klar sein: Sie werden auch ‚dort unten' (chemische Bindungsenergie) und auch und gerade ‚dort ganz unten' (atomare Bindungsenergie) nichts, aber rein gar nichts finden, was in irgend einer Weise gegen das *dort unten* geltende fundamentale Gesetz verstoßen würde, das da lautet: $E = h \cdot f$! Und das hatten wir schon! Es wurde schon erläutert, in welcher Form ‚dort unten' kinetische Energie kleinsträumig gepackt ist – in Form der Schwingungsfrequenz oder des Drehimpulses kleinster Materieenergiewellen bzw. Energiemateriewellen![26]

---

[26] Im XII. Kapitel ($E = mc2$ – *auf ein Neues*; vgl. S. 161 ff.) werde ich auf diesen Zusammenhang zurückkommen und entsprechende Textbelege aus der einschlägigen physikalischen Literatur zitieren, die diese Einschätzung bestätigen.

Was passiert, um ein schönes Beispiel anzuführen, das die Entstehung von ‚Lageenergie' (= E_{pot}) wie von chemisch gebundener Energie (= E_{pot}) gleichermaßen verdeutlicht, wenn ein Baum wächst? Er verwandelt via Fotosynthese *freie kinetische Photonenenergie* in *chemisch gebundene Energie* (Zuckersynthese aus CO_2 und H_2O), um durch chemische ‚Verbrennung' des Zucker ‚Wachstumsenergie' zu gewinnen (für Strukturbildung, Aufnahme von Wasser und Mineralstoffen aus der Erde etc.). Was bei dieser ‚Verwandlung' konkret passiert, wurde weiter oben schon kurz angeführt: Die kinetische Energie eines Photons ‚kickt' ein Elektron auf ein höheres Energieniveau (das Elektron vollzieht den berühmten Quantensprung), wodurch sich sein *Dreh*impuls (und seine chemische Reagibilität) erhöht.[27] Es liegt also keine Vernichtung *kinetischer* Energie vor – sondern mal wieder nur eine Verwandlung ihrer ‚Packungsform'.[28]

So. Auch die Energie, die noch eine Stufe weiter ‚unten', also in den Atomkernen steckt, liegt in keiner anderen Weise vor als

---

[27] Unter folgenden Adressen findet sich eine sehr schöne graphische Darstellung der chemischen Reaktionsfolge im Kontext der Fotosynthese, die die Quantensprünge der Elektronen als regelrechten Formationstanz offenbart:
http://de.wikipedia.org/wiki/Fotosynthese
http://de.wikipedia.org/wiki/Bild:Lichtreaktion-z-schema.png

[28] Was passiert bei der Explosion einer chemischen Substanz? Ich habe ein schönes Gleichnis gefunden: Eine Eistänzerin erhält bei einer Pirouette ihren Drehimpuls (von der Reibung also mal abgesehen), kann aber schneller oder langsamer werden, indem sie ihre Arme an sich zieht oder ausstreckt. Ein Elektron kann, wenn es auf ein niedrigeres Energieniveau zurückfällt, seine in seinem Drehimpuls ‚gespeicherte' Energie nur schlagartig und ‚am Stück', also ‚als Quant' abgeben unter Freisetzung eines Photons gleicher Energie. Geschieht dies in Form einer blitzartigen Kettenreaktion im Kollektiv, sind abrupte molekulare Umstrukturierungen, Druck- und Temperaturveränderungen die Folge. Eine chemische Explosion ist also so ähnlich, wie wenn Milliarden dich nebeneinander kreiselnder Eistänzerinnen plötzlich ihre Ärmchen ausstrecken! Vgl. zu diesem Gleichnis *Bührke* 1999, S. 113, *Hey/Walters* 1998, S. 151, *Penrose* 1991, S. 161.

in Form vibrierender, schwingender und rotierender Elementarteilchen – bis hinunter in jenen subatomaren Bereich (Quarks, Gluonen etc.), der durch die Quantenfeldtheorie[29] beschrieben wird, oder – noch ein Stockwerk tiefer – in jene allerkleinste Welt *schwingender Saiten* (Strings), die von der Stringtheorie postuliert wird.[30]

Hierzu ein schönes Beispiel: „Nur etwa 1% ihrer Masse (der Masse von Protonen und Neutronen; E.S.) besteht aus der Masse der Quarks, wohingegen die restlichen 99% in der *Dynamik* (!! E.S.) der starken Wechselwirkung enthalten sind. Ein 80 kg schwerer Mensch besteht damit nur zu rund 800 g aus Teilchen, wobei die restliche Masse in Form dieser *dynamischen Energie* (!! E.S.) nur dazu gebraucht wird, um die Teilchen zusammen zu halten."[31] Und der Rest besteht, wie gesagt, aus *schwingenden Saiten*...

Nach allen bisherigen Ausführungen werden Sie womöglich nachvollziehen können, wenn ich rhetorisch frage: Wie könnte es nach $E = h \cdot f$ anders sein? Wenn f, die Schwingungsfrequenz, *null* ist – ist auch die Energie null! Und auch die Materie, man könnte auch sagen: die ‚Energie*träger*masse' (die in h in Form des kg ‚steckt') ist dann ‚*null*'! D.h., es muss zwar immer *etwas* geben, das *schwingen* kann (Materie und Energie sind in dieser

---

[29] „Die Massen der Baryonen, wozu auch Proton und Neutron gehören, sind *viel größer* als die Massen der Quarks, aus denen sie bestehen, und werden *dynamisch* erklärt (das heißt aus der Wechselwirkung der Quarks). Ansätze zur Berechnung liefern Gitterrechnungen in der QCD. (Die QCD, also die **Q**uantench**r**omo**d**ynamik, ist die quantenfeldtheoretische Beschreibung der starken Wechselwirkung. E.S.)"
(http://de.wikipedia.org/wiki/Masse_%28Physik%29; Herv. E.S.)

[30] Vgl. zur Stringtheorie etwa *Ramond* 2003. Sehr interessant ist in diesem Kontext auch ein theoretischer Ansatz, der das Verhalten von Lichtwellen in der Raumzeit analog zum Verhalten von Schallwellen in Flüssigkeiten zu erklären versucht: Vgl. *Jacobson/Parentani* 2006.

[31] http://de.wikipedia.org/wiki/Äquivalenz_von_Masse_und_Energie; Herv. E.S.

Hinsicht, wie gesagt, *nicht identisch*, sondern nur *äquivalent*). Aber, wie es scheint, ist dieses Etwas ‚weg', sozusagen ‚annihiliert' – wenn es sich nicht mehr schwingend bewegt!

Und das ist natürlich die Antwort auf den oben genannten zweiten Einwand, der da lautete, dass es aber auch ‚reine' Energie (Beispiel: Photonenstrahlung) gebe und deswegen nicht *jede* Energie in die Formel ‚*Energie ‚ist' bewegte Materie'* gepresst werden könne.

Sie kann! Nur die *Ruhemasse* des Photons ist null! Sobald es aber ‚ruht' – ist es nicht mehr da! Sobald es etwa ein Elektron auf ein höheres Energieniveau gekickt hat – ist es urplötzlich weg! Seine Energie (also quasi es selbst) steckt dann vollständig (falls ich hier nichts vergessen haben sollte...) im höheren Drehimpuls des Elektrons. Und ein Photon ist erst dann wieder ‚da', wenn ein Elektron auf ein tieferes Energieniveau springt und die Energiedifferenz eben als Photon emittiert.

Wir können es drehen und wenden (selbst das sind noch zwei Bewegungsformen...), wie wir wollen – *Bewegung* bringt Materie[32] wie Energie ins ‚Sein'!

---

[32] Übrigens und am Rande: Die Bemühungen, den Ursprung der *Masse* der Materie über das so genannte *Higgs-Feld* zu erklären (vgl. die relativ aktuelle Darstellung des Forschungsstandes bei *Kane* 2006), erachte ich als *heuristisch* wenig fruchtbar. Nehmen wir an, das Higgs-Feld wird im LHC (Large Hadron Collider), der in diesem Jahr (2008) in Genf in Betrieb genommen werden soll, gefunden. Was wäre damit erreicht? Die Antwort auf die Frage nach dem ‚letzten' Ursprung der Masse der Materie wäre *verschoben*, aber nicht *geklärt*. Denn es kommt natürlich sofort die Frage auf – woher hat das Higgs-Feld die Masse, die es der Materie verleiht? Ein Erklärungsansatz wäre, dass die Masse der Materie aus ihrer *Wechselwirkung* mit dem Higgs-Feld resultiert in dem Sinne, dass die Masse diese Wechselwirkung *ist*. Dann hätte das Higgs-Feld den Charakter eines ‚Mediums', eines ‚Hintergrundfeldes', also quasi eines – man wagt es kaum auszusprechen – ‚Äthers'. Die Masse der Materieenergie, also die Energiematerie in gewissem Sinne *selbst,* wäre dann Resultat dieser Wechselwirkung *als* Wechselwirkung, also, bildhaft gesprochen, des ‚Zupfens' an den ‚Saiten' eines medial (also nicht als starres Raumraster) verstandenen ‚Äthers'.

Wie könnte man diesen Exkurs über das ‚Wesen' des Raumes, der Zeit, der Energie und der Materie – geäußert im Kontext einer kritischen Betrachtung der SRT und ART – besser abschließen, als mit der Feststellung, dass die moderne (theoretische) Physik inzwischen *nicht* mehr davon ausgeht, dass es so etwas wie eine ‚*relativistische Masse*' gibt? Es ist wirklich so, liebe Leserinnen und Leser:

„Ein heute noch in der Experimentalphysik und der *populären* Literatur häufig verwendeter Begriff ist der Begriff der *relativistischen Masse* $m = \gamma m_0$, (wobei $\gamma = \sqrt{1-v^2/c^2}$ und m_0 = Ruhemasse; E.S.) der jedoch in der theoretischen Physik inzwischen als *irreführend abgelehnt* wird, da diese Masse nicht einfach in das newtonsche Kraftgesetz $F = m \cdot a$ (a = Beschleunigung als m/s²; E.S.) eingesetzt werden kann. Das Kraftgesetz[33] lautet in der speziellen Relativitätstheorie

$$\vec{F} = \frac{d\vec{p}}{dt} = \gamma m_0 \vec{a} + \gamma^3 m_0 \vec{v}(\vec{v} \cdot \vec{a})/c^2$$

Man sieht, dass die Beschleunigung nicht immer in die Richtung der Kraft zeigt. Die Kraft hat nämlich noch eine zweite Komponente, die in Richtung der Geschwindigkeit zeigt. Die träge Masse kann also *nicht* mehr als Proportionalitätsfaktor von Kraft und Beschleunigung dargestellt werden. Dies hat anfangs zu den Begriffen der *longitudinalen* und *transversalen* Masse geführt (für Beschleunigungen in Bewegungsrichtung

---

[33] Wobei in der nachfolgenden Gleichung der Pfeil (→) über mehreren Symbolen einen *Richtungsvektor* anzeigt (also die Richtung einer wirkenden Kraft F z.B.), p der *Impuls* ist, v die *Geschwindigkeit* ($p = m \cdot v$), dp/dt ein Differentialquotient, also eine Veränderung (Differenz d) von p pro Zeitdifferenz (dt) meint, und c natürlich wieder die Lichtgeschwindigkeit.
Ich habe übrigens die obige und auch die im Folgenden zitierten Formeln aus Gründen graphischer Darstellungsqualität neu editiert – den Originalen aber eins zu eins entsprechend.

und senkrecht dazu), die aber heute nicht mehr verwendet werden.

Heute verwendet man die *geschwindigkeitsunabhängige* Eigenschaft des Körpers m_0 als Entsprechung zur... *newtonschen* (!! E.S.) trägen Masse. Sie wird historisch Ruhemasse, in moderner Sprechweise auch *invariante Masse* oder einfach *Masse* genannt. Mit der Masse eines Objekts ist heute stets diese Größe gemeint.

Die *geschwindigkeitsunabhängige* Masse verknüpft die Energie und den Impuls (die von der Geschwindigkeit bzw. dem Bezugssystem abhängen) über die Beziehung

$$(m_0 c^2)^2 = E^2 - \vec{p}^2 c^2$$

Im Ruhsystem des Körpers ($\vec{p} = 0$) wird daraus die berühmte Gleichung $E = m_0 c^2$, welche die Äquivalenz von Masse und Energie ausdrückt."[34]

Der oder die Autoren des Artikels „Relativistische Masse" in der Online-Enzyklopädie Wikipedia schreiben: „Die so (analog zur eben zitierten Definition; E.S.) definierte Masse ist eine nur vom Charakter der Teilchen abhängige Größe und *entspricht damit eher der klassischen Vorstellung von Masse, als das Konstrukt* (!! E.S.) *der relativistischen Masse*... Was die ‚relativistische Masse' von der Ruhemasse unterscheidet, ist also *keine Masse, sondern die kinetische Energie*."[35]

Und der oder die Autoren des Artikels „Ruhemasse und relativistische Masse eines Körpers" schreiben nach einer längeren (und übrigens völlig korrekten und schlüssigen!) mathematischen Herleitung: „Es war schon immer nicht recht einzusehen,

---

[34] http://de.wikipedia.org/wiki/Masse_%28Physik%29; Herv. E.S. Dabei ist anzumerken, dass die Autoren weder des eben zitierten noch der nachfolgend zitierten Artikel in irgend einer Weise grundsätzlich Zweifel hegen an der Gültigkeit der SRT (oder der ART).

[35] http://de.wikipedia.org/wiki/Relativistische_Masse; Herv. E.S.

warum zwar elektrische Ladungen, nicht aber Massen *invariant* gegenüber Wechsel des Bezugssystems (gegen *Lorentz-Transformation*) (mittels unseres berühmten Faktors $\sqrt{1-v^2/c^2}$; E.S.) sein sollten... Der Grund dafür ist jetzt offensichtlich: Es gibt sie – die Relativität der Masse – gar nicht!... Die *Trägheit (Masse) der Energie* erklärt den *scheinbaren* Massenzuwachs der Körper mit zunehmender Geschwindigkeit sowie ihr unterschiedliches Verhalten gegenüber transversaler und longitudinaler Beschleunigung."[36]

Wie wir weiter oben (S. 61, Fußnote 13.) schon gesehen haben, werden ‚*relativistische Masse*', ‚*Zeitdilatation*' und ‚*Längenkontraktion*' nach der strukturgleichen Formel berechnet:

$$m' = \frac{m}{\sqrt{1-v^2/c^2}} \qquad t' = \frac{t}{\sqrt{1-v^2/c^2}} \qquad l = \frac{l'}{\sqrt{1-v^2/c^2}} \quad [37]$$

Könnte es also sein, dass ‚*Zeitdilatation*' und ‚*Längenkontraktion*' so ‚real' sind wie ‚*relativistische Masse*'?

---

[36] http://de.wikibooks.org/wiki/Ruhemasse_und_relativistische_M asse_ei nes _K%C3%B6rpers; Herv. E.S.
[37] In der letzten Gleichung sind *l* und *l'* vertauscht, weil es sich um eine Längen*kontraktion* handelt und nicht um eine ‚Dehnung', also ein ‚Mehr' an Zeit oder Masse.

VIII. Gleichzeitigkeit und Überlichtgeschwindigkeit als physische Fakten

Vor dem Hintergrund der bisherigen Ausführungen und speziell des direkt vorangehenden Exkurses über das ‚Wesen' der Zeit (und des Raumes, der Materie und von Energie) könnte man fast sagen: Chronometer (welche auch immer) sind ‚*Bewegungsmelder*' – sie zeigen das *Eigentliche*, das sie wie jedes andere physikalische Messinstrument ja immer nur *repräsentieren*, nur an. Sie *sind* es nicht. Sie sind *es* nicht. Existiert *es*, die *Zeit*, nicht ‚wirklich' und ‚absolut', nur weil wir sie direkt nicht fassen können? Aber was unterscheidet da die Zeit von anderen Dingen, die wir nicht direkt, sondern nur indirekt *konstruktiv* (durch technische und theoretische Konstrukte und Hilfsmittel) erfassen können und von deren *Existenz* wir wie selbstverständlich überzeugt sind – von der Radioaktivität bis zur Französischen Revolution? Ist das alles ‚nur' relativ, gar nicht so richtig ‚wirklich' allein deswegen, weil wir *es selbst* nicht so richtig, nicht direkt fassen können? Und behauptet gar jemand, Radioaktivität *sei* ein Knackgeräusch – nur weil Geigerzähler, mit denen wir radioaktive Strahlung nachweisen, sie so nur ‚anzeigen' können? Natürlich nicht. Wir schließen von diesem Knacken (wenn wir wissen, wie ein Geigerzähler funktioniert) auf die *Ursache* dieses Knackens, das *Eigentliche*, das nichts ‚Knackhaftes' an sich hat – man kann Radioaktivität nicht hören.

Es wird aber interessanterweise behauptet, das die *Zeit* relativ sei, weil *Chronometer* auf physische Beeinflussungen (etwa durch ein Gravitationsfeld) reagieren oder weil c uns in schnell gegeneinander bewegten und gegenseitig beobachteten Systemen perspektivisch verzerrte *Beobachtungsergebnisse* liefert aufgrund seiner begrenzten Ausbreitungsgeschwindigkeit. Anstatt diese Verzerrungen einfach zu korrigieren (und dazu eignet sich der ‚Rechenapparat' namens SRT, wie schon gesagt, ganz hervorragend) und dieserart auf das Wirkliche, das Eigentliche, das Unverfälschte, also die Zeit selbst zu schließen – wird die Zeit selbst ‚korrigiert'!

Es wurde schon gesagt, dass SRT und ART ein ganzes physikalisches Weltbild um exakt *eine* Naturkonstante aufgebaut haben – c. Warum eigentlich? Warum nicht um h? Oder wa-

123

rum nicht um simultane, instantane, gleichzeitige oder zumindest überlichtschnelle physische Phänomene oder Prozesse?
Denn die gibt es definitiv: Der Spin (also der Eigendrehimpuls eines Elementarteilchens) des einen Schwesterteilchens ist *sofort* ein anderer, wenn der des anderen geändert wird – nach dem Einstein-Podolsky-Rosen-Experiment sogar dann, wenn beide Teilchen sehr weit entfernt sind voneinander und *Licht* nicht den Hauch einer Chance hat, Information zu übertragen.
Es stimmt ganz und gar nicht, wie z.B. *Barrow* meint, dass das EPR-Experiment nicht zur überlichtschnellen Übermittlung von Information genutzt werden könnte und damit *nicht* in Widerspruch zur SRT stünde (*Barrow* 1996, S. 239 f.): Ich kann die Spins zweier Photonen sehr wohl als Codes, als Zeichen definieren – und ihnen damit welche Information auch immer zuordnen. Verändere ich dann den Spin des einen Photons, dann ist diese Information *instantan*, also „*simultan*" übertragen aufgrund der unumgänglichen „Erhaltung des Gesamtspins" (*Charon* 1988, S. 158 u. 160) – insofern der Mensch am anderen Ende weiß, wie er die Umkehrung des Spins ‚seines' Photons zu interpretieren hat. Die Übertragung dieses Interpretationswissens kann natürlich erst mal nur mit Lichtgeschwindigkeit übertragen werden – aber dies ist eben *nur ein mal* notwendig. Danach kann jede beliebige *neue* Information *instantan* übertragen werden. Und die Information, die *auf jeden Fall* übertragen wird (auch ohne *vorherige* Instruktion des Menschen am anderen Ende), ist die, dass sich *auf jeden Fall* der Spin des einen geändert haben muss – und zwar *instantan* –, sobald man die Änderung des anderen beobachtet.[1] Man mag diese Information als banal und darüber hinausgehend als nichtssagend bezeichnen – nur: sie *ist* eine Information (In*for-*

---

[1] In diesem Kontext ein nettes Gedankenexperiment am Rande: Man stelle sich einen absolut steifen, verwindungsfreien Stab vor, der von der Erde bis zum Mond reicht (das Licht benötigt für diese Strecke ziemlich genau eine Sekunde): Dreht man den Stab an einem Ende – ist *sofort* auch das andere Ende verdreht.

*m*ation). Die *Form* der Bewegung beider Teilchen ist nach dem Experiment eine andere als davor.[2]

Oder betrachten wir ein weiteres Beispiel für instantane physische Prozesse: Im berühmten quantenphysikalischen Doppelspalten-Experiment interferieren *einzeln* ausgesandte Photonen ‚mit sich' in einer Weise, die nur einen Schluss zulässt: Sie waren *gleichzeitig* an *verschiedenen* Orten.[3] Und dieser Schluss erscheint mir in einer Welt, in der wir gelegentlich doch so etwas wie Raum und Zeit wahrnehmen, sinnvoller als die etwas

---

[2] Vgl. zum EPR-Experiment insgesamt *Barrow* 1996, S. 235 ff., speziell S. 238 u. 253 (realer experimenteller Nachweis des Gedankenexperimentes, welches das EPR-Experiment anfänglich nur war), *Kanitscheider* 1996, S. 64 (experimenteller Nachweis), *Röthlein* 1999, S. 65-73 (experimenteller Nachweis durch *Alain Aspect* ebd., S. 67 ff.), *Penrose* 1991, S. 279 (über Alain Aspect) oder *Bartels* 1996, S. 81 ff. Neben einer genaueren Beschreibung des Experimentes von *Alain Aspect* ist bei *Davies/Brown* auch ein Interview mit Aspect nachzulesen (1993, S. 29 ff. u. 55 ff.). Man beachte auch, dass der Informationsaustausch via Spinveränderung ein *virtueller* ist und also *energiefrei* vonstatten geht (vgl. hierzu etwa *Charon* 1988, S. 84 ff., 143 ff., 164, 177 u. 240). Er unterliegt also auch von dieser Seite aus betrachtet nicht den Beschränkungen, die aus $E = m \cdot c^2$ resultieren.

[3] Falls Ihnen, liebe Leserinnen und Leser, dieses Experiment nicht bekannt sein sollte, hier eine kurze Erläuterung: Licht, das man durch eine mit zwei Spalten versehene, ansonsten aber lichtundurchlässige Platte in Richtung eines Anzeigeschirms schickt, hinterlässt auf diesem, je nachdem, ob man nur einen oder beide Spalten öffnet, charakteristische Lichtmuster. Sind beide Spalten geöffnet, können die Photonen (Plural!) miteinander interferieren: Kommen die Täler und Berge der Lichtwellen genau übereinander zu liegen, heben sie sich gegenseitig auf – es entstehen dunkle, nicht belichtete Stellen auf dem Schirm. Das Interessante und zunächst Wundersame ist, dass diese Lichtmuster auch dann entstehen, wenn man die Photonen *einzeln* und in größeren Zeitabständen losschickt – solange beide Spalten geöffnet sind. Die Photonen können also nur mit ‚sich selbst' interferieren – und sie müssen, so meine Interpretation, eben zur *gleichen* Zeit an *verschiedenen* Orten sein, um das tun zu können.

phantastische Schlussfolgerung „dass die Welt letztlich aus atopischen und achronischen Bausteinen aufgebaut ist." (*Kanitscheider* 1996, S. 65)

Und betrachten wir schließlich einen physischen Effekt, der es ermöglicht, Information (also z.B. auch Zeitanzeigen), wenn nicht instantan, so doch mit mehrfacher Lichtgeschwindigkeit zu übertragen: „Nach der Speziellen Relativitätstheorie Einsteins ist es unmöglich, dass sich Signale schneller ausbreiten als Licht. Trotzdem soll es dem Kölner Physikprofessor *Günter Nimtz* gelungen sein, Information tragende Mikrowellen auf 4,7fache Lichtgeschwindigkeit zu beschleunigen. Die überlichtschnell übermittelte Information: Mozarts 40. Symphonie in g-Moll... Physiker aus der Quantenmechanik kennen den so genannten ‚Tunneleffekt', er tritt in Reaktionen bei H-Bomben und Rechnerchips auf, und auch beim Urknall soll er eine Rolle gespielt haben. Dieses seltsame Tunnelphänomen erlaubt Teilchen oder Wellen, eigentlich unüberwindbare Barrieren zu durchdringen – ‚instantan', also mit *unendlicher* Geschwindigkeit. Freilich ist die ‚Tunnelwahrscheinlichkeit' extrem gering, die Abschwächung der getunnelten Wellen ist astronomisch hoch. Was Nimtz jedoch für die mit durchschnittlich 4,7facher Lichtgeschwindigkeit übermittelte Mozartsymphonie am Ende erhielt, hört sich gar nicht an wie ein Rauschen aus der Hölle – es ist eindeutig Mozarts Symphonie. Experiment und Messungen sind international wiederholt und bestätigt worden. Nun sind die Deuter am Werk." (*Basieux* 1999, S. 378; Herv. E.S.). *Pawlak* berichtet sogar von einem Experiment, bei dem „300-fache Lichtgeschwindigkeit gemessen" wurde (2000, o. S.).[4]

---

[4] *Goenner* schreibt hingegen: „Wenn in Experimenten oder Beobachtungen (eine Seite später nennt Goenner auch den Tunneleffekt; E.S.) Überlichtgeschwindigkeiten auftraten, so konnten diese nie zur Signalübertragung verwendet werden." (1996, S. 66) Wem soll man glauben als Laie? *Davies/Brown* zitieren mehrere zeitgenössische Physiker (darunter sehr bekannte Namen), die vom physischen Faktum der Überlichtgeschwindigkeit ausgehen (1993, vgl. etwa die S. 66 ff., 73, 125, 150 ff. u. 170 f.).

Das mit dem *Tunneleffekt* ist eine nur schwer begreifbare – aber irgendwie auch ganz einfache Sache. Um es so zu verdeutlichen: Die Raumzeit kennt quasi *Abkürzungen*. Stellen sie sich ein unendlich großes Blatt Papier vor, auf dem eine unendlich lange Linie aufgemalt ist mit dem Nullpunkt in der ‚Mitte': Nach links und rechts verschwinden die Linien ins Unendliche (im *allseitig* Unendlichen gibt es, streng genommen, natürlich keine ‚Mitte'). Es erscheint unmöglich, sozusagen die beiden ‚äußersten', diametral entgegengesetzten, von einander ‚am weitesten *unendlich*' entfernten Punkte auf der Linie in endlicher Zeit zu erreichen. Es geht aber: Sie müssen das Blatt Papier nur *falten* – und *ur*plötzlich, also durch die *Eröffnung einer neuen Dimension* (nämlich der dritten), ist zusammen, was gerade noch *unendlich* weit voneinander entfernt war.

Und wie überwinde ich eine unendliche (oder sehr große) Strecke im unendlichen (oder sehr großen) Raum? Durch die vierte Dimension: die *Zeit*. Wenn ich die Zeit *null* setze, brauche ich *null* Zeit, um im Raum von A nach B zu kommen. Ich bin quasi *immer schon überall*, ich brauche *keine* Zeit um von A nach B zu kommen. Oder genau umgekehrt: Wenn ich die Zeit *unendlich* setze, kann ich mir *unendlich* lange Zeit lassen, um (fast) *unendlich* große Räume zu überwinden. Ich kann also quasi den Raum in der Zeit ‚einfalten' bzw., umgekehrt, ‚entfalten', mir also auch *Abkürzungen ‚hinfalten'*.

Das mit dem Tunneleffekt (und übrigens auch mit raumzeitlichen *Wurmlöchern* etc., vgl. z.B. *Kanitscheider* 1996, S. 55 u. 61) verhält sich, grob gesprochen und wenn ich es recht verstanden habe, so ähnlich:[5] Bestimmte Elementarteilchen finden

---

[5] Vgl. zum *Tunneleffekt* auch sehr gut *Hey/Walters* 1998, S. 85 ff. Material zum Tunneleffekt findet sich übrigens sehr schnell und einfach, wenn Sie auch nur den Namen *Günter Nimtz* als Suchbegriff in eine gute Suchmaschine im Internet eingeben.

Ich habe übrigens vor ein paar Jahren einen TV-Bericht gesehen, in dem, ohne dass ich noch recht wusste, dass es einen so genannten Tunneleffekt überhaupt gibt, *Günter Nimtz* vorgestellt wurde: Was ich bis heute erinnere, ist Nimtz Zurückhaltung ge-

127

eine ‚Abkürzung', einen Weg, einen ‚Tunnel' aus dem Atomkern, der ihnen normalerweise grundsätzlich verwehrt ist – nur ist es diesmal nicht die Zeit, die zur Hilfe genommen wird, sondern quasi eine zufällige Energieaufschaukelung, die den Weg ‚negiert' – wir erinnern uns: *Leistung* ist *Kraft* mal *Weg* pro *Zeit*, d.h. das eine kann durch das andere, an dem es womöglich mangelt, ‚wett' gemacht werden. Habe ich (fast) keinen Weg, brauche ich nur genug Energie, um die Leistung (hier: die Überwindung des Raumes) dennoch zu erreichen: „Eine der Modellvorstellungen, die man für den Atomkern hat, ist das Bild vom so genannten ‚Potentialtopf'. Er entsteht,

---

genüber vorschnellen Interpretationen des Faktums, dass er ein physisches Phänomen entdeckt hat, das dramatisch schneller als das Licht ist. Nimtz bestritt fast in jedem zweiten Satz, dass er damit *Einstein* widerlegt habe. Wie schwer muss dieses Genie lasten!

Es scheint inzwischen zum Understatement des Wissenschaftsbetriebes zu gehören, in physisch-empirischen Kontexten, die *der* grundlegenden Prämisse der SRT (dass *c* nämlich absolut sei) schreiend widersprechen, irgendwann einen kurzen Kotau vor dieser Theorie und dem großen Meister zu machen – um davor und danach einfach weiter zu argumentieren, wie wenn es eben *diese* grundlegende Prämisse gar nicht gäbe. Um ein Beispiel zu nennen: *Nielsen* gründet seine Überlegung über die Möglichkeiten eines Quantencomputers auf das quantenphysikalische Faktum der *Verschränkung* von Elementarteilchen, also ihrer *instantanen* Reaktion aufeinander auch dann, wenn diese Teilchen weit voneinander entfernt sind. Urplötzlich liest man dann in seinen Ausführungen: „Das verleitet manchmal zu der irrtümlichen Idee, man könnte mittels Verschränkung Signale mit Überlichtgeschwindigkeit senden und auf diese Weise Einsteins Spezielle Relativitätstheorie verletzen; doch das probabilistische Wesen der Quantenmechanik verurteilt solche Versuche zum Scheitern." (*Nielsen* 2003, S. 53) Warum und weswegen die Probabilistik zum Scheitern solcher Versuche führen soll, erfahren wir zwar nicht. Aber der Kotau ist vollzogen – und im Folgenden gründet Nielsen seine Argumentation wieder ganz brav auf das quantenphysikalische Faktum der *instantane* Reaktionen ermöglichenden Verschränkung von Elementarteilchen. Wie gesagt: Wie muss dieses Genie Einstein lasten!

wenn man die Kräfte, die dort auftreten, einander überlagert und in einem Diagramm aufträgt. In seiner Wirkung entspricht dieses Potential wirklich einem Topf, denn füllt man beispielsweise einen echten Topf mit Kugeln, so benehmen diese sich dort ähnlich wie die Protonen und Neutronen in ihrem gedachten Potentialtopf.

Im Zentrum des Kerns herrschen die Kernkräfte vor, die sehr stark sind. Je weiter man sich vom Mittelpunkt entfernt, desto mehr nehmen diese Kräfte ab, dafür treten nun zunehmend die abstoßenden elektrischen Kräfte zwischen den gleichnamig geladenen Protonen in den Vordergrund. Der ‚Rand' des Kerns, symbolisiert durch den Rand des Potentialtopfes, ist also gerade der Bereich, in dem ein Proton nicht mehr von den Kernkräften festgehalten, sondern von den elektrischen Abstoßungskräften nach außen weggedrückt wird.

Normalerweise überschreiten Protonen und Neutronen im Kern diese Grenze nie. Da jedes Atom stets versucht, den stabilsten und damit niedrigsten Energiezustand einzunehmen, liegen sie so weit unten im Potentialtopf wie möglich. Ihnen fehlt die Energie, um über den Rand hinauszuspringen, ebenso wie es den Kugeln nicht möglich wäre, über den Rand eines echten Topfes hinwegzukommen. Die dafür nötige Energie könnte sie allenfalls von außen erhalten, etwa durch einen Stoß oder durch Erhitzen.

Nun zeigt sich aber wieder einmal der Unterschied zwischen makroskopischer und mikroskopischer Welt: Während es den Kugeln unseres Alltagslebens nie von selbst möglich sein wird, aus dem Topf zu entkommen, gehorchen die Protonen im Potentialtopf des Atomkerns den Gesetzen der Quantenmechanik. Und diese besagen, dass sich die Teilchen nicht mit absoluter Sicherheit auf dem Grund des Topfes befinden, sondern nur mit einer wenn auch großen Wahrscheinlichkeit. Es bleibt ein Rest von Unsicherheit.

Und so kann es geschehen, dass ab und zu – zwar selten, aber immerhin – ein paar Kernteilchen entkommen. Wir kennen dies aus der Natur: Man spricht von radioaktiver Strahlung. Alphastrahlen bestehen beispielsweise aus je zwei Protonen und Neutronen, aber es gibt auch Neutronenstrahlung, bei der Neutronen aus dem Kern ausgestoßen werden. Ohne die

Quantenmechanik wäre es nicht zu erklären, wie diese Phänomene zustande kommen.

Es beweist erneut die Gültigkeit von Heisenbergs Unschärferelation. Wenn es beispielsweise nicht möglich ist, Energie und Zeitpunkt eines Zustandes gleichzeitig ganz genau zu bestimmen, dann kann es passieren, dass für eine ganz winzig kleine Zeitspanne ein Teilchen eine weit höhere Energie hat, als ihm eigentlich zusteht. Und in diesem Augenblick kann es aus dem Potentialtopf entkommen. Die Regeln sagen ja nur aus, dass die Ungenauigkeit der Energie multipliziert mit jener der Zeit kleiner sein muss als h (dem Planckschen Wirkungsquantum; E.S.). Man nennt dieses Phänomen, bei dem Teilchen aus einem Potentialtopf entkommen ‚Tunneleffekt', da es auf den ersten Blick so wirkt, als hätte sich das Teilchen durch einen Tunnel in der Topfwand davongemacht." (*Röthlein* 1999, S. 60 ff.)[6]

Der normalerweise verbarrikadierte Weg bzw. Raum wird hier quasi ‚eingefaltet' durch (statistisch mögliche) Energieaufschaukelung – wie oben durch Zeit. Eben: *Leistung* ist *Kraft* mal *Weg* pro *Zeit* – eine aus*weg*lose Situation kann man durch genug Energie *über*winden oder eben durch*tunneln*. Wer keinen Weg hat, der ‚*leistet*' sich halt einen – wenn er genug Energie hat.

Es sei darauf hingewiesen, dass es auch eine nicht quantentheoretische, sondern *chaostheoretische* Interpretation des Tunneleffektes gibt (vgl. *Briggs/Peat* 1999, S. 173 ff.). Ganz knapp: *Solitonen* sind chaostheoretisch erklärbare Phänomene des *rhythmisch-rekursiven ‚Kommunizierens'* (Aufschaukelns, Koordinierens, Strukturierens etc.) sehr großer (Flutwelle) oder kleinerer (Kerzenflamme) Materiemassen (ebd., S. 188), oder eben auch kleinstdimensionaler Energieverteilungen: So genannte „Solitonentunnel" (ebd., S. 190 ff. u. 193-197) in elektromagnetischen Feldern oder auch in supraleitenden Flüssigkeiten können als Kollektivverhalten eines Gesamtsystems be-

---

[6] Diesem *Tunneleffekt* soll es übrigens auch gedankt sein, dass *Schwarzen Löchern* doch etwas entkommen kann: vgl. *Goenner* 1996, S. 391.

teiligter, miteinander ‚kommunizierender' Energiequanten interpretiert werden, die *als System* (eben als *Soliton)* durch das Trägermedium (das Feld, die supraleitende Flüssigkeit) *ohne jeden Energieverlust ‚hindurchtunneln'* und dieserart *Information* übermitteln können.[7] Auch hier wird der dreidimensionale Raum (des Trägermediums) quasi durch einen ‚Trick' eingefaltet – das Soliton geht quasi über ihn hinweg bzw. durch ihn *hindurch.*

Begreift man übrigens alle „Elementarteilchen als Solitonen" (*Briggs/Peat* 1999, S. 193), dann ist schnell klar, warum das Einstein-Podolsky-Rosen-Experiment funktioniert: Das *ganze* Elementarteilchen als *ein* Soliton reagiert *instantan*, wenn auch nur *eines* seiner verschränkten Schwesterteile verändert wird. Es gibt also verschiedene Arten, den dreidimensionalen Raum ‚einzufalten', ihn zu überwinden.

Und wie faltet man die schon vierdimensionale Raumzeit? Mit der *fünften* Dimension natürlich! Ich würde sie *Geist* nennen: In Gedanken, im Geiste kann ich *alles*, was physisch ganz unmöglich erscheint. Ein komplexes (chemisches, biologisches, kognitives) System kann erstmalig *rekursiv* und mit weiterem Komplexitätswachstum *reflexiv* werden genau dann, wenn es sich erstmalig ‚auf sich zurücklehnen', d.h. sich auf sich zurück*falten* kann, mit und auf ‚sich selbst' reagieren kann. Die unfassbare, myriadenhafte Mannigfaltigkeit der Phänomene und Erscheinungsformen des physischen, chemischen, biologischen und geistigen Seins ist eine – grundsätzlich – fassbare Mannig*faltig*keit.

Basieux sagte, wie eben zitiert, es seien nun, nach Entdeckung des Tunneleffektes, die Deuter am Werk. Um also meine Kritik an der Relativitätstheorie zu ver*deut*lichen: Ich sage *nicht*, dass Einsteins Gedankengänge oder seine formalmathematischen Konzepte *falsch* seien, er sich also irgendwo quasi ‚verrechnet' hat. Und ich sage auch *nicht*, dass die Experimente, die immer wieder gemacht wurden, um seine Theorie zu überprüfen, quasi handwerklich mangelhaft durchgeführt

---

[7] Vgl. zur mathematischen Beschreibung von Solitonen durch den Mathematiker *Peter D. Lax* auch *Pöppe* 2005.

worden wären. Das kann ich als Nichtphysiker nicht beurteilen. Unter den gemachten Voraus*setzungen* ist Einsteins Theorie schlüssig aufgebaut (und übrigens nach wie vor faszinierend) – und auch die experimentell überprüften bewegten Uhren gingen *de facto* langsamer als ihre (relativ) unbewegten Pendants. Was ich sage, ist, dass man die gemachten Voraus*setzungen* nicht unbedingt machen muss: Es gibt massive Hinweise darauf, dass es etwas schnelleres gibt als das Licht, ja etwas unendlich schnelles, eben *instantanes*. Nur ‚im Lichte' (θεωρία!) der Relativitätstheorie ist das Licht das schnellste Phänomen. Und selbst, fast hätte ich gesagt: *unter Voraussetzung* dieser Voraus*setzung* muss man nicht unbedingt die *Interpretationen* der theoretischen und experimentellen Ergebnisse teilen: Wie gesagt, alle gemachten theoretischen Überlegungen und vor allem physikalischen Experimente haben für mich nicht *zwingend* bewiesen, dass *Zeit* eine relative Sache ist. Es wurden gedankliche und dann reale physikalische Experimente mit *Chronometern* gemacht – nicht mit der Zeit *selbst*. *Jene* wurden physikalisch-experimentell verändert, nicht *diese*.

Und selbst *wenn* man die Zeit als etwas *Variables* erachtet, das man wie ein Gummiband ziehen und stauchen kann, das man, wie die *Bewegung selbst*, die ich ja als ‚Wesen' der Zeit bezeichnet habe (vgl. analog *Briggs/Peat* 1999, S. 287), *verlangsamen oder beschleunigen* kann *relativ* zu anderem und immer nur *auf Kosten* oder *Zugunsten* des anderen (Entschleunigung *hier* ist Beschleunigung *dort* und vice versa) – insgesamt bleibt das ‚Gummiband' *selbst*, bleibt die *Bewegung erhalten* (Erhaltungssätze), bleibt sie und damit die Zeit als solche *absolut*.

Dass man Experimente, die zum Nachweis der Relativität der Zeit immer wieder angeführt werden, auch völlig konträr interpretieren kann (und sollte), sei im Folgenden an einem schönen Beispiel erläutert. Weil es quasi täglich millionenfach durchgeführt und deswegen oft als Kronzeuge schlechthin für die Richtigkeit von SRT und ART angeführt wird, sei ihm ein eigenes Kapitel gewidmet.

IX. Das GPS-System als Nachweis absoluter Zeit und absoluten Raumes wider Willen

„In den GPS (Global Positioning Satellite System)-Positionstaschenmessgeräten, die von Tausenden von Menschen täglich benutzt werden, ist die spezielle Relativitätstheorie (und auch die allgemeine Relativitätstheorie) konstruktiv eingearbeitet worden." (*Goenner* 1996, S. 1)[1]

Ich habe im Internet eine sehr schöne Darstellung der Funktionsweise des GPS-Systems gefunden, die allgemeinverständlich formuliert ist, aber auch die mathematischen Grundlagen berücksichtigt und konkrete Rechenbeispiele gibt. Sie stammt von dem an der Universität Wien arbeitenden theoretischen Physiker Franz Embacher.[2] Dabei sei sofort festgestellt, dass Embacher das GPS-System als *Bestätigung* der SRT und ART versteht. Man kann seinen Text aber auch ganz anders lesen – als Bestätigung dafür, dass das GPS-System die Signal- und Informationsverzerrungen, die durch die begrenzte Ausbreitungsgeschwindigkeit elektromagnetischer Wellen, durch die Relativbewegungen der beteiligten Satelliten und der sich auf der Erde bewegenden Navigationsgeräte (SRT), durch den Gravitationseinfluss auf die Signale (ART) und durch den so genannten Sagnac-Effekt[3] entstehen, *herausrechnet* und *rückrechnet* auf eine denknotwendig vorausgesetzte *nicht* verzerrte Raumzeit, also auf die *wahren*, die *wirklichen*, die *wirkenden* Verhältnisse – mit dem durchschlagenden *praktischen* Erfolg einer exakten *absoluten* Positionsbestimmung!

Diese Rückrechnung *simuliert* sozusagen eine *instantane* Signalübermittlung – also mit anderen Worten: Zeitgleichheit! Wir setzen also gedanklich und modelltheoretisch *Zeitgleichheit* voraus, rechnen auf sie faktisch zurück – und haben damit

---

[1] Vgl. zum GPS-Verfahren auch *Bührke* 1999, S. 121 ff.
[2] http://homepage.univie.ac.at/franz.embacher/rel.html
[3] Er entsteht aufgrund der Erdrotation und meint die unterschiedlichen Geschwindigkeiten von Objekten an der Erdoberfläche auf verschiedenen geographischen Breiten. An den geographischen Polen ist er null, am Äquator ist er am stärksten.

praktischen Erfolg! Oder so gesagt: Wer die *beobachteten*, durch die physischen Grenzen der Lichtgeschwindigkeit bedingten Verzerrungen für die *Realität* nimmt, also *wirklich* davon ausgeht, dass nicht etwa nur bewegte *Uhren* (oder eben in gewissen Rhythmen Signale emittierende Satelliten) ‚langsamer' gehen, sondern die *Zeit selbst wirklich* langsamer geht und ‚Zeitdilatation' ein realer, physischer Effekt ist – der fährt, wenn er Pech hat, gegen eine Wand! Wenn's hart auf hart kommt, wollen wir von Zeitdilatation nichts wissen, sonder wir rechnen diesen *reinen Beobachtungseffekt* einfach heraus – und haben praktischen Erfolg!

Ich zitiere im Folgenden Embachers Darstellung der grundlegenden Funktionsweise des Systems, um danach anhand einiger weiterer Zitate aus seiner Arbeit aufzuzeigen, dass Embacher gar nicht anders kann, als den wahren Charakter des Systems zu offenbaren:

„Die Grundidee der GPS-Positionsbestimmung beruht auf der Messung der Entfernung des eigenen Standorts zu drei Satelliten, deren Position ausreichend genau bekannt ist. (Ausreichend genau – gemessen an *was?* Wir sind ja gedanklich noch *vor* der Anwendung des GPS-Systems zur *ausreichend genauen* Positionsbestimmung! E.S.)

Da sich die Signale mit Lichtgeschwindigkeit c ausbreiten, kann die von ihnen zurückgelegte Wegstrecke ermittelt werden, wenn die Zeitdauer der Reise vom Satelliten zum Empfänger bekannt ist. *Die Information über den Zeitpunkt der Aussendung ist im Signal selbst enthalten*, die Ankunftszeit wird – der Idee nach – vom Empfänger gemessen. Nun stehen die Satelliten allerdings nicht still, und auch die Erde rotiert um ihre Achse. Außerdem spielt das Schwerefeld der Erde eine Rolle. All das hat zwei wichtige Konsequenzen:

Einerseits ändert sich der Abstand zu den Satelliten ständig, wodurch es notwendig wird, den Zeitpunkt jeder Messung sehr genau zu kennen. Die *Ungenauigkeit beweglicher irdischer Uhren* (Ungenau – gemessen an *was?* E.S.) wird mit Hilfe eines Tricks *korrigiert* (!! E.S.), nämlich der Entfernungsbestimmung zu einem vierten Satelliten. (Dies sei der Vollständigkeit halber erwähnt. Darum soll es auf dieser Seite aber nicht gehen). Tatsächlich sind derzeit 28 Satelliten im Einsatz, so dass weltweit jederzeit zu mindestens vier Satelliten Funkkontakt besteht.

Andererseits sind Zeitmessungen Effekten unterworfen, die von der Relativitätstheorie vorausgesagt werden. Sie nicht zu berücksichtigen, hieße, *Fehler* in der *Genauigkeit* des Systems in Kauf zu nehmen. Interessanterweise sind die Effekte der allgemeinen Relativitätstheorie in diesem Fall größer als die der speziellen. Um die entsprechenden *Korrekturen* geht es auf dieser Seite."[4]

So. Betreiben wir im Folgenden etwas Textkritik – bzw. lassen wir einfach ‚die Sprache selbst sprechen': „Genau genommen gibt es ‚die Zeit', die zwischen zwei Ereignissen verstreicht, nicht. (Zu unser aller Glück hat Embacher in dieser Frage nicht recht. E.S.) Generell muss jede physikalische Größe durch einen – zumindest prinzipiell durchführbaren – Messprozess definiert werden. (Das würde heißen, dass die *Zeit* durch einen als *Definition* verstandenen *Messprozess* quasi erst *entstünde* – weil es sie davor ja „genau genommen... nicht... gibt"! E.S.) Nun gibt es verschiedene Möglichkeiten, um den zeitlichen Verlauf eines Vorgangs zu vermessen, z.B. in seinem eigenen Ruhsystem oder ‚im Vorbeifliegen'. Gemäß der Relativitätstheorie sind die auf verschiedene Weise gemessenen Zeitintervalle nicht unbedingt gleich: Bewegte Uhren und Uhren, die starken Gravitationsfeldern ausgesetzt sind, *scheinen* (!! E.S.) ‚zu langsam' zu gehen. Im Alltagsleben sind diese Effekte so klein, dass sie gar nicht bemerkt werden. Aber sie sind immerhin groß genug, um systematische *Korrekturen* bei der Auswertung von GPS-Daten notwendig zu machen... Die *Beobachterin* wird den Gang... der Uhr als *langsamer einschätzen* als er *wirklich* (!! E.S.) ist... (D)ie *echte* (!! E.S.) Frequenz im *Ruhsystem* (!! E.S.) des Senders (die Eigenfrequenz) ist... f und f' jener Wert, der – ohne Berücksichtigung relativistischer Effekte (De Facto sind das einfach *Beobachtungsef-*

---

[4] http://homepage.univie.ac.at/franz.embacher/rel.html; Herv. E.S. Bis zum nächsten anders lautenden Nachweis stammen auch die folgenden Zitate aus dieser Quelle.

fekte. E.S.) – *fälschlicherweise* (!! E.S.) als Frequenz im Ruhsystem des Senders ermittelt werden würde…"
Wir erfahren dann noch, dass dann, wenn wir alle diese Korrekturen nicht vornehmen würden, also quasi (das sind jetzt meine Worte) uns dumm stellen wie die weiter oben eingeführten Astronauten, die einfach glauben, was begrenzt schnell sich ausbreitendes Licht, ihre Beobachterperspektive und ihre Relativgeschwindigkeit ihnen *vortäuschen*, „falsche Zeitangaben… und falsche Positionswerte die Folge sind." Wenn wir also, um es, weil so wichtig, zu wiederholen, unser *wirkliches* Handeln an dem – in des Wortes direkter Bedeutung – *Schein*phänomen ‚Zeitdilatation' ausrichten würden – wir liefen gelegentlich gegen eine Wand!
Ich möchte abschließend noch zwei Zitate anführen, die aufzeigen, dass auch andere Autoren nicht umhin können, dieses ‚gewisse *Etwas*', gemessen an dem etwas anderes immer nur ‚falsch', ‚langsamer', ‚nicht wirklich' sein kann, denknotwendig zu setzen:
„Man kann ausrechnen, dass ein Mensch, der achtzig Jahre lang in der obersten Etage des Empire State Buildings wohnt, am Ende seines Lebens um knapp eine zehntausendstel Sekunde älter ist als sein Zwillingsbruder, der dieselbe (!! E.S.) Zeit im Erdgeschoß gewohnt hat – rein physikalisch jedenfalls." (*Bührke* 1999, S. 94)
Was meint Bührke nur mit der *selben* Zeit? Wir erinnern uns des oft gemachten Fehlers: Mein Nachbar fährt nicht das *selbe* Auto wie mein Bruder, sondern nur das *gleiche* (Modell XY). Das *Selbe* ist immer nur das absolut und ausschließlich mit sich selbst Identische.
Und schließlich: „Eine solche Uhr (eine spezielle Atomuhr; E.S.) wäre so genau, dass sie in dreißig Millionen Jahren nur um eine einzige Sekunde falsch gehen würde." (*Röthlein* 1999, S. 80) Gemessen an *was*[5] falsch?

---

[5] In andere Worte gefasst: „Es liegt aber doch auf der Hand, dass in einem Universum von unterschiedlichen Längenmaßstäben und voneinander abweichenden Uhren (trotz theoretisch absoluter Baugleichheit) ein Wörtchen zu sagen ist, an welche Län-

Nochmals: Wir müssen *denknotwendig* ein t setzen, um mittels $\sqrt{1-v^2/c^2}$ ein t' errechnen zu können! Wir müssen *denknotwendig* das Richtige, das Wirkliche setzen, *auf das hin* wir via GPS korrigieren: auf den von jeder subjektiven Beobachterperspektive, jeder technisch-konstruktiven Begrenztheit von Chronometern und jeder begrenzten Ausbreitungsgeschwindigkeit elektromagnetischer Wellen befreiten objektiven und in diesem Sinne absoluten Zeitfluss!

---

gen- und Zeitmaßstäbe gedacht wird, auf deren *Basis* sich die Relativgeschwindigkeit bestimmt. Dieses Versäumnis Einsteins verlangt dringend nach Abhilfe."
(http://de.wikibooks.org/wiki/Elektroimpuls_und_Masse:_4._Sp ezielle_Relativitätstheorie; Herv. E.S.)

X. Längenkontraktion durch Beobachtung?

Nach den bisherigen Ausführungen sollte eigentlich klar sein, dass die von einem Bezugssystem A aus in einem anderen, sich schnell bewegenden Bezugssystem B *beobachtete* ‚Längenkontraktion' *im beobachteten* Bezugsystem B physisch so ‚real' ist wie ‚Zeitdilatation' oder ‚relativistische Masse'. Ich möchte auf diesen Punkt also nur noch ganz knapp – quasi in kontrahierter Länge eingehen.

Der Grundgedanke ist wieder derselbe: Wenn ich im gesamten Universum kein absolutes Ruhesystem auszeichnen kann, bewegt sich von dem, was sich überhaupt bewegt, *alles* relativ zu *allem* anderen – und wir erinnern uns, dass wir nicht den Hauch einer Chance hatten, mit einem *informierten Blick* im gesamten Universum überhaupt etwas ‚absolut' Bewegungsfreies zu identifizieren, weder in makro- noch in mikroskopischer Perspektive. Ich kann also eine Uhr hinstellen, wo immer ich will, ich finde irgendwo im Universum immer Bezugssysteme, von denen aus beobachtet sie ‚langsamer' geht – und umgekehrt! In diesem Sinne gehen *alle* beobachteten Uhren ‚langsamer' – und genau deswegen geht *keine* langsamer und am allerwenigsten *die Zeit selbst*.

Im vorangehenden Kapitel über das GPS-System haben wir gesehen, dass wir – sozusagen wenn's drauf ankommt – wie selbstverständlich alle Beobachtungsverzerrungen (Resultat der begrenzten Ausbreitungsgeschwindigkeit elektromagnetischer Wellen, der Relativbewegungen aller beteiligten Subsysteme, der Gravitationseinwirkung und des Sagnac-Effekts) auf eine denknotwendig vorausgesetzte Gleichzeitigkeit zurückrechnen – mit realitätstüchtigem Resultat und großem praktischem Erfolg.

Begreift man also SRT und ART als das, was sie faktisch sind – nämlich ein (genial erdachter!) Rechenapparat, um genau diese *Beobachtungsverzerrungen herauszurechnen* –, könnte man fast sagen: Die Absolutheit von Raum und Zeit wurden selten so bravourös betätigt wie durch jene beiden Theorien, die in ihrem Namen verwirrender Weise den Begriff *Relativität* tragen!

Arnold Sommerfeld würde dieser Interpretation der SRT und ART womöglich nicht unumwunden zugestimmt haben, aber was er faktisch sagte, ist eigentlich dasselbe: „Nicht die vollständige Relativierung (!! E.S.) von Raum und Zeit ist die positive Leistung der Theorie, sondern der Nachweis der Unabhängigkeit der Naturgesetze von der Wahl des Bezugssystems, der Invarianz (!! E.S.) des Naturgeschehens gegenüber dem Wechsel des Standpunktes des Beobachters (!! E.S.). Infolgedessen wäre der Name ‚Invarianten-Theorie des Naturgeschehens' oder, wie gelegentlich vorgeschlagen wurde, ‚Standpunktlehre' bezeichnender als der gebräuchliche Name ‚allgemeine Relativitätstheorie'."[1]

Warum ausgerechnet sollten Raum und Zeit, also *die* beiden *Fundamentalprämissen* allen Naturgeschehens, von dieser *Invarianz* ausgeschlossen sein – und warum die dritte Fundamentalprämisse, nämlich das Sein der Dinge selbst, ihr Energiegehalt, ihre Masse – ihre Länge?

Ich möchte dieses Kapitel mit einem Zitat beenden, das die Strukturgleichheit der Pseudophänomene ‚Längenkontraktion' und ‚Zeitdilatation' aufzeigt, die ganze Sache als völlig symmetrisches Beobachtungsphänomen aufweist – aber dennoch und letztlich der ‚Relativität der Gleichzeitigkeit' zuschreibt, da der Autor einen fundamentalen Bruch mit der SRT nicht vollziehen will (obwohl er später auch die Existenz einer ‚relativistischen Masse' verneint):

„Wir müssen vielmehr annehmen, dass keine der Uhren ihren Gang verändert (!! E.S.), sondern dass die Uhren lediglich (!! E.S.) für einen relativ dazu bewegten Beobachter langsamer gehen. (So wie oben die *Körper* auch *nicht objektiv kürzer* geworden sind (!! E.S.), sondern lediglich für einen relativ zu ihnen bewegten Beobachter.) Wie sollte sich auch am Gang der Uhren z. B. im System S (dem Ruhesystem; E.S.) objektiv dadurch etwas verändern, dass ich mir ein zweites (oder drittes ...) Bezugssystem dazuphantasiere! (!! E.S.) Es kann nur (!! E.S.) an der Relativbewegung des Beobachters liegen, dass für diesen die Uhren im anderen System nachgehen, und zwar – wegen der Gleichberechtigung (!! E.S.) der beiden Systeme –

---

[1] Zitiert nach http://de.wikipedia.org/wiki/Relativitätstheorie – ein Artikel übrigens, der als „exzellent" eingestuft wurde.

139

in jeweils gleicher Weise. Damit ist der Sachverhalt zwar logisch widerspruchsfrei beschrieben, aber es ist bei weitem noch nicht erklärt, wie es dazu kommt und wie man diesen höchst merkwürdigen und beunruhigenden Vorgang verstehen kann. (Man wundert sich über diesen Satz, weil doch völlig klar ist, dass die begrenzte Ausbreitungsgeschwindigkeit des Lichtes für diese Beobachtungseffekte verantwortlich ist. E.S.) Was ist da in den Systemen oder zwischen ihnen vorgegangen, dass es keine objektive Gleichzeitigkeit mehr gibt (Das wird also plötzlich wieder vorausgesetzt! E.S.), dass die Körper im jeweils anderen System schrumpfen (!! E.S.) und die Uhren langsamer gehen (!! E.S.), und beides in völlig symmetrischer Weise? Sicher, logisch ist das zulässig, und wenn überhaupt Veränderungen eintreten, dann müssen sie wegen der Gleichberechtigung der Systeme sogar symmetrisch sein, aber wie kommt es dazu?...

Und tatsächlich gehen die Uhren in einem relativ zu einem Beobachter bewegten System nicht wirklich (!! E.S.) langsamer – wie sollten sie auch? Sie gehen nur für den relativ zu ihnen bewegten Beobachter langsamer. Der Grund dafür ist, dass der Beobachter die Anzeige seiner Uhr U im Lauf der Zeit nicht mit der Anzeige einer und derselben Uhr U' im bewegten System vergleicht, sondern mit der Anzeige verschiedener Uhren U'1, U'2, ..., die sich an ihm vorbeibewegen.[2] Und diese Uhren bleiben tatsächlich (!! E.S.) immer mehr gegenüber seiner eigenen Uhr zurück – aber nicht etwa, weil sie langsamer gingen, sondern weil sie – für den relativ dazu bewegten Beobachter! – von vorn herein nicht synchron gehen. Dieser Effekt wiederum beruht auf der Relativität der Gleichzeitigkeit."[3]

Das, was aus der Sache nicht abgeleitet werden kann, da sie als *reiner Beobachtungseffekt* dargestellt wird und als *völlig symmetrischer* zudem, „beruht" dann letztlich doch auf dem,

---

[2] Im Gedankenexperiment raste ein Bahnhofsgleis mit mehreren Uhren hintereinander am Beobachter im Zug vorbei – oder eben umgekehrt.

[3] http://de.wikibooks.org/wiki/Spezielle_Relativit%C3%A4tstheorie:_Teil_II

was es eigentlich erst zu beweisen gilt – der „Relativität der Gleichzeitigkeit." Natürlich ist das nicht nachzuvollziehen: Das Präfix ‚Sym-' im Worte *Symmetrie* ist semantisch völlig äquivalent mit der Wortkomponente ‚Gleich-' im Kompositum *Gleichzeitigkeit*. Wir kommen nicht umhin, ein Absolutum zu setzen, gemessen an dem etwas scheinbar ‚dilatiert' oder ‚verkürzt' ist. Denknotwendig.

Interessant ist auch folgende Stelle in Teil IV der eben zitierten (und übrigens didaktisch ganz hervorragenden und der SRT völlig affirmativ gegenüberstehenden) Abhandlung zur SRT:

„Was aber, wenn sich die Beobachter in zwei Bezugssystemen nicht darüber einig sind, was für sie ‚gleichzeitig' ist – und zwar nicht wegen fehlerhafter Uhren, sondern wegen der grundsätzlichen (!! E.S.) Relativität der Gleichzeitigkeit? Nun, dann *hat* der Körper für die beiden Beobachter *eben unterschiedliche Längen*. Man beachte dabei, dass die Längen *tatsächlich* (!! E.S.) unterschiedlich sind und es *nicht* nur zu sein *scheinen* (!! E.S.)."[4]

Was steht da schwarz auf weiß? Dass unterschiedliche Längen eines Körpers, also *physische Fakten,* daraus folgen, dass sich Beobachter nicht auf etwas „einigen" können!

Ich werde das lieber nicht kommentieren.

---

[4] http://de.wikibooks.org/wiki/Spezielle_Relativit%C3%A4tstheorie:_Teil_IV; Herv. E.S.

XI. Raumzeit und Gravitation in der Allgemeinen Relativitätstheorie (ART), das Faktum einer flachen Raumzeit und die Hypothese dunkler Energie und dunkler Materie

Die Erkenntnisse der Astronomie sind in den letzten Jahren in atemberaubendem Tempo gewachsen. Ein Forschungsergebnis und eine modelltheoretische Hypothese tangieren die Einschätzung der Gültigkeit der ART als Modell der Beschreibung der Gravitation und der Raumzeit insgesamt unmittelbar: Zum einen hat die sehr genaue Untersuchung der kosmischen Hintergrundstrahlung ergeben, dass die Raumstruktur des Universums *nicht gekrümmt* ist, sondern *flach:*

„*Platt wie eine Flunder*. Ein astronomisches Experiment über dem Südpol zeigt: *Das Universum ist flach*... Es begann mit einer Reise ins ewige Eis. Ohne Fernrohr und ohne Teleskop, dafür mit einem gigantischen Ballon im Gepäck, machten sich zwei Dutzend Astronomen im Jahre 1998 auf den Weg in die Antarktis... Ihre mitgebrachte riesige Blase aus extrem reißfestem Kunststoff ließen sie zusammen mit einem Wärme-Detektor 40 000 Meter hoch über dem Südpol aufsteigen. Jetzt sind die ersten Messergebnisse veröffentlicht, und sie zeigen eine *wissenschaftliche Sensation*... Demnach wird das Universum irgendwann in ferner Zukunft seine Ausdehnung beenden und dann – anders als von Kosmologen in den vergangenen Jahren immer wieder vorhergesagt – nicht unter der eigenen Masse in sich zusammensacken, sondern plötzlich in Ruhe verharren...

Einstein widerlegt (Zwischenüberschrift; Herv. E.S.)...

Sollte das zutreffen, so wäre damit eine von *Albert Einstein* vertretene Theorie *hinfällig*, wonach die Raumzeit unseres Kosmos in sich *gebogen* ist. Die Messergebnisse des Ballonexperiments mit dem Namen ‚Boomerang' lassen darauf schließen, dass unser Universum von einer *linearen Raumzeit* geprägt ist, Physiker sprechen von einem *‚flachen'* Universum, dessen Raumachsen gerade Linien sind... Mit dem Wärmedetektor unter dem Ballon ist es dem internationalen Team unter Leitung der Universität La Sapienza in Rom gelungen, die so genannte Hintergrundstrahlung des Universums mit noch nie dagewesener Genauigkeit zu überprüfen. Anhand kleiner Schwankungen in dieser vom Urknall quasi als Echo übrig gebliebenen kosmischen Restwärme können die Forscher auf die Raumzeit-Struktur des Universums schließen... Das Projekt mit der Bezeichnung Boomerang (Balloon Observations of Millimeteric Extragalactic Radiation and Geophysics) wird in der jüngsten Ausgabe des britischen Fachjournals ‚Nature' (Bd. 404, S. 955) vorgestellt..."[1]

Die zweite große Innovation in der Astronomie ist die modelltheoretische Hypothese, dass die Energiematerie, die wir im Universum in irgendeiner Weise ‚sehen' können (mit Teleskopen, die das gesamte elektromagnetische Spektrum nutzen – von sichtbarem Licht bis zu Radio- oder Röntgenstrahlung) weniger als fünf Prozent dessen ausmacht, was irgendwie *da* sein und vor allem *gravitativ wirken* muss im Weltall, will man erklären, was man faktisch beobachtet: Die Rede ist von dunkler Materie und dunkler Energie.[2] Davon ist zwar noch *nichts*, noch kein Partikel, keine Welle oder welche physische Eigenschaft auch immer, *direkt* nachgewiesen worden. Aber hoch interessant ist die Hypothese von der dunklen Materie und dunklen Energie dennoch: Die Astronomen mussten den Gehalt des Universums an Materieenergie in den letzten Jahren mal eben *verzwanzigfachen*, um das erklären zu können, was sie beobachten.

Warum mussten sie das – wenn doch die ART die Gravitation und die Raumzeitstrukturen des Universums schon seit langen Jahrzehnten zufrieden stellend erklärt? Und was folgt aus dem Umstand, dass mit der Verzwanzigfachung der Ener-

---

[1] *Platt wie eine Flunder...* 2000; Herv. E.S.; vgl. zu diesem oder nachfolgenden Experimenten auch *Vaas* 2001a, *Stampf* 2002, S. 150, oder *Freedman* 2003.

[2] Zur so genannten *dunklen Materie* oder *dunklen Energie* vgl. z.B. *Trefil* 1997, *Goenner* 1996, S. 454, *Vaas* 2001b u. 2002a, *Hornung* 1999, S. 125 ff., *Cline* 2003, *Wolschin* 2006, *Körkel* 2007 oder *Conselice* 2007. Der Gedanke, dass es so etwas wie dunkle Materie geben könnte oder gar müsste, um gewisse Beobachtungen erklären zu können, wurde von *Fritz Zwicky* zwar schon 1933 geäußert, stieß damals aber „in der Fachwelt auf breite Ablehnung."
(http://de.wikipedia.org/wiki/Dunkle_Materie)

giematerie des Universums ausgerechnet jene kosmologische Konstante Lambda (Λ)³ eine nahezu unglaubliche Aufwertung erhalten hat, deren Einführung in seine Feldgleichungen Einstein, so wird zumindest kolportiert, als die größte ‚Eselei' seines Lebens tituliert hat?

So, liebe Leserinnen und Leser, bevor ich im Folgenden versuche aufzuzeigen, wie Einstein auf die Idee kam, die Gravitation als eine der vier grundlegenden Naturkräfte (starke und schwache Kernkraft, elektromagnetische Kraft und Gravitation) ausschließlich *geometrisch* zu erklären, also als *Raumzeitkrümmung*, müssen wir ein ganz kleines bisschen Mathematik betreiben – aber eben nur ein ganz kleines Bisschen. Keine Angst! Sie werden alles verstehen, was nun folgt – auch dann, wenn die beiden Noten, die Sie (wie ich selbst übrigens auch) im Mathematikunterricht am häufigsten bekommen haben, in der unteren Hälfte (und nur in der) etwas bauchig ausgesehen haben sollten.

Springen wir ins kalte Wasser. Hier ist eine klassische Form der Einsteinschen Feldgleichungen:⁴

$$R_{\mu\nu} - \frac{1}{1} g_{\mu\nu} R + \Lambda g_{\mu\nu} = \frac{8\pi G}{c^4} T_{\mu\nu}$$

Die sagt Ihnen womöglich erst mal gar nichts. Aber wenn Sie genau hingucken und erst mal nur den Term rechts vom Gleichheitszeichen betrachten, sehen Sie zumindest ein paar alte Bekannte: c ist wieder die Lichtgeschwindigkeit, und π ist natürlich auch klar: Multiplizieren wir den Durchmesser eines Kreises mit π (3,14159...), dann ergibt sich der Umfang des

---

[3] „Aus einer Reihe verschiedener Beobachtungen wird der Wert der kosmologischen Konstante heute zu $\Omega_\Lambda \approx 0{,}7$ abgeschätzt, d.h. etwa 70% der Energiedichte im Universum liegt in Form der kosmologischen Konstanten oder *Dunkler Energie* vor." (http://de.wikipedia.org/wiki/Kosmologische_Konstante; Herv. E.S.)

[4] Vgl. http://de.wikipedia.org/wiki/Einsteinsche_Feldgleichungen

Kreises. Und das große G steht für die Gravitationskonstante.[5] Ganz rechts vom Gleichheitszeichen steht somit nur ein Faktor, der uns bislang unbekannt ist, das $T_{\mu\nu}$. Davon gleich mehr.

Die Mathematik, die hinter dieser Gleichung steckt, nämlich die Riemannsche (oder auch sphärische) Geometrie bzw. die (weiter gefasste) Differentialgeometrie, ist nicht ganz einfach – und ich selbst bin alles andere als gut bewandert darin. Worauf es mir aber ankommt, ist, dass wir verstehen, *was* in diesen Gleichungen miteinander in Beziehung gesetzt wird – und nicht so sehr *wie*, also in welcher konkreten mathematischen Form.

Wir müssen also nur noch wissen, was (um erst mal bei dem Term rechts vom Gleichheitszeichen zu bleiben) das $T_{\mu\nu}$ bedeutet. Nun, dieses Symbol steht für einen so genannten *Tensor*. Ein Tensor (und der Mathematiker würde noch genauer formulieren: ein Tensorfeld), ist in jedem Punkt der Raum-Zeit nichts anderes als ein verallgemeinerter Vektor in der dreidimensionalen Differentialgeometrie, also, salopp formuliert, ein irgendwie ‚krummer' Vektor – und ein Vektor, das werden Sie womöglich noch erinnern, ist eine schlaue mathematisch-geometrische Möglichkeit, nicht nur den numerischen Wert einer Größe anzeigen zu können, sondern auch gleich noch die Wirkungsrichtung etwa einer Kraft oder einer Geschwindigkeit. Dass Tensoren irgendwie und je verschieden ‚gekrümmt' sind (das Gerade wird in diesem Kontext als ein Spezialfall von Krümmung betrachtet) und zudem noch drei sphärisch, also kugelförmig strukturierte Dimensionen durchlaufen, macht ihre mathematische Handhabung etwas komplizierter – aber genau die braucht uns bei der Beantwortung der Frage nicht zu interessieren, für *welche konkreten physischen Phänomene* Tensoren in der obigen Einsteinschen Feldgleichung stehen (und für welches konkrete physische Phänomen die Gleichung insgesamt).

---

[5] Die Gravitationskonstante wird gelegentlich auch mit dem Buchstaben *f* abgekürzt (vgl. z.B. *Kuchling* 1999, S. 136) und hat den Wert: $6{,}673 \cdot 10^{-11}$ N $\cdot$ m^2/kg^2 (wobei 1N = 1kg·m/s^2).

Nun, bei $T_{\mu\nu}$ handelt es sich um einen so genannten Energie-Impuls-Tensor: „Im Energie-Impuls-Tensor wird berücksichtigt, dass Masse und Energie äquivalent sind; d.h. jede Form der Energie induziert schwere Masse. Der Energie-Impuls-Tensor beinhaltet neben der Massen-Energiedichte (Masse bzw. Energie pro Raumvolumen) weitere Energieformen (z.B. den Druck, den ein Strahlungsfeld ausüben kann). Eine Änderung des Energie-Impuls-Tensors, d.h. eine *Änderung der durch ihn beschriebenen Energieverteilungen*, hat somit eine *Änderung der Struktur der Raumzeit in der Umgebung dieser Energieverteilung zur Folge*. Die *Struktur der Krümmung der Raumzeit* (d.h. des Raumes als auch der Zeit) beeinflusst *wiederum* die dort befindliche Materie, d.h. Energie, Raum und Zeit stehen in direkter *Wechselwirkung*. Diese Beeinflussung der Materie, die von den Krümmungen von Raum und Zeit ausgehen, ist im Rahmen unserer Erfahrungswelt *nichts anderes als die Gravitation*."[6]

So. Wenn wir jetzt noch erklären, was sich hinter Λ, also Lambda, der kosmologischen Konstanten, verbirgt, haben wir alles, was wir brauchen – denn die Symbole links vom Gleichheitszeichen in der oben abgebildeten Feldgleichung stehen (bis auf Lambda selbst) für Funktionsbegriffe aus der Differentialgeometrie, die einen sphärischen, kugelförmigen Raum noch ohne jeden physischen Inhalt überhaupt erst definieren bzw. quasi ‚eröffnen' (so ist $R_{\mu\nu}$ der so genannte Ricci-Krümmungstensor, R der Ricci-Krümmungsskalar und $g_{\mu\nu}$ der metrische Tensor). Und genau diese mathematisch-differentialgeometrischen Zusammenhänge brauchen uns hier nicht zu interessieren. Um es gleichnishaft auszudrücken: Wir müssen keine genialen Motorenkonstrukteure sein, um prüfen zu können, ob ein Auto gut fährt, also seine Funktion erfüllt. Schauen wir also, ob Einsteins Feldgleichungen ‚funktionieren', d.h. die Struktur des Universums zufriedenstellend beschreibt.

Einstein hat die kosmologische Konstante so eingeführt und ihre Größe so gewählt, dass seine Feldgleichungen ein *statisches* Universum beschreiben – das war damals die gängige

---

[6] http://de.wikipedia.org/wiki/Einsteinsche_Feldgleichungen

Weltsicht. Als dann Edwin Hubble die Rotverschiebung des Lichtes ferner Galaxien nachwies und nicht nur als Fluchtbewegung dieser Galaxien interpretierte, sondern als Nachweis für die permanente Expansion des gesamten Weltalls (und wie wir wissen, folgte – fast – die gesamte Physikergemeinde dieser Interpretation), verwarf Einstein seine kosmologische Konstante angeblich als seine ‚größte Eselei'.

Wichtig ist, dass Einstein nicht definierte, *was* die kosmologische Konstante eigentlich repräsentierte, für welches *physische Sein* sie stehen sollte. Und noch heute wird sie als „rätselhafte Größe"[7] beschrieben oder es wird gesagt: „Die genaue Ursache der kosmologischen Konstanten ist… bislang nicht verstanden."[8] Wir hatten zwar weiter oben schon gesehen (vgl. S. 143, Fußnote 3), dass sie heute mit der so genannten Dunklen Energie identifiziert ist – aber was die genau ist, das wissen wir, wie ebenfalls schon angedeutet, auch nicht so recht.

So, liebe Leserinnen und Leser, um interpretieren zu können, was die kosmologische Konstante Λ physisch ‚ist' und um gleich darauf die gesamte Einsteinsche Feldgleichung (und in der Folge die Interpretation der Gravitation als *geometrisches* Phänomen) physisch (also – wir erinnern uns – nicht physikalisch und nicht mathematisch!) interpretieren zu können, betrachten wir noch kurz, wie Lambda konkret definiert wird. Danach ist, das verspreche ich, erst mal Schluss mit Mathematik!

Also:

„Die kosmologische Konstante… Λ… ist eine physikalische Konstante in Albert Einsteins Gleichungen der allgemeinen Relativitätstheorie, welche die Gravitationskraft durch geometrische Krümmung der Raumzeit beschreibt. Die Einheit von Λ ist $1/m^2$, ihr Wert *kann* a priori positiv, negativ oder Null (!! E.S.) sein.

Während die vorherrschende Meinung in der Physik lange Zeit war, dass der Wert der kosmologischen Konstante Null sei, kommen jüngste Beobachtungen zu einem sehr kleinen,

---

[7] http://de.wikipedia.org/wiki/Einsteinsche_Feldgleichungen
[8] http://de.wikipedia.org/wiki/Kosmologische_Konstante

positiven Wert. Die kosmologische Konstante wird heute nicht mehr als Parameter der allgemeinen Relativitätstheorie (wie von Einstein eingeführt) interpretiert, sondern als die zeitlich konstante Energiedichte ρ_{vac} des Vakuums[9]:

$$\Lambda = \frac{8\pi G}{c^4} \rho_{vac}$$

... In der modernen Kosmologie wird üblicherweise die Parametrisierung als dimensionsloser Dichteparameter verwendet:

$$\Omega_\Lambda = \frac{\Lambda c^2}{3H_0^2} = \frac{8\pi G}{3H_0^2} \frac{\rho_{vac}}{c^2}$$

Dabei ist H_0 die Hubble-Konstante.[10]

Die Annahme, dass die Vakuumenergiedichte auch bei *Expansion* des Universums konstant bleibt, führt zu der Zustandsgleichung

$$\rho_{vac} = -\rho$$

d.h. eine positive Vakuumenergiedichte führt zu *negativem Druck p*, der die beschleunigte Expansion des Universums *treibt*. Diesen Effekt hat jede Energieform mit

$$\rho < -\frac{1}{3}p$$

allerdings ist im allgemeinen Fall die Energiedichte nicht mehr zeitlich konstant. Die Verallgemeinerung der kosmologischen

---

[9] ρ ist das kleine griechische R und wird *roh* ausgesprochen.
[10] Die Hubble-Konstante beschreibt das näherungsweise lineare Verhältnis zwischen der Entfernung D von Galaxien und der Rotverschiebung z ihres Lichtes. Ist c wieder die Lichtgeschwindigkeit, folgt: $H_0 \approx c \cdot z/D$

Konstante auf zeitlich variable Energiedichten dieser Art wird als *Dunkle Energie* bezeichnet."[11]

Die kosmologische Konstante könnte man als eine Art Gegenspieler des Energie-Impuls-Tensors (der quasi für die sichtbare Energiematerie ‚zuständig' ist) beschreiben, da sie „im Vakuumfall mit dem Energie-Impuls-Tensor identifiziert" werden kann[12] und „je nach Vorzeichen die kosmische Expansion verstärken oder ihr entgegen wirken" kann.[13]

So. Jetzt haben wir alles zusammen, was wir für eine Interpretation der Einsteinschen Feldgleichungen (und im Folgenden der ART insgesamt) benötigen: Die Einsteinschen Feldgleichungen als *formale* mathematisch-differentialgeometrische Beschreibungen einer als *physisch real* unterstellten ‚Plastizität' der Raumzeit zeigen auf, wie Energiematerie in ihrer sichtbaren und hypothetisch (via Λ) konstatierten Form mit der Raumzeit wechselwirkt und interagiert.[14] Und man sieht sofort, dass das Maß der resultierenden ‚Raumzeitkrümmung' positiv, negativ oder auch null sein und dass das Universum als expandierendes, statisches oder irgendwann wieder kollabierendes beschrieben werden kann, je nachdem, welche konkreten Werte wir für die sichtbare Energiematerie (sowie die dunkle Materie) und für die kosmologische Konstante, also die dunkle Energie, einsetzen. Die Raumzeit *kann* also nach Einsteins Feldgleichungen auch *flach*, also *nicht* gekrümmt sein. Da man aber unendlich viele unterschiedliche Werte in die Gleichungen einsetzen kann, es also – mathematisch betrachtet – auch unendlich viele Lösungen dieser Gleichungen gibt, ist dieser spezielle Fall, man könnte fast sagen: ein äußerst spezieller Spezialfall.

---

[11] http://de.wikipedia.org/wiki/Kosmologische_Konstante; Herv. E.S.

[12] http://de.wikipedia.org/wiki/Einsteinsche_Feldgleichungen

[13] http://de.wikipedia.org/wiki/Allgemeine_Relativitätstheorie

[14] Genau diese Wechselwirkung von ‚Form' und ‚Inhalt' macht die mathematische Beschreibung des gesamten Vorgangs etwas kompliziert.

Das Interessante ist natürlich, dass dieser *mathematisch* spezielle Spezialfall nun ausgerechnet – der *Realfall* ist! Das Universum ist, wie eingangs zitiert, flach – platt wie eine Flunder.[15] Und der Raum wird von der sichtbaren Materie anscheinend so wenig ‚gekrümmt' oder ist irgendwie ‚selbst' schon so krumm, dass das, ich sage mal: beobachtete Gravitationsdefizit nur durch die Hypothese der dunklen Energiematerie wett gemacht werden kann, und zwar – das nur zur Erinnerung – in Form gleich einer *Verzwanzigfachung* des Energiemateriegehaltes des Universums!

Alle die ART ‚bestätigenden' astrophysischen Effekte (massebedingte Lichtablenkung; Schwarze Löcher als sozusagen maximal, nämlich zur geschlossenen Kugel gekrümmte Räume; Gravitationsrotverschiebung; Gravitationslinsen etc.) können vor diesem Hintergrund, so zumindest meine These, erst mal nur als Beweise für das Verhalten von Energie und Materie, Materie und Energie *zueinander* interpretiert werden: Lichtstrahlen, die *nicht* durch genügend große Massen abgelenkt werden, verlaufen *nicht* ‚krumm', durchlaufen vielmehr einen *linearen* Raum. Räume krümmen sich *nicht* zu einem kugelförmig geschlossenen Ereignishorizont, dem Schwarzen Loch, wenn davor *kein* genügend großer Stern (oder welche große Massenansammlung auch immer) kollabiert. Spektren

---

[15] Übrigens und am Rande: Gesetzt den Fall, dass die Geometrie des Universums sich als sphärisch, also irgendwie kugelrund erwiesen hätte – auch dieses Resultat hätte den Raum *selbst* nicht als etwas in irgendeiner Weise nur ‚Relatives' erwiesen: Dass etwas ‚krumm' ist, wie der (materienahe) Raum in der ART, heißt nicht, dass es *nicht* ist oder nur ‚relativ' ist, also ‚nicht so ganz richtig' ist: Eine Kugel (Riemannsche Geometrie) ist nicht im Geringsten etwas weniger Wirkliches als ein Würfel (als – durchaus falsches – Sinnbild eines ‚geraden', linearen, Euklidischen bzw. Newtonschen Weltraumes). Wir erinnern uns unserer einleitenden Worte: Das Universum ist *sinnlich* gesehen eine ziemlich runde Sache.

verschieben sich zum Roten *nicht*, wenn keine genügend großen Massen da sind, die das verursachen.[16]

Es wird uns immer wieder gesagt (und graphisch dargestellt), dass das Universum, der Raum *nicht* ‚gekrümmt' ist *in Abwesenheit* genügend großer Massen.[17] Gleichwohl *ist* er, der Raum: „Insbesondere verläuft die Zeit in der Nähe eines Planeten beispielsweise, also dort, wo der Raum stark gekrümmt ist, langsamer als fernab von ihm, wo der Raum nahezu *flach* ist (Er ist es nicht nur „nahezu"! E.S.)... In einem fallenden Aufzug herrscht keine Gravitation[18], also muss die Raum-Zeit hier *flach* sein." (*Bührke* 1999, S. 85 u. 86; Herv. E.S.) Oder bezüglich der Gravitationswellen: „Wo eine solche Welle auftaucht, wird der Raum für den Bruchteil einer Sekunde gestaucht und gedehnt und nimmt dann wieder seine ursprüngliche Form an." (ebd., S. 115)[19] Wir erfahren also, dass die „ursprüngliche Form" der Raumzeit eine „flache", also eine *nicht* gekrümmte ist.

Und im ganz Kleinen soll das sogar *immer* der Fall sein: „(D)ie modernen Materietheorien, von der Quantenmechanik bis zur Quantenfeldtheorie, operieren in einem (flachen) Hintergrundraum, den die Teilchen und Quantenfelder nicht beein-

---

[16] ...oder wenn, so meine weiter oben schon angeführte These, Licht über sehr lange Strecken *nicht* durch das Gestrüpp von elektromagnetischen Wellen (kosmische Hintergrundstrahlung etc.) und Gravitonen, das es durchlaufen muss, abgebremst wird.

[17] Zur graphischen Darstellungen der in Anwesenheit genügend großer Massen *nicht* gekrümmten Raumzeit vgl. z.B. *Bührke* 1999, S. 88, *Charon* 1988, S. 79, oder *Barrow* 1996, S. 471.

[18] Das ist natürlich völliger Unsinn, weil es nur für einen *uninformierten* Beobachter *in* einem fallenden Aufzug gilt, in den dieser uninformierte Beobachter quasi hineingeboren worden ist. Der Blick durch einen *durchsichtigen* Aufzug und vor allem der Aufprall auf der Erde würde unseren Beobachter natürlich sofort ‚informieren'. Davon später noch mehr.

[19] Zu Gravitationswellen vgl. auch *Goenner* 1996, S. 4, 325, 330-333, 341, 349, 351 u. 412, *Kanitscheider* 1996, S. 49 ff., *Bührke* 1999, S. 113-117, *Weinberg* 2000, S. 155 f., oder *Hawking* 1994, S. 94 f., 96 u. 118.

flussen. Raum und Zeit besitzen offensichtlich eine Substantialität..." (*Kanitscheider* 1996, S. 37) Ausgerechnet in dem Bereich, in dem die Materie so dicht gepackt ist wie kaum woanders im Weltall, beeinflusst die Materie den Raum *nicht* – und Quantenmechanik und Quantenfeldtheorie sind empirisch brillant bestätigte Theorien!

Aber selbst angenommen, Materie habe den dramatischen Einfluss auf die Raumzeit wie von der ART behauptet, ist zu beachten, dass das Universum in dramatischer Weise ‚leer' ist, dass man, rein statistisch, extrem lange suchen muss, um überhaupt im (dazu noch, wie uns gesagt wird, expandierenden!) Universum Materie zu finden: „Die Astrophysiker schätzen die gesamte Masse unseres Universums auf etwa 10^{53} Gramm – was eine mittlere Materiedichte von ungefähr 10^{-30} Gramm pro Kubikzentimeter ergibt: *eine ungeheure Leere*" (*Basieux* 1999, S. 92; Herv. E.S.).[20] Das ist größenordnungsmäßig und allegorisch gesprochen fast schon an der Nachweisgrenze des Planckschen Wirkungsquantums! So etwas erfreut maximal Homöopathen!

Anhänger der These, dass dieser Materiefirlefanz im Weltall selbiges *als Ganzes* mächtigst verbiegt, sollte das hingegen zu denken geben. *Goenner* schreibt in seinem Lehrbuch: „Bis zu Dichten $\leq 10^{15}$ g/cm^3 spielt die Allgemeine Relativitätstheorie (bezüglich der Vita Schwarzer Löcher; E.S.) keine Rolle." (*Goenner* 1996, S. 371) Selbst die „Materiedichte der Galaxien von ~ $5 \cdot 10^{-27}$ g/cm^3" (ebd., S. 372), also die Dichte *‚kompakt' gruppierter Materie,* erscheint dagegen als nachgerade luftig!

Völlig unbegreiflich ist, wie wenig mehr als drei (in Worten: *drei*) Wasserstoffatome Einfluss auf die Raumgeometrie eines Kubik*meters* (in Worten: *-meters*), in dem sie sich befinden, haben sollen: „Die mittlere Dichte des Universums bestimmt dessen großräumige Krümmung. Hat die mittlere Dichte genau den kritischen Grenzwert (100 Prozent, das entspricht zirka

---

[20] Oder etwa *Bührke* 1999, S. 47: „Das Weltall ist so gut wie leer." Vgl. analog *Trefil* 1997, S. 10, 54, 84 f., 90 f., 93 f., 96 f., 99 f., 123 ff., 202 u. 223 f., *Weinberg* 2000, S. 88, *Charon* 1988, S. 209, oder *Scannapieco/Petitjean/Broadhurst* 2002.

drei [!! E.S.] Wasserstoff-Atomen pro Kubikmeter), dann ist der Weltraum flach wie eine Ebene.[21] Ist die Dichte höher oder niedriger, dann ist er gekrümmt wie eine Kugel oder ein Sattel..." (*Livio*[22] 2002, S. 49)

Oder theoretisch betrachtet: „(I)m Jahre 1917 fand der holländische Astronom *Willem de Sitter* eine Lösung der (Einsteinschen; E.S.) Feldgleichungen, bei der... der Tensor für die Materie identisch Null gesetzt ist, was einer *völlig leeren Welt* entspricht. Zur Überraschung und auch *zum Ärger Einsteins* ergab sich diese Welt nicht als metrisch völlig amorph, sondern im Gegenteil... Diese innere Zerstreuungstendenz der de-Sitter-Welt war der erste Hinweis darauf, dass die *Raumzeit eine ontologische Autonomie* besitzt, die nicht auf ihren materiellen Inhalt reduziert werden kann... Mit den *Vakuumlösungen* der Feldgleichungen, die eine *materiefreie Raumzeit* mit innerer geometrischer Aktivität beschreiben, emanzipierte sich das metrische Feld vom Status eines Epiphänomens der Wirkung der Materie und wurde zu einer Substanz sui generis." (*Kanitscheider* 1996, S. 48; Herv. E.S.)

Das ‚*Vakuum*' ist in der modernen Physik weit davon entfernt, ‚*leerer Raum*' oder gar das *Nichts* zu sein: „Wenn man bestimmte Theoretiker der Physik ernst nimmt, ergibt sich, dass der *leere Raum* zur *fundamentalen Entität* geworden ist und die ponderable Materie nur eine leichte Schwankungsaktivität desselben darstellt. Das Vakuum mit seinen enormen Dichten von virtuellen Photonen, virtuellen Teilchenpaaren und virtuellen Wurmlöchern stellt in der Perspektive der Quantenfeldtheorie das Basissubstrat der Materie dar, wobei die sichtbare Stofflichkeit der Welt nur einen geringfügigen Oberflächeneffekt des Vakuums repräsentiert... Der leere Raum ist aus der Sicht der Quantenfeldtheorie nicht das völlig inaktive Nichts, sondern besitzt selbst am absoluten Nullpunkt der Tem-

---

[21] An anderer Stelle lese ich, dass der kritischen Dichte sogar nur „*ein* Proton pro Kubikmeter Raumvolumen" entspricht (*Trefil* 1997, S. 141, Herv. E.S.).

[22] Das obige Zitat entstammt einer Fußnote, die wohl der Interviewer Livios, *Rüdiger Vaas*, angemerkt hat.

peratur (nachweisbare!) Schwankungsvorgänge, die eine bestimmte Energiedichte repräsentieren. Die Energiedichte des Vakuums liefert denselben Effekt wie die kosmologische Konstante in Einsteins Gravitationstheorie..." (ebd., S. 8 f. u. 78)[23]
Die Betonung der *Eigenständigkeit* des Raumes steht also dem Versuch Einsteins diametral entgegen, die Raumzeit *samt* ihres ‚Inhalts', also *samt* Materieenergie bzw. Energiematerie einer „totale(n) Geometrisierung" (*Charon* 1988, S. 54 u. 49) zu unterziehen, Energiemateriepartikel bzw. -wellen also quasi als kleinste Formen gekrümmter Raumzeit zu interpretieren.[24]
Zu dem Umstand, dass das Universum ungeheuer leer ist, also fast frei von ‚raumkrümmender' Materie, und jenem, dass der Raum wohl doch eine eigenständige Daseinsweise besitzt und *nicht nur* in Existenz tritt durch das In-Existenz-Treten der Energiematerie (als Feld[25]), kommt hinzu, dass ‚kompakte' Materie, also ‚kompakte' Körper (und nicht nur luftige Galaxien), wenn man sie denn gefunden hat, eine äußerst durchlässige, man könnte fast sagen: ihrerseits extrem *luftige* Sache sind: Die ‚kompakte' Materie des Kernes eines Wasserstoffatoms, der 99,5 Prozent der Gesamtmasse des Atoms enthält, ist im Vergleich zum *gesamten* Wasserstoffatom (also samt Elektronenwolke) so groß wie ein Reiskorn im Vergleich zu einem Fußballplatz![26]

---

[23] Vgl. zur *kosmologischen Konstanten* im Original *Einstein* 1990, S. 105 f., 110, 115 u. 125 f.; zur so genannten quantentheoretischen „Vakuumpolarisation" vgl. auch *Fritzsch* 1999, S. 173 ff., 178 ff. u. 215 ff., oder *Briggs/Peat* 1999, S. 194 f.; zum *Vakuum*, verstanden als so genannte *Dunkle Energie* bzw. *Materie*, vgl. *Trefil* 1997 oder *Vaas* 2001b u. 2002a.
[24] Vgl. hierzu *Charon* 1988, S. 51 f., *Kanitscheider* 1996, S. 57, oder *Goenner* 1996, S. 2 f. u. 218.
[25] Zum *Feldbegriff* vgl. *Einstein* 1997, S. 98 ff., und *Einstein/Infeld* 1998, S. 131-156 u. 232-236.
[26] Die Masse eines Elektrons beträgt 0,511 MeV (Megaelektronenvolt), die eines Protons 938, 259 MeV (*Leggett* 1989, S. 54, *Lederman/Schramm* 1990, S. 66, *Fritzsch* 1999, S. 32 f., Trefil 1997, S. 168). Für den physikalisch nicht Bewanderten: Im subatomaren Bereich wird *Masse*, also *Materie*, gleich als das ge-

Und dann erst die gähnende Leere *zwischen* den Atomen: Eine *Stahlplatte* von der Dicke des Abstandes der Erde zur Sonne (≈ 150 Millionen Kilometer!) würden 50 von 100 Neutrinos passieren – ohne gegen eines der Atome der Stahlplatte zu stoßen (*Lederman/Schramm* 1990, S. 105)! *Weinberg* meint sogar, dass man, um ein *einzelnes* Neutrino sicher einfangen oder ablenken (beugen) zu können, sogar „eine mehrere Lichtjahre dicke Bleiwand" benötigt (2000, S. 110)! Und *Trefil* schreibt: „Ein Neutrino, das in einer Bleistange von der Erde zum Alpha Centauri reiste, könnte dort ohne weiteres vier Jahre später auftauchen, ohne auch nur ein einziges angeregtes Atom zurückgelassen zu haben, das seine Route markieren könnte." (*Trefil* 1997, S. 161) Sehr kompakt diese Materie![27]

Und um beide Größen, die dramatische Leere des Universums und die Luftigkeit der vermeintlich kompakten Materie anschaulich zu verbinden, sei darauf hingewiesen, „dass in einem Kubikmeter Luft (Luft! E.S.) unserer Atmosphäre mehr Elektronen enthalten sind als es Sterne im gesamten Universum gibt!" (*Charon* 1988, S. 136) Das hat dann etwa zur Folge, dass, stellt man sich *Cäsars letzten Seufzer*, bevor er starb, als inzwischen gleichmäßig über die gesamte Atmosphäre der Erde verteilt vor, jeder von uns mit jedem Atemzug noch immer einige Dutzend Elektronen aus diesem letzten Seufzer Cäsars einatmet! (ebd., S. 136 f.)[28]

Was ich mit diesen – zugestandenermaßen plakativen – Beispielen sagen will: Wie erbärmlich klein ist der durch genügend große Materieansammlungen ‚wirklich' gekrümmte Raum im Universum im Vergleich zum *nicht* gekrümmten ‚Rest'! Wenn wir uns π-mal-Daumen an die eben genannten

---

messen, was sie ist: Energie. Zum Größenvergleich: „Erst $6 \cdot 10^{18}$ eV ... summieren sich zu einem Joule." (*Lederman/Schramm* 1990, S. 66)

[27] Zu den *Neutrinos* vgl. auch *Grotelüschen* 1999, S. 58 ff., *Hornung* 1999, S. 104 f. u. 127, oder *Krome* 2002, S. 12 f.

[28] Vgl. hierzu auch *Röthlein* 1998, S. 16. Ich will hier nicht die fürchterliche Implikation diskutieren, dass man für *Cäsar* auch *Hitler* setzen kann...

Zahlen halten wollen: Das Verhältnis des materienahen, also ‚gekrümmten' Raumes zum nicht gekrümmten beträgt etwa 10^{-30} zu 1! Und wir erinnern uns, dass die Wirkung der Gravitation umgekehrt proportional zum *Quadrat* der Entfernung der Massen *abnimmt*[29] – also *überproportional schnell* zugunsten des *nicht* ‚gekrümmten' Raumes.[30]

Dieses absurd disproportionale Verhältnis kommt fast schon heran an das noch absurdere Verhältnis zwischen gravitativer Kraft und den *direkt* in der und an der Materie wirkenden Kräften: Das Verhältnis Gravitationskraft zu der Kraft elektrischer Abstoßung zweier Elektronen beträgt z.B. völlig irrwitzige $1 : 4{,}17 \cdot 10^{42}$! (Vgl. *Feynman* 1997, S. 44 f.) Im atomaren bzw. subatomaren Bereich, also im Kern der Materie selbst, ist die Gravitation also fast völlig zu vernachlässigen! Die „Gravitationskräfte (sind) im Vergleich zu den elektrischen und magnetischen Kräften so schwach, dass die Quantenwelt für alle praktischen Zwecke von der Welt der Allgemeinen Relativitätstheorie entkoppelt ist." (*Barrow* 1996, S. 489) Und hier ist die Rede von der *Praxis* in der *Physik* – und nicht etwa unserer alltäglichen Praxis in der Lebenswelt![31]

---

[29] $F = f \cdot (m_1 \cdot m_2)/r^2$; wobei F = Gravitationskraft; f = Gravitationskonstante = $6{,}673 \cdot 10^{-11}$ N · m²/kg²; m_1 = Masse Körper 1; m_2 = Masse Körper 2; r = Abstand der Schwerpunkte beider Körper zueinander.

[30] Ein Gedanke bzw. eine Frage am Rande: *Wenn* die Gravitation durch Gravitonen übertragen sein sollte, würde dann aus der Tatsache, dass sie proportional zum *Quadrat* der Entfernung der beteiligten Massen abnimmt, nicht folgen, dass diese Abnahme ein letztes, kleines ‚Gravitationswirkungsquantum' nicht unterschreiten kann, dass es also eine absolute *räumliche* Grenze der Wirkung der Gravitation gibt?

[31] Es gibt auch interessante Zusammenhänge zwischen starker und gravitativer Kraft: „Es ist lange bekannt, dass die dimensionslose Zahl, die die Stärke der Schwerkraft zwischen zwei Protonen kennzeichnet, etwa gleich 10^{-39} ist. Das ist an sich schon merkwürdig, aber man bemerkt den ‚Zufall', dass dies etwa gleich dem Inversen der Quadratwurzel aus der Anzahl der Protonen im heute sichtbaren Weltall ist (etwa 10^{78}); diese inverse Qua-

Und um noch ‚einen draufzusetzen': Wenn die (relativ zu den Kernkräften) extrem schwache Gravitation es dennoch schafft, den Raum zu krümmen – in welchen Ausmaßen müsste der Raum dann ‚gekrümmt' sein im atomaren und subatomaren Bereich, in dem Kräfte herrschen, die, wie eben zitiert, *gigantische* Dimensionen (10^{39})[32] stärker sind als die Gravitation? Er müsste derartig stranguliert werden, dass er eigentlich überhaupt *nicht* mehr existieren würde. Jedes Elementarteilchen sein eigenes hyperhyperhyperhyperschwarzes Loch...[33]

Ich würde sagen, dass der *Geltungsbereich* der ART im Universum also ein verschwindend kleiner ist[34] – *wenn* man, wie gesagt, *unterstellt*, dass *überhaupt* der *Raum selbst* gekrümmt

---

dratwurzel beschreibt die statistische Schwankung in einer zufälligen Ansammlung von Dingen. Daraus folgt, dass die Gravitationskonstante irgendwie eine statistische Manifestation der Gesamtzahl der Atome im sichtbaren Weltall darstellt. Das ist natürlich rein spekulativ." (*Barrow* 1996, S. 494 f. u. 538 f.)

[32] Zu den vier bekannten Kräften (Gravitation, Elektromagnetismus, schwache und starke Kernkraft – auch, statt Kräfte, *Wechselwirkungen* genannt) und ihren Stärkeverhältnissen vgl. z.B. auch *Barrow* 1996, S. 281, *Weinberg* 2000, S. 143 ff. u. 150 f., *Hawking* 1994, S. 95 ff., oder *Lederman/Schramm* 1990, S. 25 u. 122. Speziell zur starken und schwachen Kernkraft vgl. *Fritzsch* 1999, S. 57 ff. u. 253 ff., zur elektromagnetischen ebd., S. 47 ff. Zu Vereinheitlichungsversuchen vgl. z.B. *Kanitscheider* 1996, S. 72 f., 79 ff., 97 u. 118 ff., und vor allem *Hawking* 1994.

[33] Diesen Gedanken habe ich auch bei *Galeczki/Marquardt* gelesen (1997, S. 129, 213 u. 237 f.).

[34] Daran mag liegen, „dass sie (die ART; E.S.) für die Kosmologie nicht so bedeutsam ist, wie man zuerst annahm." (*Weinberg* 2000, S. 46) Weinbergs Buchklassiker *Die ersten drei Minuten. Der Ursprung des Universums* ist in der Tat eine fast ausschließliche Darstellung dessen, wie die *Materieenergie* sich in der Raumzeit entwickelte – kaum diese Raumzeit (die ‚Bühne') selbst. Interessant: Zur Erklärung des Größten befasst sich Weinberg fast ausschließlich mit dem Kleinsten... Moderne Kosmologie ist also hochgradig *Teilchenphysik* (vgl. vor allem auch *Lederman/Schramm* 1990).

wird durch genügend große Materieansammlungen und -dichten und nicht einfach *Energie* auf *Materie*, *Materie* auf *Energie* reagiert, also etwa *Licht* auf große Massen, etwa die Sonne. Der Satz, dass „in verhältnismäßig schwachen Schwerefeldern... Newtons Theorie eine sehr gute Näherung der Einsteinschen" ist (*Barrow* 1996, S. 185), also, wie man immer wieder liest, erstere nur ein *Spezialfall*[35] von letzterer sei, *kehrt sich schlichtweg um!* In den gigantischen Dimensionen des Universums, die schlichtweg *leer* sind, ist, wie ich sagen möchte, der „'geradlinige'" Newton[36] die Regel und der ‚krumme' Einstein die absolute Ausnahme – *wenn überhaupt* irgend etwas an der Raumzeit ‚krumm' sein sollte.

Die theoretische Vorentscheidung der ART für die Riemannsche sphärische Geometrie lässt das Gerade so sehr zum Spezialfall werden wie die Newtonsche Physik zum Spezialfall der Einsteinschen ART. Verharren wir kurz bei der Frage, was ist ‚krumm' – oder noch besser: gemessen an *was* ist etwas ‚krumm'?

Goenner schreibt in seinem Lehrbuch: „Unter Krümmung stellen wir uns eine Abweichung (!! E.S.) von der Geradlinigkeit vor (womit letztere als *denknotwendige* Voraussetzung einer Definition von ‚Krümmung' eingeführt ist; E.S.). Die Kugeloberfläche nennen wir gekrümmt, da sie – eingebettet (!! E.S.) in den euklidischen Anschauungsraum (!! E.S.) – kein ganz in ihr verlaufendes Geradenstück enthalten kann. Im folgenden führen wir die Krümmung ohne (!! E.S.) Zuhilfenahme eines Einbettungsraumes... über den Begriff der Parallelverschiebung ein... Das Vorhandensein von Krümmung bedeutet demnach, dass die Parallelverschiebung längs verschiedener Wege zu verschiedenen Vektoren führt... Die Krümmung ist eine ‚innere' Eigenschaft der betrachteten Flächen, d.h., wenn

---

[35] Im Original lautet das dann wie folgt: „Die alte Theorie ist ein spezieller Grenzfall der neuen. Wenn die Gravitationskräfte verhältnismäßig schwach sind, so erweist sich das Newtonsche Gesetz als brauchbare Annäherung an die neuen Gravitationsgesetze." (*Einstein/Infeld* 1998, S. 229).

[36] *Barrow* (1996, S. 183) zitiert hier *George Bernard Shaw*.

man die Metrik kennt, ist auch die Krümmung bekannt. Die Einbettung in einen höherdimensionalen Raum ist nicht nötig zum Verständnis der Krümmung." (*Goenner* 1996, S. 234, 236 u. S. 259 f.)

Ich bestreite, dass Goenner dies geleistet hat – oder das jemals irgend ein Mensch so etwas leisten kann. *Niemand* kann jemals ‚krumm' ohne den *denknotwendigen* Gegenbegriff ‚gerade' definieren. Schon in den ersten Sätzen seines Versuches, „Krümmung ohne Zuhilfenahme eines (‚geraden', euklidischen; E.S.) Einbettungsraumes" mathematisch herzuleiten, benutzt *Goenner* Größen und Begriffe, die regelrecht ‚durchseucht' sind von dem, was eigentlich erst hergeleitet werden soll – die Krümmung: „Wir betrachten den Paralleltransport eines Tangentenvektors vom Ereignis *p*... Sei *A* der Tangentenvektor..." (ebd., S. 234)

Wetten, dass eine Tangente (eine Gerade!) nur an eine gekrümmte Linie (Kurve, Kreis, Ellipse etc.) *sinnvoll* angelegt werden kann und nicht an eine Gerade, die quasi schon ihre eigene Tangente ist? Wetten, dass im Begriff der Tangente also schon das ‚Krumme' drin steckt, das man ja gerade erst ‚geradenfrei' und ‚euklidrein' herzuleiten behauptet?[37] An anderer Stelle äußert Goenner sinngemäß genau diesen Gedanken, nämlich, „dass ein homogenes Gravitationsfeld in der Umgebung eines Ereignisses durch Einführung eines frei fallenden Bezugssystems zum Verschwinden gebracht werden kann. (Im frei fallenden Bezugssystem bewegt sich eine Punktmasse dann geradlinig-gleichförmig.) Wir schließen weiter daraus, dass ein homogenes Gravitationsfeld *nicht* durch einen Tangentenvektor beschrieben werden kann." (ebd., S. 177) Genau!

Resümierend schreibt *Goenner*: „Was ist der Gültigkeitsbereich der Einsteinschen Feldgleichungen...? Darüber wissen wir heute noch nicht genügend; die Feldgleichungen werden auf die größten beobachtbaren Lineardimensionen von 10^9-10^{10} Lichtjahren ebenso angewandt wie auf Mikrodimensionen der Größenordnung der Planck-Länge, von 10^{-33} cm. Es ist klar,

---

[37] Mein guter Freund Peter Feuerstein hat mir empfohlen, diese Wette unter *Mathematikern* lieber nicht abzuschließen...

dass physikalische Aussagen, die sich auf die beiden Enden dieses ungeheuer großen Bereiches beziehen, heute noch sehr spekulativ sind (So ist es! E.S.)." (1996, S. 271)

Und nur noch wundersam ist dann, dass man bei *Goenner*, dessen Lehrbuch, wenn ich es recht verstanden habe, Einsteins Theorie als *gültige* Theorie darstellen will, unter der Überschrift „Allgemeine Relativitätstheorie – Einsteinsche Gravitationstheorie" (es folgen nur eineinhalb resümierende Seiten!) urplötzlich folgendes liest: „Der Name ‚Allgemeine Relativitätstheorie' leitet sich aus dem Programm Einsteins ab, die ausgezeichnete Rolle der Inertialsysteme der Newtonschen Theorie bzw. der speziellen Relativitätstheorie zu beseitigen, d.h. die Klasse der Bezugssysteme, in denen die Physik gleichwertig beschrieben werden kann, zu *erweitern*... Diese Transformationen (Koordinatentransformationen; E.S.) werden einfach mit Bezugssystemtransformationen identifiziert, ohne dass man die Frage stellt, ob Materieverteilungen (Körper) existieren, deren Relativbewegung durch solche Koordinatentransformationen beschrieben werden können.

Mehr noch: die Forderung, dass eine physikalische Gleichung als *Tensorgleichung* geschrieben werden kann, erscheint als eine *triviale* Forderung *ohne zusätzlichen physikalischen Gehalt*. Dass gerade sie auf eine relativistische Gravitationstheorie geführt hat, mag heute als ein *Zufall* (!! E.S.) der Wissenschaftsgeschichte erscheinen... Das vornehm kovariant aufgeputzte (!! E.S.) System enthält physikalisch nicht viel mehr als die Newtonsche Gravitationstheorie." (*Goenner* 1996, S. 274 u. 275; Herv. E.S.)

Darf ich das alltagssprachlich so interpretieren, dass sich die *Physis* (leider aber nicht die *Physik*...) einen feuchten Staub darum schert, dass sie *umbenannt* wird (Nominalismus) – denn was sind, wie schon gesagt, Koordinatensystemtransformationen anderes als Umbenennungen, als der Austausch von Namensschildchen?

Halten wir also als Zwischenergebnis fest: Die Einsteinschen Feldgleichungen der ART haben mathematisch-formal unendlich viele Lösungen und ermöglichen so, je nachdem, welche konkreten Werte für den Energie- und Materiegehalt des Universums in sie eingesetzt werden, grundsätzlich *jedes* faktische Ergebnis – also auch eine *flache* Raumzeit und ein *nicht* expandierendes Universum. Gleichwohl steckt in ihnen ein modelltheoretisches *Vorurteil*[38] in des Wortes direkter, nicht wertender Bedeutung: die sphärische Differentialgeometrie. Die per se als (in welche Richtung auch immer!) gekrümmt vorausgesetzte Raumzeit (vom modelltheoretisch erlaubten Spezialfall der Flachheit also mal abgesehen) kann jedoch, wie wir gesehen haben, quasi wieder ‚zurechtgebogen' werden durch eine entsprechende Wahl der empirischen Parameter – etwa durch Einführung der dunklen Energie und dunklen Materie. Die Frage ist dann aber, welchen heuristischen Wert das modelltheoretische Vorurteil einer per se gekrümmten Raumzeit haben sollte – und ob sein heuristischer Wert womöglich sogar negativ ist.

---

[38] *Barrow* sprich (in einem anderen Zusammenhang) sehr treffend von Theorien als „in unsere Messapparate eingebaute Vorurteile" (*Barrow* 1996, S. 535)?

XII. $E = mc^2$ – auf ein Neues

Kommen wir noch einmal auf Einstein berühmte Formel $E = m \cdot c^2$ zurück und versuchen wir sie vor dem Hintergrund der bisherigen Ausführungen neu zu interpretieren – auch auf die Gefahr hin, dass es zu einigen Wiederholungen kommt. Aber die Sache ist einfach zu wichtig.

Wir haben bislang gesehen, dass ‚relativistische Masse' ‚Zeitdilatation' und ‚Längenkontraktion' reine Gedankenkonstrukte bzw. Beobachtungseffekte sind, die aus dem Zusammenspiel zwischen der begrenzten Ausbreitungsgeschwindigkeit des Lichtes und der Perspektive des relativ zum Beobachtungsobjekt sich bewegenden Beobachters resultieren – also quasi der ‚Geometrie' der ganzen Sache geschuldet sind. Wir haben unseren Transformationsfaktor $\sqrt{1-v^2/c^2}$ ja auch brav nach dem Satz des Pythagoras aus dem hypothetischen Dreieck abgeleitet, das sich aus eben dieser ‚Geometrie' der Beobachtungssituation ergab.[1]

Gerade eben haben wir in einer ersten Annäherung an die ART, also an einen Versuch, auch das Naturphänomen *Gravitation*, also eine *wirkende physische Kraft,* „ausschließlich über die *Geometrie*"[2] zu beschreiben, gesehen, dass dieser Versuch, zurückhaltend formuliert, skeptische Fragen aufwirft – und wir werden später sehen, dass es derer noch viel mehr gibt.

Und in dem Exkurs über das ‚Wesen' des Raumes, der Zeit, der Energie und der Materie habe ich versucht aufzuzeigen, dass diese vier Phänomene vielleicht doch etwas mehr ‚Substanz' haben als die SRT uns glauben lässt.

Nun, liebe Leserinnen und Leser, ist Ihnen eigentlich schon aufgefallen, dass in Einsteins berühmter Formel $E = m \cdot c^2$ unser

---

[1] Selbstverständlich gebührt (neben *Joseph Larmor* und *Henri Poincaré*) *Hendrik Antoon Lorentz* die Ehre, diesen Transformationsfaktor abgeleitet zu haben – deswegen heißt die mathematische Operation eben auch *Lorentz-Transformation*. Ich spreche oben und im Folgenden aber allein der Kürze halber immer nur von *Transformationsfaktor*.

[2] http://de.wikipedia.org/wiki/Allgemeine_Relativitätstheorie

nicht ganz so berühmter, aber dafür in der SRT omnipräsenter Transformationsfaktor $\sqrt{1-v^2/c^2}$ überhaupt nicht vorkommt? Der, man könnte sagen: ‚relativistische Existenzmakel', der aufgrund dieses Transformationsfaktors in der SRT auf Raum, Zeit und Materie fällt, lässt $E = m \cdot c^2$ eigentümlich unberührt – also das Faktum (so zumindest meine schon begründete Interpretation), dass die Energie, die in der Masse ‚steckt', identisch ist mit der gesamten kinetischen Energie aller rotierenden, vibrierenden und schwingenden Materieenergiewellen, Atome, Atomgitter und Moleküle, aus denen die Materie besteht.

$E = m \cdot c^2$ beschreibt anscheinend etwas sehr Reales und überhaupt nicht Relativistisches, nur von Beobachterperspektiven Abhängiges. Und in der Tat: Atombomben[3] gibt es ganz real und ganz wirklich und sie explodierten in Hiroshima und Nagasaki ganz real und ganz wirklich, weil Masse und Energie, Energie und Masse in der Tat, also *wirklich*, also in Hiroshima und Nagasaki mörderisch *gewirkt* habende zwei Seiten *einer* Medaille sind.

Und das, so wird man mich fragen, obwohl Einstein auf diese Formel durch bloßes Um- und Herumrechnen mit dem Transformationsfaktor $\sqrt{1-v^2/c^2}$ gekommen ist, der ja, so Scheunemann, gar *nichts ‚Wirkliches'* darstellt, sondern eben nur einen *Umrechnungsfaktor*, der Beobachtungsverzerrungen *korrigiert* auf etwas *Wirkliches* hin? „Nach einigen Umrechnungen fand er (Einstein; E.S.) heraus, dass die (träge; E.S.) Masse eines

---

[3] Zur Wirkungsweise von Atombomben und zum Energiegehalt der Materie vgl. sehr anschaulich *Bührke* 1999, S. 118 ff., *Weinberg* 2000, S. 78 f., *Fritzsch* 1999, S. 42, *Röthlein* 1998, S. 82-87 (fast eine Anleitung zum Bombenbau...), *Hey/Walters* 1998, S. 97 ff., oder *Lederman/Schramm* 1990, S. 70 ff. Zu $E = mc^2$ vgl. insgesamt sehr gut und sehr kritisch *Galeczki/Marquardt* 1997, S. 133 ff. u. 145 ff. Zur Demonstration: Gelänge es, „ein Gramm Materie vollständig in Energie zu verwandeln, erhielten wir eine Leistung von 25 Millionen Kilowattstunden. Damit würde eine Hundert-Watt-Glühbirne 28 500 Jahre brennen." (*Hornung* 1999, S. 97)

Teilchens mit der Geschwindigkeit v um den Faktor $1/\sqrt{1-v^2/c^2}$ anwächst." (*Bührke* 1999, S. 59)

Wir haben weiter oben gesehen, dass die moderne Theoretische Physik in diesem Falle nicht mehr von *‚relativistischer Masse'* bzw. *‚relativistischem Massezuwachs'* spricht, weil faktisch eben nicht die (träge) *Masse* eines Körpers wächst durch Erhöhung seiner Geschwindigkeit, sondern ausschließlich seine kinetische Energie – Energie, die selbst *träge* und *schwer* ist und deswegen gravitativ wechselwirkt.

Wenn man dann (im Gravitationsfeld) *schwere* Masse mit (auch jenseits eines Gravitationsfeldes) *träger* Masse *äquivalent* bzw. *wesensgleich* setzt[4] und mit *c* eine absolute Obergrenze für *v* einführt, ist endgültig klar, dass eben $E = m \cdot c^2$ und dass z.B. radioaktiv *strahlende* Materie *Masse* verliert im Maße dieser Strahlungs*energie*emission (und im Falle der Atombombe: der explosiven Emission dieser Energie).

Aber man beachte: Diese Zusammenhänge haben mit irgendeiner Beobachterperspektive und Beobachtungsgeometrie, mit Zeitdilatation oder Längenkontraktion *überhaupt nichts zu tun!* Die Faktoren *m* und *v* und *c* sind ‚da' und sie stehen in einer bestimmten Beziehung zueinander – und sie sind kein bisschen *nicht* ‚da' durch irgend einen Bezugssystemrelativismus! Das *m* in $E = m \cdot c^2$ meint *ruhende* Masse jenseits aller Relativbewegung und Relativgeschwindigkeit, gemessen an welchem Bezugssystem auch immer! Es handelt sich um sture Newtonsche Physik! Sture Newtonsche Physik unter der Annahme, dass träge und schwere Masse äquivalent sind, dass Materie und Energie äquivalent sind – und *c* absolut ist, also für *v* eine absolute Obergrenze darstellt. Nothing more!

Wir begreifen intuitiv, dass eine sehr schnell fliegende Gewehrkugel weit mehr (kinetische) Energie ‚hat', dass ihre Masse weit mehr Energie ‚trägt' als die genau gleiche Kugel im Ruhezustand – erstere kann weit mehr Unheil anrichten als

---

[4] Zur Äquivalenz von schwerer und träger Masse vgl. *Einstein* 1997, S. 29 ff., 42-46 u. 104, *Einstein* 1990, S. 59 f, *Einstein/Infeld* 1998, S. 55 u. 212, oder analog *Goenner* 1996, S. 128 ff. u. 175 ff.

letztere. Nun – wie genau ‚hat' die schnell bewegte Kugel mehr Energie? Sie ‚hat' diese in Form ihrer weit größeren, selbst *trägen* kinetischen Energie.[5] Die *träge* Masse ist *Trägerin* der letztlich immer kinetischen Energie. In der Alltagssprache wird also sehr, sehr sinnvoll und treffend von *Energieträgern* gesprochen, wenn von Mineralöl, Kohle oder Uran die Rede ist. Die Energie, die in der ruhenden, also *als* ruhende nur *schweren* Kugel steckt, müssen wir uns (um es, weil so wichtig, zu wiederholen) einfach vorstellen als die Summe der sich *sehr schnell bewegenden (schwingenden, vibrierenden, rotierenden) trägen Massen der molekularen, atomaren und subatomaren Teilchen,* aus denen sich die Kugel zusammensetzt. Und je nach physisch-chemischer Beschaffenheit unserer Kugel können die Teilchen, aus denen sie besteht, auch in Form radioaktiver Strahlung kontinuierlich oder in Form einer schnellen radioaktiven Kettenreaktion explosiv *als kinetische Energie emittiert* werden.

Einstein schrieb vierzig Jahre vor der ersten Atombombenexplosion an *Conrad Habicht*: „Das Relativitätsprinzip im Zusammenhang mit den Maxwellschen Gleichungen verlangt nämlich, dass die Masse direkt ein Maß für die im Körper enthaltene Energie ist. Eine merkliche Abnahme der Masse müsste beim Radium erfolgen. Die Überlegung ist lustig und bestechend; aber ob der Herrgott nicht darüber lacht und mich an der Nase herumgeführt hat, das kann ich nicht wissen." (Zitiert nach *Bührke* 1999, S. 15; analog *Wickert* 1998, S. 54.) Zwei Jahrzehnte später *wusste* Einstein: „Alle Energie (Hier ist also von *Energie*, nicht von ‚*relativistischer Masse*' die Rede! E.S.) widersetzt sich Bewegungsänderungen; alle Energie verhält sich wie Materie (!! E.S.); ein Stück Eisen wiegt im rotglühenden Zustand mehr, als wenn es kalt ist; die den Weltraum durchquerende Strahlung, beispielsweise Sonnenstrahlung, enthält Energie und hat folglich Masse; die Sonne und alle Sterne

---

[5] In meinem Buch „Von der Natur des Denkens und der Sprache" ist an dieser Stelle noch von „träger *Masse*" die Rede. Nach den bisherigen Ausführungen sollte klar sein, warum diese Formulierung missverständlich ist und warum ich sie korrigiert habe.

geben mit ihren Strahlen Masse ab." (*Einstein/Infeld* 1998, S. 194)

Es sei daran erinnert, dass schon weit vor Einsteins Formulierung seiner berühmten Formel bekannt war, dass in radioaktiven Substanzen (untersucht durch Becquerel, Curie, Rutherford u.a.) dramatisch viel Energie steckt – betrachtet also als *physische*, nicht als *chemische* Substanzen[6] (vgl. *Heisenberg* 1977, S. 95 f.). Es ist somit hochwahrscheinlich, dass die Atombombe auch ohne Einsteins Formel $E = m \cdot c^2$ gebaut worden wäre.

Bei der Explosion einer Atombombe wird zudem nur ein kleiner Teil der Materie des eingesetzten Urans oder Plutoniums als Energie freigesetzt – und eigentlich wird dabei, wie wir inzwischen wissen, nicht wirklich *Materie* in Energie verwandelt, sondern es wird *dynamische Bindungsenergie* in *freie kinetische Energie* umgesetzt. Der Umsetzungs- bzw. Effizienzgrad betrug bei den ersten Kernexplosionen nur etwa ein Prozent.[7]

Einsteins „verhängnisvoller Brief an Präsident Roosevelt" (*Wickert* 1998, S. 113), in dem Einstein die Alliierten dazu aufrief, die Atombombe zu bauen, bevor die deutschen Nazis es täten, hat zur Entstehung der ersten Atombombe mit an Sicherheit grenzender Wahrscheinlichkeit mehr beigetragen als $E = m \cdot c^2$. $E = m \cdot c^2$ war eher ein griffiger, deutlicher *heuristischer Hinweis* auf etwas, was sich grundsätzlich schon lange abgezeichnet hatte (*Galeczki/Marquardt* 1997, S. 145-150) und vor allem *praktisch,* in den Labors der Physiker schon gehandhabt wurde.[8] Um es allegorisch auszudrücken: Die alten Chine-

---

[6] Dass Energie in vielen (chemischen) Erscheinungsformen der Materie ‚steckt', ahnte der Mensch und offenbarte sich ihm natürlich schon viel früher: Ein Stück Holz spendet Wärme, wenn man es verbrennt.

[7] http://de.wikipedia.org/wiki/Atombombe

[8] *Galeczki/Marquardt* (1997, S. 235 f.) stellen übrigens eine Arbeit von *Poincaré* aus dem Jahre 1905 vor (im gleichen Monat *Juni* erschienen, in dem Einstein seine berühmte Arbeit *Zur Elektrodynamik bewegter Körper* gerade bei den *Annalen für Physik* einreichte), in der Poincaré so gut wie alles vorwegnahm,

sen wussten nichts vom molekularen Aufbau des Schwarzpulvers, dennoch erfanden bzw. entdeckten sie es durch alchemistisches Ausprobieren – und es funktionierte.

Das, was in $E = m \cdot c^2$ zum Ausdruck kommt, wird durch die klassische Physik ($E = \frac{1}{2} \, m \cdot v^2$) in einem bestimmten Sinn schon immer beschrieben – Energie ‚ist', um meine weiter oben begründete ‚Definition', besser: Interpretation wieder aufzunehmen, bewegte Materie bzw. Masse. Nur konnte in Zeiten klassischer Physik, da niemand wusste, wie Materie aufgebaut ist, natürlich niemand ahnen, dass dieses Verhältnis quasi bis ins kleinste Materiepartikel und Wirkungsquantum hinuntergedeklinert werden kann – und muss – und dass mit c für v eine absolute Obergrenze existiert. Aber alles andere war schon angedacht und faktisch eigentlich schon ‚da': „Schon Newton hatte die numerische Gleichheit von schwerer und träger Masse erkannt, die er in seinen Bewegungsgesetzen ausdrückte. Das Produkt aus träger Masse und Beschleunigung ist gleich dem Produkt aus schwerer Masse und der Intensität des Schwerefeldes. Diesen Satz konnte er zwar aussprechen, aber nicht erklären. Kann jene *numerische Gleichheit* auf eine *Gleichheit des Wesens* zurückgeführt werden?" (*Wickert* 1998, S. 72)[9] Inzwischen wissen wir: Sie kann – und sie muss.

Schauen wir einfach mal, wie viel Energie in einem Kilogramm Materie (welcher auch immer) nach $E = m \cdot c^2$ ‚drinsteckt' (wobei wir $c \approx 300.000.000$, also $3 \cdot 10^8$ m/s setzen):

$E = m \cdot c^2$
$E_{1kg} = 1 \text{kg} \cdot (3 \cdot 10^8 \text{ m/s})^2$
$E_{1kg} = 1 \text{kg} \cdot (9 \cdot 10^{16} \text{ m}^2/\text{s}^2)$
$E_{1kg} = 9 \cdot 10^{16} \text{ kg} \cdot \text{m}^2/\text{s}^2$
$E_{1kg} = 9 \cdot 10^{16}$ Joule

---

was bei Einstein zu lesen ist.

[9] Die kursiv gestellten Wörter sind Zitate aus Arbeiten *Einsteins*, die *Wickert* hier leider nicht konkret belegt. Die Zitate finden sich in *Einstein* 1990, S. 60.

Das ist eine gigantische Größe![10] Aber auf diesen Demonstrationseffekt kam es mir gar nicht an. Viel wichtiger ist, dass wir unsere Aufmerksamkeit auf die unscheinbare Energieeinheit *Joule* richten, die definiert ist als $kg \cdot m^2/s^2$ und die uns in alltagsverständlichen Symbolen vermittelt, *was* da mit *was* in Beziehung gesetzt wird. Und das ist selbstverständlich und banalerweise die gleiche Einheit, mit der kinetische Energie ‚klassischerweise' gemessen wird. Ob ich also nach $E = m \cdot c^2$ ausrechne, wie viel Energie *in* einem Kilogramm Materie in Form der gesamten Bewegungsenergie aller seiner Teilchen ‚steckt', oder ob ich mithilfe der klassischen Gleichung $E = ½ \, m \cdot v^2$ ausrechne, wie viel Bewegungsenergie in einem bewegten Körper als Gesamt ‚steckt' – ich messe mit dem gleichen Maßstab! Wie anders?

Interessant und von heuristisch hohem Wert ist natürlich, dass wir dann, wenn wir in die klassische Definitionsgleichung $E = ½ \, m \cdot v^2$ für v^2 die (von Tunneleffekten etc. mal eben abgesehen) physisch höchstmögliche Geschwindigkeit c einsetzen, nur und maximal die genaue Hälfte des Wertes erhalten, der sich nach $E = m \cdot c^2$ ergeben würde. Die Bewegungsenergie, die in einem (mit $c!$) bewegten Körper ‚steckt', ist also in des Wortes direkter Bedeutung nur die halbe Wahrheit! (Davon gleich noch mehr.)

Nun, in welcher Form die andere Hälfte in ihm ‚steckt' – das wissen wir inzwischen.

Newton ist von *Einstein* also gar nicht so weit entfernt – aber, wohlgemerkt, von jenem Einstein, dessen verrückt-genialem Denken wir $E = m \cdot c^2$ zu verdanken haben, und nicht von jenem, der mit ‚Zeitdilatation', ‚Längenkontraktion' und ‚Raumzeitkrümmung' ‚Dinge' in die Welt gesetzt hat, die womöglich doch etwas ver-rückt sind – gemessen an realer Physis und der Realität insgesamt.

---

[10] Zum Vergleich: Der gesamte Primärenergieverbrauch Deutschlands im Jahre 2004 betrug etwa $14 \cdot 10^{18}$ Joule.
(http://de.wikipedia.org/wiki/Gr%C3%B6%C3%9Fenordnung_%28Energie%29)

Um diese These weiter zu fundieren: Bezüglich des Umstandes, dass aus einem Schwarzen Loch *aufgrund*, wie uns gesagt wird, der vollständig geschlossenen, also sagen wir: 360^0-Raum*krümmung* Licht nicht mehr entweichen könne, schreibt *Leggett*[11]: „Es ist amüsant zu bemerken, dass man zu *demselben* Schluss kommt, wenn man das Licht als klassisches (!! E.S.) Teilchen, das sich mit der Geschwindigkeit c bewegt, auffasst und die einfache Newtonsche (!! E.S.) Mechanik anwendet. Denn sobald das Licht in den vom Schwarzschild-Radius definierten Innenraum gelangt, reicht seine kinetische Energie $½\,mc^2$ (Wir erinnern uns der ‚Hälfte' der Sache, die die klassische Physik schon immer beschrieb! E.S.) nicht mehr zum Entkommen aus..." (*Leggett* 1989, S. 139)

Allein deswegen konnte der Naturphilosoph *John Michell* (1724-1793) schon 200 Jahre vor Einstein, also mit den Mitteln der *klassischen* Physik und unter der Voraussetzung, dass Licht (als Teilchen) eben eine Masse hat, eine gravitative Lichtablenkung im Sinne einer gravitativen Licht*verlangsamung* (Schwarzes Loch) vorausberechnen![12] Und dies zu tun, war eine „Anregung Newtons" hochselbst! (*Goenner* 1996, S. 4)[13]

Einsteins genialer Trick gegenüber der Newtonschen Klassik war ‚lediglich', *träge* und *schwere* Masse *endgültig* und *expressis verbis* als *die Masse* identisch (äquivalent) zu setzen und c, die Lichtgeschwindigkeit, als *absolute* Grenze für die

---

[11] *Anthony James Leggett* wurde 2003 mit dem Nobelpreis für Physik ausgezeichnet.

[12] Vgl. zu *John Michell* z.B. *Bührke* 1999, S. 100 f., *Hawking* 1994, S. 107 f. (in Hawkings Buch wird *Michell,* wer ihn dort suchen sollte, übrigens unrichtigerweise *Mitchell* geschrieben), *Penrose* 1991, S. 338, oder *Leggett* 1989, S. 140. Zur Vita eines Schwarzen Loches vgl. auch *Goenner* 1996, S. 352 ff., *Charon* 1988, S. 65 ff., *Hawking* 1994, S. 107-146, oder *Vaas* 2002b.

[13] Zur gravitativen Lichtablenkung vgl. im Sinne Einsteins *Goenner* 1996, S. 204 ff., 218, 286 ff., 300, 309 f., u. 374, oder den Meister selbst: *Einstein* 1997, S. 49 f., 67 u. 84 ff. Schon hundert Jahre vor Einstein soll übrigens „der Astronom Johann Georg von Soldner" die gravitative Licht*ablenkung* vorausgesagt haben (*Hornung* 1999, S. 19).

Beschleunigungsfähigkeit von Energiematerie bzw. Materieenergie. That's it. Der ‚Rest' ist (in der Tat zunächst sehr schweres) *Begreifen* dieser Verhältnisse – und die mathematisch-algebraische Umformung grundsätzlich *längst bekannter* Größen auf, wie mein guter Freund Hanns-Peter Maass einmal meinte, Oberstufenniveau!

Wenn man die ganze Sache *vektoriell* darstellt, also in Form eines Energie-Impuls-Masse-Dreiecks[14], dann stoßen wir, wie schon zuvor bei unserer Lichtuhr, genauso auf die Größe bzw. den Faktor $\sqrt{1-v^2/c^2}$ als *Folge* einer bestimmten (eben vektoriellen) *Darstellungsweise!*[15] „Eine Betrachtung, die näher an der Physik bleibt (also nicht ‚geometrisch-vektoriell' argumentiert; E.S.), hätte die fundamentale Beziehung $E = mc^2$ aus der Annahme der Gültigkeit von Energie- und Impulserhaltungssatz in allen Inertialsystemen abgeleitet..." (*Goenner* 1996, S. 109)

---

[14] Vgl. z.B. *Waloschek* 1998, S. 133 f. Zum Vektorbegriff allgemein vgl. *Einstein/Infeld* 1998, S. 35-53. Zur Erinnerung: Impuls = Masse *m* mal Geschwindigkeit *v*.

[15] Ein nettes Analogon am Rande: „Was passiert, wenn ein singulärer Zustand in der endlichen Vergangenheit nur ein Kunstprodukt wäre, eine Folge unserer Art, die Welt *abzubilden?* Auf einem Erdglobus zum Beispiel benutzen wir zur eindeutigen Angabe eines Ortes auf der Erdoberfläche ein Netz von Längen- und Breitenkreisen – ein Koordinatensystem. Vom Äquator zu den Polen hin rücken die Längenkreise immer näher zusammen, bis sie sich an den Polen alle treffen. An diesem Punkt weist das von uns zur Beschreibung der Erdoberfläche benutzte Koordinatensystem eine ‚Singularität' auf. Wenn wir uns jedoch die Mühe machten, einmal zu einem der Polargebiete zu reisen, könnten wir bald bestätigen, dass die Erdoberfläche an den Stellen, wo unsere Koordinaten eine Singularität aufweisen, keineswegs unterbrochen ist. Wenn wir in die Nähe des Nordpols reisen möchten, würden wir einfach Karten benutzen, die ein anderes und angemesseneres Koordinatensystem verwenden, eines, das sich am Pol durch Wohlverhalten auszeichnet. Wie können wir wissen, dass nicht auch die Urknallsingularität harmlos ist? Vielleicht folgt sie nur aus einer unangemessenen *Beschreibung der Welt*, hat aber keine *physikalische Bedeutung?*" (*Barrow* 1996, S. 466, Herv. E.S.)

Um es so auszudrücken: Dass Einstein beim ‚Herumhantieren' mit dem berüchtigten Faktor $\sqrt{1-v^2/c^2}$ auf $E = m \cdot c^2$ kam, ist *reiner Zufall!*[16] In *jeder* vektoriellen Dreiecks-Darstellung *von was* (bewegtem) *auch immer* taucht der Faktor $\sqrt{1-v^2/c^2}$ implizit oder eben explizit auf, *wenn* man erst mal *c* absolut gesetzt hat und als Längenmaßstab nutzt! Wichtig ist allein zu begreifen, *was ‚Sache' ist*, also den *physischen Grund* zu verstehen, der die Energie in der Materie ‚stecken' lässt. Und der lautet ganz einfach: Die Energie, die in der Materie steckt, ist identisch mit der Summe der Bewegungsenergien aller molekularen, atomaren und subatomaren Teilchen, aus denen sie besteht.

Nochmals, weil so wichtig: $E = m \cdot c^2$ hat mit *‚Zeitdilatation'* und *‚Längenkontraktion'*, diesen reinen *Beobachtungserscheinungen,* nichts zu tun! $E = m \cdot c^2$ ‚funktioniert' *völlig unabhängig* davon, ob wir aus der vektoriellen *Darstellung* der Verhältnisse zweier gleichmäßig gegeneinander bewegter Bezugssysteme mit jeweils integrierter Lichtuhr auf eine *‚wirkliche'* Verlangsamung der Zeit *theoretisch schließen* – oder *nicht!*

Und zudem: $E = m \cdot c^2$ ‚funktioniert' auch unabhängig davon, ob die Energiematerie bzw. die Materieenergie sich in *nicht* gekrümmten oder *gekrümmten* Raumzeiten befindet oder gravitativ abgelenkt oder abgebremst wird (gravitativ verursachte ‚Zeitdilatation'). Nicht die *relative* (beschleunigte oder gleichförmige) Bewegung eines Raumschiffes A zu Raumschiff B schafft oder verändert seine *absolute Ruheenergie* (die mit *m* in $E = m \cdot c^2$ gemeint ist), sondern die *absolute Bewegung* aller Elementarteilchen (bzw. aller analogen Planckschen Wirkungsquanten, deren Vielfaches sie – betrachtet als Materieenergiewellen – sind), die in ihrer Summe Raumschiff A (oder B) als Bezugssystem ausmachen!

$E = m \cdot c^2$ resultiert *begrifflich* aus der *Gleichsetzung* bzw. resultiert *physisch* aus der *Identität* von *schwerer* und *träger* Masse (und dem Absolutsetzen von *c*): *Träge* (und also *schwere*) Masse erweist sich *als solche* genau und exakt und *nur* bei

---

[16] Darauf weisen auch *Galeczki/Marquardt* hin (1997, S. 227 ff.).

dem Versuch, sie *zu beschleunigen* (oder sie zu *entschleunigen*), also bei dem Versuch, (schnellere) *Bewegung* in die Sache zu bringen! Also *Energie* in die Sache zu bringen! Also muss das, was träge Masse selbst ‚ist', in irgend einem Sinne selbst Energie ‚sein'!

$E = m \cdot c^2$ resultiert demnach, sagen wir: begrifflich-semantisch und auch physisch *nicht* aus einer nur relativen, gleichförmigen Bewegung zweier Bezugssysteme gegen- bzw. zueinander. Ich habe nicht plötzlich mehr Energie in mir, nur weil ich plötzlich *beobachtet* werde von einem sich schnell an mir vorbei bewegenden Beobachter! $E = m \cdot c^2$ wurde aber aus solchen *gedankenexperimentellen Beobachtungen* geometrisch-vektoriell bzw. algebraisch abgeleitet. Der Faktor $\sqrt{1 - v^2/c^2}$ resultiert *ausschließlich* aus der graphischen Darstellung (und weiteren algebraischen Verarbeitung) der *Beobachtung* einer linearen Relativbewegung! *Beobachtungen* und *Symboltransformationen* (Lorentz-Transformation als Koordinatensystemtransformation) *schaffen aber keine Energie und schaffen keine Masse!* „Dass *Massen* durch eine bloße Transformation geschaffen werden, ist... im höchsten Maße absurd." (*Galeczki/Marquardt* 1997, S. 140)

Wenn sich ein Objekt als *träge Masse* relativ schnell zu mir bewegt, dann ist das *Folge* eines *energetischen Ereignisses davor* (z.B. einer Explosion eines Geschosses in einem Gewehrlauf) – einer zu (endlicher) Beschleunigung führenden *Krafteinwirkung*. Diese Krafteinwirkung wird *nicht* durch Bezugssystemwechsel auf den Beobachter übertragen! Der Beobachter beschleunigt sich relativ zur (neben ihn, nicht von ihm) abgeschossenen Kugel *nicht*. Schnelle (Relativ-)Bewegung *zeigt* ein *zuvor* erfolgte Energieeinwirkung nur *an*, sie *schafft* diese Energie (bzw. *träge Masse*) nicht:

„Die... *Lorentz-Transformation* hat sich geradezu katastrophal auf das physikalische Denken ausgewirkt. Mit ihrer Hilfe bekommt der Beobachter die Macht, eine Masse anwachsen zu lassen, die Zeit zu verlangsamen und Längen zu verkürzen. Er kann Magnetfelder entstehen lassen, wo vorher nur ein elektrisches Feld war und er kann – so geschehen in der Quantenmechanik – aus einem Schwingungsphänomen eine Welle entstehen lassen... Die Transformation setzt ihn in den Stand, Zeit und Raumkoordinaten zu einem unentwirrbaren ‚Raumzeit-Kontinuum' zu verquicken und ermächtigt ihn damit zu einem tief greifenden Einfluss auf alles physikalische Geschehen. Wenn es ihn stört, dass Uhren langsamer gehen, dann kann er seinen Standpunkt wechseln, und sie gehen schneller. Und wenn ihn solche *virtuellen* Änderungen unfroh machen, dann kann er immer eine ‚Eigenzeit' wählen, indem er sich auf die Uhr setzt – jetzt braucht er keine Zeitänderung mehr zu erleiden. Er kann die Gleichzeitigkeit zweier Ereignisse aufheben und dafür sorgen, dass ein Stab mal durch ein Loch passt und mal nicht, allein dadurch, dass er seinen Standort wechselt (sein ‚Koordinatensystem transformiert')." (*Galeczki/Marquardt* 1997, S. 50 f.) Ich muss nicht extra betonen, dass *Galeczki/ Marquardt* das *nicht* affirmativ meinen.[17]

Bei *Einstein* ist expressis verbis zu lesen: „Das elektromagnetische Feld erscheint als formale Einheit (in einer kurz davor genannten Formel; E.S.); die Art, wie das elektrische Feld in die Gleichungen eingeht, ist durch die Art, wie das magnetische Feld eingeht, mitbestimmt. Nur die elektrische Stromdichte erscheint noch (noch! E.S.) als selbständige Wesenheit neben dem elektromagnetischen Felde. Dieser methodische Fortschritt beruht darauf, dass das elektrische und magnetische

---

[17] Mein guter Freund *Peter Feuerstein* hat mich darauf hingewiesen, dass das mit dem Stab, der mal durch ein Loch passt und mal nicht, „blödsinnig" ist. Er hat, was die *manifesten Behauptungen* der SRT betrifft, natürlich recht: Es gibt in der SRT nur eine Längenkontraktion *in Bewegungsrichtung*, keine gleichzeitige ‚Höhenkontraktion'. Dies eine Beispiel von *Galeczki/ Marquardt* ist also – gemessen an den *manifesten Behauptungen* der SRT – *falsch*. Der Grundgedanke ist aber richtig: Es *gibt* keine physische, faktische Längenkontraktion aufgrund von Relativbewegungen – auch nicht in Bewegungsrichtung! Zudem ist anzumerken, dass von Anhängern der SRT versucht wurde, Längenkontraktion als *dreidimensionale*, also „alle Richtungen des Raumes erfassende Kontraktion" aufzuzeigen – dann hätten *Galeczki/Marquardt* wieder recht. (Vgl. zu einem solchen Versuch: http://de.wikibooks.org/wiki/Elektroimpuls_und_Masse:_4._Spezielle_Relativit%C3%A4tstheorie)

173

Feld ihre Sonderexistenz durch die Bewegungsrelativität (!! E.S.) einbüßen. Was, von einem System aus beurteilt (!! E.S.), ein rein magnetisches Feld ist, hat, von einem anderen Inertialsystem aus beurteilt (!! E.S.), auch elektrische Feldkomponenten." (*Einstein* 1990, S. 44)

Da steht schwarz auf weiß, dass eine „elektrische Feldkomponente", also Energie, also träge Masse, aus der *Relativbewegung* eines *Beobachters* bzw. seiner *‚Beurteilungen'* resultiert! Da steht *nicht*, dass es egal ist, ob man, um ein elektrisches Feld zu induzieren, den Magneten relativ zur Spule (Leiter) oder die Spule relativ zum Magneten innerhalb *eines* Bezugssystems bewegt (be- und entschleunigt) – was ja, glaubt man zumindest den offiziellen Lehrbüchern, stimmt (vgl. z.B. *Kuchling* 1999, S. 450 f.). Es ist, um es bildhaft auszudrücken, in der Tat egal, ob ich, wenn A und B mit einem magnetischen ‚Band' verbunden sind, an A *oder* an B ziehe. Wir lesen bei *Einstein* vielmehr, dass alles aus der *Relativbewegung des beurteilenden Beobachters*, betrachtet als *zweites Bezugssystem* (Koordinatensystem), resultiere!

Galeczki/Marquardt weisen darauf hin, dass Ströme auch dann induziert werden (Unipolarinduktor), wenn das *gesamte* System aus Leiter *und* Magnet (linear, rotierend, oszillierend) bewegt wird – und zwar auch dann, wenn Leiter und Magnet *zueinander in Ruhe verweilen* (*Galeczki/Marquardt* 1997, S. 13, 164 u. 172-176), also *gar keine Relativbewegung* derselben zueinander vorhanden ist! Auch das ist übrigens ein heftiger Hinweis auf die Existenz eines *absoluten Raumes!*

Galeczki/Marquardt schreiben sehr treffend: „Paradoxerweise wird die Geschwindigkeitsabhängigkeit von Massen stets als Haupterrungenschaft der SRT betrachtet. Nichts wäre falscher als das, denn die SRT kennt nur *gleichförmig-lineare Relativgeschwindigkeiten*, und genau diese Geschwindigkeiten *können* keinen Effekt auf Massen haben. Es gibt keinen kinematischen Einfluss der Beobachtergeschwindigkeit auf eine Masse; er widerspräche den etablierten Erhaltungssätzen der Physik. Die Absurdität relativistischen Denkens gipfelt darin, dass *nur* die gleichförmigen Relativgeschwindigkeiten, nicht aber die extremen Beschleunigungen (10^{18} g!), die beim CERN-Experiment auftreten, einen Effekt haben sollen...[18] Das gesamte Szenarium des CERN-Experimentes hat nichts ‚Relativistisches' an sich! Die Dynamik der Mesonen wird durch riesige (in; E.S.) dem Labor verankerte Elektromagnete bestimmt, die beim besten Willen nicht mit ‚nicht-wechselwirkenden Beobachtern' identifiziert werden können." (*Galeczki/ Marquardt* 1997, S. 123 u. 124)[19]

Sobald schwere und träge Masse äquivalent (identisch) gesetzt werden, *kann* die Masse/Energie, Energie/Masse eines (relativ) ruhenden Körpers *logisch* wie *physisch* nur aus der *Bewegung*, also *Energie*, aus der *Energie*, also *Bewegung* aller seiner *trägen* Bestandteile (Elementarteilchen bzw. -*wellen*) bestehen: „Beziehen wir den Standpunkt der speziellen Relativitätstheorie..., so erweisen sich Erhaltung der Energie und des Impulses (Impuls = Masse mal *Geschwindigkeit*; E.S.) geradezu als zwei Seiten desselben Phänomens." (*Leggett* 1989, S. 76 f.)

Oder so formuliert: „Alle Elementarteilchen können in Stößen hinreichend hoher Energie (also durch Übertragung der *Bewegungsenergie* anderer Teilchen; E.S.) in andere Teilchen umgewandelt oder einfach aus kinetischer Energie (also aus *Bewegungsenergie*; E.S.) erzeugt (!! E.S.) werden, und sie können sich in Energie, z.B. in Strahlung, verwandeln... Alle Elementarteilchen sind aus demselben (!! E.S.) Stoff gemacht, den wir nun Energie oder universelle Materie nennen können; sie sind nur verschiedene Formen, in denen Materie erscheinen kann." (*Heisenberg* 1977, S. 131, analog S. 52)

Oder um es an einem speziellen Elementarteilchen zu verdeutlichen: „Der Raum des Elektrons befindet sich in dauern-

---

[18] Bei diesem Experiment in einem Teilchenbeschleuniger wurde nachgewiesen, dass extrem schnelle Elementarteilchen, indem sie mehr kinetische Energie haben, auch schwerer sind, also scheinbar mehr ‚Masse' haben.

[19] Zu entsprechenden Experimenten in Teilchenbeschleunigern als Nachweis geschwindigkeitsabhängiger Masse *im Sinne* der Relativitätstheorie vgl. *Goenner* 1996, S. 128-134.

der Pulsation (also in permanenter *Bewegung*; E.S.), mit einem Rhythmus von ungefähr 10^{23} Perioden pro Sekunde. Während sein Durchmesser sich bei jeder Pulsation ausdehnt und wieder zusammenzieht, schwankt die Dichte der im Elektron enthaltenen Materie zwischen den sehr unterschiedlichen Werten von tausend Milliarden und einer Million Gramm pro Kubikzentimeter. Diese Dichten mögen enorm erscheinen... Diese sehr hohe Dichte im Elektron hat sehr hohe Temperaturen zur Folge, die während der Pulsation des Elektrons zwischen hundert Milliarden und tausend Milliarden Grad schwanken..." (*Charon* 1988, S. 154 f.)

Also und wie gehabt: Energie ist die Bewegung[20], ist die Dichteschwankung vibrierender Materie, ist Temperatur: „Wärme ist im Grunde nichts anderes als Bewegung." (*Röthlein* 1999, S. 82).

Oder so formuliert: „Das Ruhsystem eines Fallenden (in dem die Gravitation *vermeintlich* ‚wegtransformiert' ist; E.S.) wird ihn nicht vor dem Aufprall schützen und die Relativbewegung zwischen Berg und Prophet ist – man denke an das *Prinzip der kleinsten Wirkung* – Sache des Propheten. Die Natur ist ‚faul' in dem Sinne, dass sie den Aufwand für alle beobachteten Veränderungen minimiert. Der Transportaufwand für Massen und Energien ist offensichtlich geringer, wenn ein periodischer Vorgang zugrunde liegt. Für Energieübertragung ist dies die Welle, für Massen die Drehbewegung. Die ‚meiste Bewegung' ist in diesem Programm den kleinsten Massen zugeschrieben. So sind z.B. die Elektronen im Wasserstoffatom innerhalb ihrer Hierarchie sogar zu einer Drehbewegung mit 1/137 Lichtgeschwindigkeit verurteilt... Die Hierarchie der überall (!! E.S.) beobachteten Drehbewegungen belegt eindrucksvoll die Rolle der Masse. Nach diesem Konzept der Natur *können* Massen gar nicht ruhen (!! E.S.). Diese uralte Erkenntnis des ‚Alles fließt'..." (*Galeczki/Marquardt* 1997, S. 218) Usw. usf.

---

[20] Um daran zu Erinnern: Im Griechischen bedeutet η ενέργεια zunächst einfach *die Tat* (und dann auch *die Wirkung* und – eben – *die Energie*). Wer aber etwas *tut*, der *bewegt* etwas.

Dass Energie Bewegung der Materie *ist*, stellen auch *Hey/ Walters* aus quantentheoretischer Sicht sehr schön dar: „Aus der Festkörperphysik weiß man, dass die Atome eines Kristallgitters Schwingungen um ihre Gleichgewichtslage ausführen, die sich wellenartig durch den ganzen Kristall ziehen. Die quantenmechanische Behandlung ergibt, dass diese Wellenbewegung ähnlich den Lichtwellen auch Teilchencharakter besitzt und ihre Energie quantisiert ist. In Anlehnung an die Lichtquanten, die Photonen, nennt man die Energiepakete der quantisierten Gitterschwingungen ‚Phononen'. Würde man nun den Kristall soweit abkühlen, dass alle Phononen im Grundzustand ‚eingefroren' sind, kämen die Atome trotzdem nicht zur Ruhe (!! E.S.); sie wären aufgrund der Unschärferelation weiterhin zu einer ‚Zitterbewegung' gezwungen; die damit verbundene Bewegungsenergie (!! E.S.) ist die Nullpunktsenergie (!! E.S.) des Grundzustands (der Materie!! E.S.). Wie wir... gesehen haben, ist diese Zitterbewegung unter anderem dafür verantwortlich, dass flüssiges Helium selbst bei tiefsten Temperaturen nicht in den festen Zustand übergeht. Was aber für die Quanten der Kristallschwingungen gilt, trifft ebenso für die elektromagnetischen Feldquanten zu, das heißt: Auch für die Photonen muss es eine ähnliche Zitterbewegung geben... (D)iese ‚Vakuumfluktuationen' des elektromagnetischen Felds (haben) sogar messbare Auswirkungen." (*Hey/Walters* 1998, S. 184)

Diese Beziehungen werden *nicht* dadurch tangiert, ob Elementarteilchen, die z.B. von radioaktiven Körpern in Form hochenergetischer Strahlung (z.B. Gammastrahlung) oder von energetisch angeregten Körpern in Form von elektromagnetischen Wellen (Licht etc.; vgl. *Einstein/Infeld* 1998, S. 153) emittiert werden, danach auf krummen oder geraden Raumzeitbahnen, gravitativ verlangsamt, be- oder entschleunigt oder gleichmäßig schnell entfleuchen – und dabei beobachtet werden oder nicht! Nochmals, weil so wichtig: $E = m \cdot c^2$ hat mit ‚Zeitdilatation', ‚Längenkontraktion', ‚Raumzeitkrümmung' und anderen Wundern der relativistischen Physik nichts zu tun![21]

---

[21] Zumindest in einer Fußnote sei daran erinnert, dass die Relativitätstheorie auch auf die *Thermodynamik* angewandt wurde – mit der Folge, dass *Temperaturen in geschlossenen (Gas-)Systemen von der Außenbeobachtung bzw. entsprechenden Lorentz-Transformationen abhängen würden* (Temperatur ist ja Ausdruck *bewegter* Moleküle). Das ist natürlich „einfach absurd" (*Galeczki/Marquardt* 1997, S. 192).

XIII. Die Probleme und Gedankenexperimente, die zur Allgemeinen Relativitätstheorie führten

Rekonstruieren wir, wie es zur Annahme einer ‚*krummen*' Raumzeit überhaupt gekommen ist:
„Die Vorstellung eines gebogenen Lichtstrahles (aufgrund der Ablenkung desselben durch die Masse der Sonne z.B.; E.S.) barg indes ein Problem. Angenommen, der Strahl besitzt eine bestimmte Dicke. Dann legt der Teil am Innenrand der Krümmung einen kürzeren Weg zurück als der äußere Teil. Man kennt dieses einfache Phänomen beispielsweise aus der Leichtathletik: Bei einem 400-Meter-Lauf starten die Läufer der Außenbahn etwas weiter vorne als ihre Konkurrenten auf der kürzeren Innenbahn. Kommt also das Licht gleichzeitig bei einem Beobachter an, so muss es sich auf der Innenbahn mit geringerer Geschwindigkeit ausgebreitet haben als auf der Außenbahn. Widersprach dies nicht dem Postulat der Speziellen Relativitätstheorie, wonach die Lichtgeschwindigkeit in allen (!?; E.S.) Systemen stets gleich groß ist?[1]...

Um sich Einsteins Lösung gedanklich zu nähern, betrachten wir noch einmal den gebogenen Lichtstrahl. Angenommen, dieser würde so stark gekrümmt, dass er in sich zurückläuft und einen Kreis bildet. Nun besäße der Innenrand des Kreises einen geringeren Umfang als der Außenrand. Der Lichtstrahl muss also innen wieder langsamer laufen als außen, damit äußerer und innerer Teil gleichzeitig ankommen. Wenn man nun aber steif und fest behauptet, die Lichtgeschwindigkeit bliebe auch in diesem Fall konstant, so hieße das, der Umfang müsste innen genauso groß sein wie außen. Das erscheint nun gänzlich ausgeschlossen, denn schließlich errechnet sich der Umfang eines Kreises mit Radius R aus $2\pi R$....

Der Zufall wollte es, dass sich Einsteins einstiger Studienkollege Marcel Grossmann, der inzwischen Professor an der ETH Zürich geworden war, mit Geometrie beschäftigte. Ihm schrieb Einstein: ‚Grossmann, du musst mir helfen, sonst werd' ich

---

[1] Vgl. hierzu im Original *Einstein* 1997, S. 50.

verrückt. Bitte gehe in die Bibliothek und schau, ob es eine Lösung [für das Radius-Umfang-Problem] gibt.' Grossmann wusste eine Lösung. Es gab Geometrien, in denen sich der Umfang eines Kreises nicht nach $2\pi R$ errechnet. Eine Reihe der brillantesten Mathematiker hatte sich etwa ein halbes Jahrhundert zuvor mit der Aufstellung solcher so genannter nicht-euklidischer Geometrien beschäftigt. Sie waren die Lösung für Einsteins Problem, und sie führten ihn zu dem Konzept des vierdimensionalen gekrümmten Raum-Zeit-Kontinuums. Die Idee war: *Nicht der Lichtstrahl krümmt sich im statischen Raum, sondern der Raum ist gekrümmt, und der Lichtstrahl muss dieser Biegung folgen.*" (*Bührke* 1999, S. 75 f.; Herv. E.S.)

Nun – die Riemannsche bzw. sphärische Geometrie *ist* definitiv *eine* Lösung des Problems. Nur: Sie ist nicht die einzig mögliche bzw. sie bewegt sich auf der *begrifflich-logischen* bzw. *mathematisch-geometrischen* Ebene und nicht auf der *substanziell-physischen*. Sie *beschreibt* das *wie* als *Möglichkeit* – und nicht das *was* oder *warum* als *Realität*.

Um es so zu sagen: Die Lichtgeschwindigkeit ist selbstverständlich *nicht*, wie Bührke schrieb (aber als Physiker wohl nicht wirklich *meinte*), in „allen Systemen" gleich groß. Sie ist nur in *gleichen* Systemen gleich groß – und vor allem im *Vakuum*. Licht wird im Nichtvakuum – je nachdem – abgebremst, abgelenkt oder auch vollständig absorbiert (*als* Licht ‚nihiliert' unter Abgabe seiner Energie – etwa, wie schon angeführt, bei der Photosynthese).[2] Das kann durch einen größeren Molekülverbund (z.B. eine schwarze Wand) geschehen, durch einzelne Moleküle oder Atome (z.B. in einem Gas) – oder allgemein: durch *Feldwirkungen* der Materieenergie.

Und dazu schrieb der Meister (bzw. Infeld) knapp vor dem Ende seiner Darstellung der SRT und ART und kurz vor der nachfolgenden Darlegung der Quantentheorie: „Materie ist dort, wo sehr viel Energie konzentriert ist; ein Feld ist dort, wo

---

[2] Licht kann inzwischen, wie man liest, sogar gestoppt bzw. kleinsträumlich eingeschlossen werden, *ohne* seinen Charakter *als Licht* zu verlieren: Vgl. z.B. *Hau* 2001 oder *Brandt* 2001.

wenig Energie ist. Wenn das aber stimmt, dann ist der Unterschied zwischen Materie und Feld eher quantitativer als qualitativer Natur... (D)ie Unterscheidung zwischen Materie und Feld (muss) in dem Moment, wo man sich über die Äquivalenz von Masse und Energie klar geworden ist, als etwas Unnatürliches und unklar Definiertes erscheinen. Können wir den Materiebegriff nicht einfach fallen lassen und eine reine Feldphysik entwickeln? Was unseren Sinnen als Materie erscheint, ist in Wirklichkeit nur eine Zusammenballung (!! Ich hatte weiter oben von ‚Packungsform' gesprochen. E.S.) von Energie auf verhältnismäßig engem Raum. Wir könnten die Materiekörper auch als Regionen im Raum betrachten, in denen das Feld außerordentlich stark ist...; das Feld wäre als das einzig Reale anzusehen. Diese neue Auffassung drängt sich uns förmlich auf..." (*Einstein/Infeld* 1998, S. 233) Genau!

Um im Beispiel von *Bührke* zu bleiben: Der ‚dicke' Lichtstrahl wird an seiner der Sonne zugewandten Seite durch deren Feldwirkungen, die umso stärker sind, je näher er der Sonne kommt, stärker abgebremst als an seiner Außenseite. Das ist das Lenkungsprinzip von Raupenfahrzeugen. Oder berühren Sie beispielsweise mal mit einem Gegenstand einen glatt herabfließenden Wasserstrahl ganz sachte: Der Strahl *krümmt* sich in Richtung des Gegenstandes. Materieenergie bzw. Energiematerie wirkt auf Energiematerie bzw. Materieenergie. That's it. Nothing more.

Ich *muss* die Raumzeit also nicht als eine ‚krumme' setzen. Letzteres nicht, dafür aber Ersteres liest man ja auch bei *Einstein* selbst: Ein „Lichtstrahl besitzt Energie, und Energie besitzt Masse. Auch die träge Masse wird aber vom Schwerefeld angezogen, da träge und schwere Masse ja gleichwertig ist. Ein Lichtstrahl muss im Schwerefeld also genauso von seiner geradlinigen Bahn abgelenkt werden wie ein Körper, der mit Lichtgeschwindigkeit eine waagerechte Bahn beschreibt... Das Schwerefeld der Erde ist natürlich zu schwach, als dass man die Ablenkung der Lichtstrahlen darin direkt durch das Experiment nachweisen könnte. Die berühmten Beobachtungen jedoch, die man bei verschiedenen Sonnenfinsternissen angestellt hat, erwiesen eindeutig..., dass die Lichtstrahlen tatsächlich von Schwerefeldern beeinflusst werden." (*Einstein/Infeld* 1998, S.

215, analog *Einstein* 1990, S. 91-92; vgl. auch *Goenner* 1996, S. 204 ff.)³

Genau! Aber das beweist die Ablenkung des Lichtes *qua Masse* durch eine anderes *Massefeld* – und nicht gekrümmte Raumzeit: „Unsere Welt ist nichteuklidisch. Ihre geometrische Beschaffenheit wird durch Massen und deren Geschwindigkeiten bestimmt (also durch *materieabhängige* Gravitation; E.S.)." (*Einstein/Infeld* 1998, S. 228)

Und da hilft auch kein Versöhnungsversuch: „Der Lauf der Zeit und die Geometrie des Raumes werden beide lokal *durch die Materie* im Weltall *bestimmt*. Wir können nicht unterscheiden zwischen der Raumkrümmung und den Massen, die sie bewirken. Sie sind gleichberechtigte (!! E.S.) *Möglichkeiten* (!! E.S.) der Beschreibung desselben Phänomens." (*Barrow* 1996, S. 257; Herv. E.S.) Hat *Barrow* bemerkt, dass der zweite und dritte Satz kategorisch dem ersten widersprechen – und vice versa? Was schon definitiv „bestimmt" ist, kann nicht „gleichberechtigt" noch durch anderes bestimmt bzw. beschrieben werden. Ich bitte als Erkenntnistheoretiker um den Einsatz von Ockhams Rasiermesser!

Wenn man übrigens davon ausgeht, dass sich Felder, wenn sie nicht daran (durch andere Felder) gehindert werden, in der Raumzeit *kugelförmig*, also *sphärisch* ausbreiten, dann versteht man sofort, warum die Riemannsche *sphärische* Geometrie so gut passt, warum sie, wie gesagt, so gut *beschreibt,* was *ist* als *Feld* – und nicht als Raumzeit. Wir sollten aber nicht vergessen, dass die Riemannsche sphärische Geometrie bzw. das Gaußsche Koordinatensystem, auf dem sie aufbaut (*Einstein* 1997, S. 57 ff., *Einstein* 1990, S. 63 ff.), *mathematisch* letztlich als euklidisch-kartesisch-galileisches System betrachtet wird: An Krümmungen und Kurven werden (in der Infinitesimal-, also Differential- und Intergralrechnung) *letztlich* (gedachte)

---

³ Bei dem ersten Experiment 1919 soll es übrigens zu einer „aktenkundige(n) Manipulation der Messungen zur Ablenkung von Lichtstrahlen im Schwerefeld der Sonne" gekommen sein (*Galeczki/Marquardt* 1997, S. 34).

Tangenten angelegt, also *Geraden*, um ihre Krümmungsdifferenzen (Winkel) zu bestimmen.

Das sah *Einstein* natürlich auch: „Zusammenfassend können wir also sagen: GAUSS hat eine Methode zur mathematischen Behandlung beliebiger Kontinua erfunden, in denen Maßbeziehungen (,Abstand' benachbarter Punkte) definiert sind. Jedem Punkt des Kontinuums werden so viele Zahlen (GAUSSsche Koordinaten) zugeordnet, als das Kontinuum Dimensionen hat. Die Zuordnung erfolgt so, dass die Eindeutigkeit der Zuordnung gewahrt wird, und dass benachbarten Punkten unendlich wenig verschiedene Zahlen (GAUSSsche Koordinaten) zugeordnet werden. Das GAUSSsche Koordinatensystem ist eine logische Verallgemeinerung des kartesischen Koordinatensystems. Es ist auch auf nicht-euklidische Kontinua anwendbar, allerdings nur dann, wenn kleine Teile des betrachteten Kontinuums mit Bezug auf das definierte Maß (,Abstand') sich mit desto größerer Annäherung *euklidisch* verhalten, *je kleiner* der ins Auge gefasste Teil des Kontinuums ist." (*Einstein* 1997, S. 59 f.; Herv. E.S.) *Letztlich* wird's also wieder gerade!

Goenner, in seinem hochmathematischen Lehrwerk grundsätzlich bemüht, die relativistische Raumzeitkrümmung (also die geometrische ‚Erklärung' der Gravitation) als ‚wirkliche' zu beschreiben, schreibt dann, wenn er nicht formalmathematisch ‚spricht' bzw. „interpretier(t)" (1996, S. 182), sondern von der *konkreten Physis*, interessanterweise immer von gravitativen *Feldwirkungen* der *Materie* (Materieenergie bzw. Energiematerie) und nicht mehr von irgend einer, sagen wir: ‚Raumgravitation', also einer gravitativen Wirkung des Raumes quasi auf sich selbst: Das „Gravitations*potential*... (der) Metrik" (ebd., S. 182, 218 u. 254; Herv. E.S.)[4], also des (*gekrümmten*) *Raumes selbst*, der der sich in ihm bewegenden Materie einfach seine und damit ihre *krummen* (geodätischen) Bewegungsbahnen ‚vorschreibt', kann sich irgendwie nicht so recht entfalten ganz ohne *Materie* oder *Energie*. Um nur ein paar Beispiele stichpunktartig aufzuführen: „(I)n der Anwesen-

---

[4] Zum Begriff der *Metrik* bzw. des *metrischen Feldes* vgl. *Goenner* 1996, S. 514 (Registerstichworte).

heit von Gravitationsfeldern, also (!! E.S.) von (schweren) Massen, die solche Felder erzeugen (!! E.S.)..." (ebd., S. 178). „*Das lokale Inertialsystem wird durch das lokale Gravitationsfeld bestimmt.* Wie dieses Gravitationsfeld durch Massen erzeugt wird (!! E.S.)..." usw. (ebd., S. 180). „Die physikalische Erklärung (für gravitative Lichtablenkung; E.S.) ist in der ‚Schwere' des Lichtes zu suchen, d.h. in seinem Energiegehalt, der gravitativ wechselwirkt mit anderen Massen." (ebd., S. 183) „Der Energie der Photonen entspricht eine schwere Masse, die vom Gravitationsfeld der Sonne angezogen wird." (ebd., S. 204) „Als erstes fragen wir uns, was die Quelle des Gravitationsfeldes sein könnte. Wir wissen schon, dass jeder Energie eine *träge* Masse entspricht und diese gleich der *schweren* Masse ist. Das bedeutet, dass jede Art von Energie ein Gravitationsfeld erzeugt." (ebd., S. 209) „Als Quellterm tritt der Energie-Impuls-Spannungstensor... der das Gravitationsfeld erzeugenden (!! E.S.) Materie auf." (ebd., S. 218) „Wenn die Komponenten des Krümmungstensors als die Gradienten des Gravitationsfeldes interpretiert werden, so folgt in Strenge, dass für ein *homogenes* Gravitationsfeld $R^\alpha{}_{\beta\gamma\delta} = 0$ gelten muss (Was dieser Term genau bedeutet, ist hier egal; E.S.). Dann sind wir aber im („flachen"!!, vgl. ebd., S. 304; E.S.) Minkowski-Raum. Im Rahmen der allgemeinen Relativitätstheorie entspricht ein homogenes ‚Gravitations'feld also einem reinen Trägheitsfeld (einer reinen *Masse* also!! E.S.)." (ebd., S. 256) „Die Metrik (!! E.S.) wird als Lösung einer Differentialgleichung 2. Ordnung aus der Energieverteilung der Materie (!! E.S.) bestimmt..." (ebd., S. 260). „Wir nennen die Zusammenfassung der gravitierenden Materie (!! E.S.), also das größte gegenwärtig beobachtbare gravitierende System, dann den *Kosmos* oder das *Universum.*" (ebd., S. 411) „Anders ausgedrückt: die in der *Strahlung* vorhandene Energie ist (im strahlungsdominierten kosmologischen Modell; E.S.) die Quelle des Gravitationsfeldes. Daneben spielt die Materie mit Ruhmasse eine geringe Rolle." (ebd., S. 433) „Die Feldgleichungen der Einsteinschen Gravitationstheorie... verbinden die

Energie der Materie (!! E.S.) mit den Gradienten des Gravitationsfeldes." (ebd., S. 426) usw. usf.[5]

Und da, wo es dann *ganz* nahe an die physische Realität geht, also an den *beobachtbaren* bzw. *real beobachteten Kosmos*, ist dann bei *Goenner* schließlich zu lesen: „Leider ist die Beobachtungssituation weit davon entfernt, einen Test des (durch Einsteins Gravitationstheorie wesentlich geprägten; E.S.) kosmologischen Modells zu ermöglichen... Über die Krümmung des Anschauungsraumes kann gegenwärtig (1995, also sehr aktuell; E.S.) noch nichts ausgesagt werden." (ebd., S. 452 u. 453) Und das gilt heute noch wie es gestern galt: „Einstweilen ist ρ (die mittlere Materiedichte im Weltall; E.S.) nicht gut genug bestimmt, als dass man aus dieser Relation überhaupt auf das Vorhandensein einer von 0 abweichenden mittleren Krümmung des Raumes... schließen könnte." (*Einstein* 1990, S. 118) Tja.[6]

Wenn man dann noch daran denkt, dass diese mittlere Dichte aus gewissen logischen Überlegungen höchstwahrscheinlich exakt 0 *ist* und sein *muss*, dann haben wir gar nichts mehr, was den Raum krümmen oder ihn expandieren oder kontrahieren lassen könnte – falls nicht behauptet wird, der Raum sei *per se*, also auch als *völlig* leerer, materie- und energiefreier Raum ‚krumm' oder er tendiere auch als *absolutes* Vakuum zur Expansion oder Kontraktion.

Warum die mittlere Materiedichte im Universum mit hoher Wahrscheinlichkeit *null* ist? Nun, *Dichte* meint Dichte der *Materie*. Jedes Materieteilchen hat aber sein Antiteilchen[7] – sie

---

[5] Ich möchte es bei obigen Beispielen belassen. Weitere einschlägige Stellen zur definitiven *Materiegebundenheit der Gravitation* sind bei *Goenner* (1996) z.B. S. 265 f., 269, 389, 420 ff.

[6] Zur Erläuterung: Dass das Universum *flach* ist, wurde, wie schon gezeigt, durch die genaue Vermessung der kosmischen Hintergrundstrahlung inzwischen erwiesen. Oben ist aber von der *mittleren Materiedichte* im Weltall die Rede – und da sind wir nach wie vor im Bereich wilder Spekulation (Stichworte: dunkle Energie, dunkle Materie).

[7] Vgl. z.B. *Cline* 2004 oder *Collins* 2006.

heben sich in der Summe auf, annihilieren sich (als *Teilchen*) zu *Null*, wenn sie zu nahe aneinander geraten. Und *Materie* ist ja nach Einstein äquivalent mit *Energie*. Und für die gilt: „Die Gesamtenergie des Universums ist exakt gleich Null." (*Hawking* 1994, S. 164)

Oder um es naturphilosophisch und vor dem Hintergrund einer diskurstheoretisch-dialogisch aufgeklärten Erkenntnistheorie zu formulieren: *Nichts* ist *nicht* letztlich *binär* konstruiert.[8] Selbst das *Ein*dimensionale ist noch – ein*dim*ensional. Jedes Extrem einer (räumlichen, begrifflichen etc.) *Dim*ension hebt sich durch Vereinigung mit dem Gegenextrem gegenseitig auf. Das *Sein* entsteht durch die Ent*faltung*, durch die *Evolution* seiner *Dim*ensionen. Die Vereinigung aller Extreme ist die *Negation* von allem, nicht die, um etwas zu heideggern, Ver*nicht*ung von allem, sondern die *Nullwerdung* von allem (Druck, Materie, Energie, Bewegung, Spannung, Ladung) – es bliebe nur noch Neutralität, Mitte, Spannungslosigkeit. Sein des Seins. 0 = 0. 1 = 1. n = n. Universelles Gähnen also.

Ich habe mich immer wieder gefragt, als ich die einschlägige Literatur zum Thema las, *was* eigentlich das *physische Faktum* der behaupteten ‚Raumkrümmung' *ist* oder sein soll, wie diese sich also *physisch* erklärt. Die Behauptung nämlich, dass die Raumkrümmung *Folge* anwesender Materie ist (*Einstein* 1997, S. 74: „Gemäß der allgemeinen Relativitätstheorie sind die geometrischen Eigenschaften des Raumes nicht selbständig (!! E.S.), sondern durch die Materie bedingt.")[9] und dass diese *Folge* anwesender Materie *dann* wieder auf die (*dann* eben ‚krumme', geodätische) Bewegungsbahn anderer Materie (vorbeifliegende Lichtpartikel, Planeten etc.) Einfluss nimmt, ist

---

[8] Dieses letztlich *binäre* Konstruktionsprinzip des *Physischen* wie *Logischen* wie *Dialogischen* ist eines der Generalthemen meines Buches „Von der Natur des Denkens und der Sprache" (*Scheunemann* 2003).

[9] Denken wir sofort daran, dass das Universum, wie weiter oben nachgewiesen, höchstgradig leer ist, frei von jeder Materie – dass der Raum also fast überall *völlig selbständig* und unbeeinflusst von jeder Materie existiert!

natürlich *tautologisch:* Eine Wirkung (materiebewegungsbedingte Raumkrümmung) wäre ihre eigene Ursache (raumkrümmungsbedingte Materiebewegung). Dann könnte man es gleich dabei belassen zu sagen: Energiematerie (als Feld) wirkt auf Materieenergie (als Feld). That's it. Nothing more.

Wie Einstein kurz nach obigem Zitat Folgendes schreiben kann, ist unerfindlich: „Es sei hinzugefügt, dass diese Ablenkung (des Lichtes durch die Sonne; E.S.) zur Hälfte durch das (NEWTONsche) Anziehungsfeld der Sonne, zur Hälfte durch die von der Sonne herrührende geometrische Modifikation (,Krümmung') des Raumes erzeugt wird." (*Einstein* 1997, S. 85) Und schön auch folgende Formulierung: „Es hat sich gezeigt, dass sich dies Bewegungsgesetz... eines gravitierenden Körpers... aus den Feldgleichungen des leeren (!! E.S.) Raumes erschließen lässt. Nach dieser Ableitung wird das Bewegungsgesetz durch die Bedingung erzwungen, dass das Feld außerhalb der *es erzeugenden Massenpunkte...* (was folgt, ist hier nicht mehr wichtig; E.S.)" (*Einstein* 1990, S. 108, analog S. 130; Herv. E.S.) Was nun? Gravitationsfeldgleichungen des *leeren* Raumes – oder Gravitationsfeldgleichungen der *es, das* Gravitationsfeld „*erzeugenden Massenpunkte*"? Was nun? Leer – oder *nicht* leer? Gravitationsfelderzeugende Masse – oder *keine* gravitationsfelderzeugende Masse?

Irgendwie ist alles doppelt gemoppelt und tautologisch: Die Sonnenmasse krümmt den Raum, schreibt damit also dem Licht schon eine krumme Bahn vor, und krümmt dann *zusätzlich* noch mal die Bahn ab durch die, man könnte sagen: ,eigentliche' Gravitation zwischen Lichtmasse und Sonnenmasse.

Oder nein: Die Sache ist ja eigentlich *dreifach* gemoppelt: Die gesamte Materie des gesamten Universums (anteilig also auch die Masse unserer Sonne) krümmt das gesamte Universum als Raum gravitativ, dann krümmt unsere Sonne zusätzlich noch den speziellen Raum in ihrer Nähe gravitativ und schließlich gravitiert die Sonnenmasse dann auch noch mit der Masse des vorbeifliegenden Lichtes. Man könnte also fast von der *Dreifaltigkeit der Gravitation* sprechen!

Das Problem ist nur, dass die Behauptung, dass der *gesamte* Raum des Universums auch als *leerer* Raum schon *für sich* und *in sich* ein ,krummer' bzw. *sphärischer* ist, *erstens* nicht beweisbar ist (vollständig leerer Raum wäre natürlich auch frei von allen beweisführenden Beobachtern) und nach wie vor nur ein Einsteinsches Postulat darstellt (*Einstein* 1997, S. 106-107); dass sich *zweitens* das reale – zumindest *nicht ganz* leere – Universum experimentell als *flaches* erwiesen hat; und dass *drittens* vor allem ein Universum mit Materie, wie bei *Einstein selbst* schon nachlesbarer (*Einstein* 1990, S. 81 f., 102 f., 106 f., 114, 122 u. 129 f.), je nach mittlerer Dichte dieser Materie, sphärisch, hyperbolisch (nach ‚außen' gekrümmt) oder auch euklidisch-*flach* sein kann: „Wir haben nämlich guten Grund zu der Annahme, dass der ‚feldfreie' (nicht-gekrümmte; E.S.) Minkowski-Raum einen naturgesetzlich möglichen (!! E.S.) Sonderfall darstellt..." (*Einstein* 1997, S. 105). Genau dieser „Sonderfall" hat sich, wie gesagt, als der *Realfall* erwiesen! Zufall?

Wie würde sich das doppelt Gemoppelte der „zur Hälfte" aus ‚Newton' und „zur Hälfte" aus ‚Raumkrümmung' bestehenden Gravitation in einem *euklidisch-flachen*, nach Einstein *trotz* vorhandener Materie *möglichen* Universum, denn gestalten? Macht dann Newton alles alleine? Das wäre dann wohl der „Sonderfall" der *näherungsweisen* Geltung Newtons (*Einstein* 1990, S. 79-89). Mit anderen Worten: der „Sonderfall" namens *Realität*.

Wenn also nach Einsteins Theorie *alles* möglich ist (sphärischer, hyperbolischer, euklidisch-flacher Raum), woher stammt dann eigentlich Einsteins Präferenz für *eine* dieser Möglichkeiten – die sphärische Raumgeometrie? Nun, sie stammt, wie weiter oben schon angedeutet, natürlich aus der modelltheoretischen Grundsatzentscheidung, die ART auf der Riemannschen sphärischen Geometrie aufzubauen. Das ‚Vorurteil' zugunsten bestimmter Interpretationen bestimmter physikalischer Beobachtungen – oder auch nur bestimmter Gedankenexperimente – steckt also schon im Fundament des gesamten Theoriegebäudes.

Die Identifikation mit dem Riemannschen *Modell*, dieser *Theorie*, geht so weit, dass Einstein ihr eine „objektive (also *physische!* E.S.) metrische Bedeutung" (*Einstein* 1997, S. 106), fast hätte ich gesagt: bei*misst*, zu*schreibt*.

Nun, das Motiv, warum Einstein sich für die – auch noch ontologisch-physikalistisch überhöhte – Riemannsche Geometrie entschied, hat, und das ist meine These, mit Emotion, Intuition und ‚naiver' Allerweltsphysik weit mehr zu tun als mit rationalem Kalkül:

Die Welt erscheint uns, also Physikern wie Normalsterblichen, prima vista als ziemlich ‚runde Sache', wie eingangs schon angeführt. Der Erdkreis, das Himmelsgewölbe, die Sterne, die Planeten, der Mond die Erde – alles ist irgendwie rund. Aber auch dem *physikalisch geschulten Beobachter* erscheinen gegeneinander *bewegte* und – vor allem – *miteinander wechselwirkende* Körper real wie vor allem in der *graphischen* (geometrisch-mathematischen, vektoriell-tensoriellen) *Darstellung* fast nur als *Kurven* (Funktionen), *Tensoren, Geodäten* – also als etwas *Krummes!*

Einsteins Entscheidung für die Riemannsche Geometrie als Ausdruck einer ‚naiven' alltagsphysikalischen Sicht auf die Realität – ist das eine despektierliche, kühne, wenn nicht größenwahnsinnige Behauptung? Nein, ich kann sie ganz einfach nachweisen. Schauen wir beim Meister selbst nach:

Wie erklärt er uns Gravitation? Gravitation *ist* die Bewegung der Materie entlang der durch Raumkrümmung vorgegebenen Raumbahnen, der Geodäten. Wie entsteht diese Raumkrümmung? Durch den Einfluss der (bewegten) Materie auf den Raum. Das ist, wie gesagt, eine Tautologie. Aber egal: Der Nachweis, dass eine Argumentation tautologisch ist, ist kein Nachweis, dass das, was behauptet wird, *falsch* ist – es könnte ja *richtig*, aber eben nur *anders* zu erklären sein.

Also: Wie lautet der *physische Nachweis* der Behauptung der Raumkrümmung jenseits der *Behauptung*, dass sie Folge des Einflusses der Materie sei? Nun, hier wird es erneut tautologisch: Man *beobachte*, wie frei im Raume sich bewegende Materie gravitativ wechselwirkt mit anderer frei im Raume sich bewegender Materie.

Und es folgen die berühmten *Gedankenexperimente* mit dem Weltraumlabor (bzw. dem frei fallenden, also beschleunigten Fahrstuhl): Wenn man sich ein Raumschiff (Weltraumlabor) im freien Raum fern aller Materieansammlungen denkt, so herrscht in diesem Schwerelosigkeit, also *keine* Gravitation (*Einstein* 1997, S. 44 ff., Einstein/*Infeld* 1998, S. 209-216). Nun denke man sich an diesem Raumschiff bzw. „Kasten von der Gestalt eines Zimmers" ‚oben' einen „Haken mit Seil" (*Einstein* 1997, S. 44), an dem mit einer Kraft, die der Gravitationskraft auf der Erdoberfläche entspricht, *permanent*, also im Ergebnis *permanent beschleunigt* gezogen wird. Der Astronaut im Raumschiff wird also (aufgrund der Trägheit seiner ‚Masse') ‚nach unten' in die entgegengesetzte Richtung auf den ‚Boden' ‚gedrückt'. Was empfindet der Astronaut im Raumschiff? Genau: Er empfindet eine auf ihn wirkende Kraft, die er *von sich aus* betrachtet von *Gravitation* (etwa auf der Erde stehend) „nicht unterscheiden kann" (*Einstein* 1997, S. 104).[10] Würde er im Raumschiff einen in seiner Hand befindlichen Apfel oder „Stein" (*Einstein* 1997, S. 41 f.) loslassen, so würde dieser genau wie auf der Erde auf den ‚Boden' fallen. Das *sei* also Gravitation (zumindest vom Astronauten aus betrachtet).

Einstein schreibt: „Die Betrachtungen des § 20 (in dem unmittelbar davor unser Weltraumlabor bzw. Fahrstuhl eingeführt und sein Verhalten beschrieben wurde; E.S.) zeigen, dass das allgemeine Relativitätsprinzip uns in den Stand setzt, auf rein theoretischem (!! E.S.) Wege Eigenschaften des Gravitationsfeldes (das hier also schon als physisches Faktum *gesetzt* erscheint! E.S.) abzuleiten. Es sei nämlich der raumzeitliche Verlauf irgendeines Naturvorganges bekannt, so wie er sich im GALILEIschen Gebiet relativ zu einem GALILEIschen Bezugskörper (grob gesprochen: ein starrer Messkörper in einem euklidisch-starren Raumraster; E.S.) *K* abspielt. Dann kann man durch rein theoretische (!! E.S.) Operationen, d.h. durch bloße Rechnung (!! E.S.), finden, wie sich dieser bekannte Naturvorgang von einem relativ zu *K* beschleunigten Bezugskörper *K'* aus ausnimmt. Da aber relativ zu diesem neuen Bezugskörper *K'* ein Gravitationsfeld existiert (!! E.S.), so erfährt man bei der

---

[10] Wir müssen also einen Astronauten unterstellen, der von dem Haken und dem Seil *nichts mitbekommt*, also, mit anderen Worten: Wir müssen einen *uniformierten* Beobachter voraussetzen – mal wieder. Schon die weiter oben eingeführten Astronauten A und B waren ja, man könnte fast sagen: zu *doof*, die Effekte ihrer Relativbewegungen und der begrenzten Ausbreitungsgeschwindigkeit des Lichtes einfach aus ihren Beobachtungen herauszurechnen. Sie nahmen also – in des Wortes direkter Bedeutung – den Schein für die Wirklichkeit.

Betrachtung, wie das Gravitationsfeld den studierten Vorgang beeinflusst." (*Einstein* 1997, S. 48, analog S. 66 f.)

Einstein legt also lediglich ein *Gedankenexperiment* vor, in dem Gravitation *simuliert* wird, und schließt von diesem auf die physische *Existenz* von *Gravitation!* Ihre *physische Erklärung* sei damit gegeben! Um den (physischen) „Ursprung" des so lediglich *definierten* Gravitationsfeldes müsse man sich „nicht kümmer(n)" (ebd., S. 104): „Denn die in Bezug auf S_2 (unser beschleunigter Fahrstuhl; E.S.) obwaltenden Verhältnisse werden als Gravitationsfeld gedeutet (*gedeutet!* E.S.), ohne dass die Frage nach der Existenz von Massen (!! E.S.) aufgeworfen wird, welche (!! E.S.) dieses Feld erzeugen (!! E.S.)." (ebd., S. 105) Wir müssen uns in der Physik um den physischen Ursprung der Dinge „nicht kümmern"! Das steht da schwarz auf weiß!

Nun, was unser Astronaut im beschleunigten Weltraumlabor ‚erfährt' bzw. „empfindet" (*Einstein* 1997, S. 52) *ist* definitiv *keine Gravitation* – genauso wenig wie die Kraftentfaltung auf einer rotierenden Scheibe als (vermeintlich Zeitdilatation und Längenkontraktion ‚verursachende'!) Gravitation interpretiert werden darf, wie es *Einstein* tut (*Einstein* 1997, S. 51-54, *Einstein* 1990, S. 61 ff.): Die Scheibenperipherie, ihr Rand, ist, relativ zum Scheibenmittelpunkt, permanent beschleunigt: Sie bzw. er wird durch die Drehung quasi immer und permanent zum Mittelpunkt hingezogen, obwohl sie bzw. er als ‚träge Masse' eigentlich gradlinig woanders hin ‚will'. Der ‚Kompromiss' beider Bewegungen ist eben die Kreisbahn eines Punktes an der Peripherie. Die Rotation wirkt also auf den Rand *wie* Gravitation – sie *ist* es aber nicht! Die Scheibe ist ein *starrer Körper* (wie das Seil am Fahrstuhl). Dieser *starre Körper* (bzw. die atomare Bindungsenergie, die ihn zusammenhält) überträgt die Kraft vom Zentrum zur Peripherie – *von Gravitation keine Spur!*

Einstein meint expressis verbis: „Abgesehen von der Frage der ‚Ursache' (Ich dachte immer, dass die Frage nach der ‚‚Ursache'" *die* wissenschaftliche Frage schlechthin ist! E.S.) eines solchen Schwerefeldes (das aus gegeneinander beschleunigten Koordinatensystemen K und K' [Fahrstühle etc.] entsteht; E.S.), welche uns erst später beschäftigen wird, *hindert uns nichts, dieses Schwerefeld als real*, d.h. jene Auffassung, dass

K' ‚ruhe' und ein Gravitationsfeld vorhanden sei, für gleichberechtigt zu halten..." (*Einstein* 1990, S. 60 f.; Herv. E.S.) *Dramatisch viel* hindert mich daran – nämlich ein Seil und der starre Körper der rotierenden Scheibe! Ich seh' das Zeug doch! *Wir alle sehen es doch!*[11]

Und man beachte: Gravitation wird hier definitiv als Folge bewegter Materie eingeführt (beschleunigte Fahrstühle, rotierende Scheiben) – und nicht als Folge irgend einer jenseits materieller Einflüsse schon ‚so irgendwie' gekrümmten Raumzeit!

Und wir sollten uns auch nicht dümmer stellen, als wir sind: Wir, wie gesagt, *sehen* doch, wir *wissen* doch als außenstehende Beobachter, dass der Astronaut im Raumschiff (oder auf dem Rande einer rotierenden Scheibe) *von sich aus betrachtet* die auf ihn einwirkende Kraft als ‚Gravitation' nur *interpretiert*. Wir *wissen* doch, dass diese Kraft durch das *starre Seil* bzw. die *starre Scheibe* (also durch die in ihnen wirkenden atomaren Bindungskräfte) übertragen wird – *was* aber, welches ‚Seil' überträgt die gravitative Kraft auf der Erde? Das „kümmert" mich, Herr Einstein!

Man komme mir nicht mit ‚gravitativer Raumzeitkrümmung'. Sie würde maximal erklären, auf welchen geodätisch-krummen *Bahnen* sich Materie (z.B. ein Apfel) bewegt, *wenn* sie sich bewegt. *Warum* bewegt sich der Apfel aber, wenn ich ihn loslasse (*Einstein* 1997, S. 44)? Aufgrund seiner Trägheit relativ zum herannahenden Boden des Raumschiffes, an dem ein Seil zieht – o.k., das ist eine akzeptable physische Erklärung bezüglich der Verhältnisse im und am (Seil!) Raumschiff. Aber – aufgrund seiner *Trägheit* auf der Erde? Der Apfel *bewegt* sich auf der Erde plötzlich aufgrund seiner *Trägheit?* Unsinn! Und natürlich wird auch die Erde dem Apfel nicht an einem Seil entgegen gezogen wie der Boden des Raumschiffes im Gedankenexperiment...

Gravitonen, welche die Gravitationskraft übertragen, *wären* geeignete Kandidaten für eine Erklärung, *warum* der Apfel *anfängt* zu fallen, wenn er losgelassen wird – nur wurden diese

---

[11] Zur Diskussion um Einsteins rotierende Scheibe vgl. auch *Galeczki/Marquardt* 1997, S. 105 ff.

,Seile' experimentell leider noch nicht nachgewiesen. Nochmals, weil so wichtig: Die Behauptung, *dass* sich etwas, *wenn* es sich bewegt, auf gravitativ gekrümmten Raumbahnen bewegt, ist keine Erklärung dafür, *warum* es, das *Träge*, sich überhaupt bewegen sollte, wenn es losgelassen wird. Das kraftübertragende ,Seil', welches das Weltraumlabor relativ zum Apfel und damit den trägen Apfel *relativ* zum Weltraumlabor bewegt, *ist* eine Erklärung, Gravitonen *wären* auch eine. Krumme Bewegungsbahnen sind es definitiv *nicht!* Die krumme Schiene erklärt nicht, *warum* der Zug *losfährt!*

Sehen wir weiter, woher Einsteins Präferenz für das Krumme, die Riemannsche Geometrie, stammt – und zwar jenseits der Tautologie von der raumkrümmenden Materie und dem materiebahnkrümmenden Raume.

Betrachten wir wieder unseren bzw. Einsteins Fahrstuhl respektive das Weltraumlabor – und zwar zunächst als nicht beschleunigt. Es herrscht also *scheinbar* Schwerelosigkeit in ihm (keine Gravitation). Unser Astronaut beobachtet nun, wie ein Lichtstrahl links in das Labor (das natürlich ganz aus Glas ist) eintritt und rechts wieder aus ihm verschwindet. Er misst den Abstand des linken Eintrittspunktes des Lichtes senkrecht zum Boden des Labors – und analog rechts. Er stellt keinen Unterschied fest. Nun wird unser Weltraumlabor wieder, wie oben schon beschrieben, durch das Seil beschleunigt. Unser Astronaut empfindet also wieder das Wirken von ,Gravitation'. Er misst unter diesen Bedingungen erneut den Weg des Lichtstrahles aus. Und siehe da: Der Weg des Lichtes ergibt in der *zweidimensionalen graphischen Darstellung eines gedachten* (relativ zum beschleunigten Labor) *ruhenden Außenbeobachters* eine *Kurve* (schön anzusehen bei *Einstein/ Infeld* 1998, S. 214). In der Zeit, in der der Lichtstrahl das Weltraumlabor durchquerte, wurde dieses ja nach ,oben' weggezogen. Der Lichtstrahl tritt also, im Vergleich zum nicht beschleunigten Labor, etwas unterhalb der alten Marke aus dem Labor heraus – und das ergibt nun mal eine ,krumme' Linie. Und das sei der ,Beweis', dass die Gravitationskraft die Raumgeometrie zu einer ,krummen', einer *sphärischen* mache! Sie glauben mir nicht, dass *Einstein* das alles wirklich so gesagt und gemeint hat? Hören wir den Meister selbst:

„So erfahren wir (wie gesagt: aus rein theoretischen Ableitungen aus den mit unserem Weltraumlabor gemachten Gedankenexperimenten; E.S.) beispielsweise, dass ein Körper, der gegenüber *K* (dem Galileischen Inertialsystem; E.S.) eine geradlinig gleichförmige Bewegung ausführt (entsprechend dem GALILEIschen Satz), gegenüber dem beschleunigten Bezugskörper *K'* (Kasten) eine beschleunigte, im allgemeinen (!! E.S.) krummlinige (!! E.S.) Bewegung ausführt. Diese Beschleunigung bzw. Krümmung (!! E.S.) entspricht dem Einfluss des relativ zu *K'* herrschenden Gravitationsfeldes (!! E.S.) auf den bewegten Körper. Dass das Gravitationsfeld in dieser Weise die Bewegung der Körper beeinflusst, ist bekannt...

Ein neues Ergebnis von fundamentaler Wichtigkeit (!! E.S.) erhält man aber, wenn man die entsprechende Überlegung für einen Lichtstrahl durchführt. Gegenüber dem GALILEIschen Bezugskörper *K* pflanzt sich dieser in gerader Linie mit der Geschwindigkeit *c* fort. In Bezug auf den beschleunigten Kasten (Bezugskörper *K'*) ist, wie leicht abzuleiten ist, die Bahn desselben Lichtstrahles keine Gerade (!! E.S.) mehr. Hieraus (hieraus!! E.S.) ist zu schließen (!! E.S.), *dass sich Lichtstrahlen in Gravitationsfeldern im allgemeinen* (!! E.S.) *krummlinig* (!! E.S.) *fortpflanzen.*" (*Einstein* 1997, S. 48 f.)

Das steht da alles schwarz auf weiß! Und das ist natürlich, Entschuldigung, kompletter Humbug! Durch das *Gedankenexperiment* eines via Seil (*wer* oder *was* zieht daran?) beschleunigten Fahrstuhles ist *Gravitation* als *physisches Faktum* in *keiner Weise erklärt!* Und die behauptete Krümmung des *physischen*, des *realen* Raumes ist durch die zweidimensionale *graphische Darstellung* des Ergebnisses der relativen Bewegung, also einer kontinuierlichen optischen Perspektivverschiebung eines Beobachtungsobjektes relativ zum darstellenden Beobachter ebenso *in keiner Weise erwiesen!*

Einsteins gesamtes Denken war von dieser *graphisch-geometrischen Darstellung* (und *später* erst geometrisch-mathematischen Ausformulierung) zunächst zueinander gleichförmig, später dann beschleunigt *bewegter Körper* (Massen/Energien) beherrscht. Das gesamte Inertialsystem-Problem ist ein ‚Problem' der *geometrischen Darstellung* (Lorentz-Transformation eines Koordinatensystems) der Relativbewegung von Massen. Es würde, wie gesagt, vollständig wegfallen, wenn man einfach das gesamte Universum als *ein* Inertialsystem *setzt* und die, wie auch schon gesagt, ‚perspektivischen Verzerrungen' einfach herausrechnet, die aus der absoluten Begrenzung unseres physisch schnellsten Botschafters und seiner Ablenkbarkeit durch gravitierende Massen (Sonne etc.), nämlich *c*, resultieren.

Wir hatten schon gesehen, dass ‚Zeitdilatation' ‚Längenkontraktion' und ‚relativistische Masse' ebenso ‚Folgen' einer *geometrisch-graphischen Darstellung* und *geometrisch-mathematischen Interpretation* der Relativbewegung zweier Körper bzw. Bezugssysteme sind: Konstruktion des Dreiecks aus Lichtquelle, Reflexionspunkt und Rückkehrpunkt und Auflösung nach der gewünschten Größe mithilfe des Satzes des Pythagoras. Zumindest das konstruierte Dreieck war noch eine ‚gerade Sache'. Aber selbst in dieser Konstruktion steckte schon das ‚Krumme' – wenn wir genauer hingucken: Was nämlich ergibt die *geometrisch-graphische Darstellung*, oder sagen wir: die ‚graphische Summe' der Bewegung eines Körpers, auf den *zwei* Kräfte (orthogonale Erdbeschleunigung und dazu longitudinale Zugbewegung z.B.) wirken? Eine *Kurve!* Unser berühmter Beobachter am Bahndamm beobachtet eine ‚krumme' Bewegungslinie eines Gegenstandes, den jemand im fahrenden Zuge – von *sich* aus betrachtet – *senkrecht* nach unten fallen lässt!

Und was ergibt die *graphisch-geometrische Darstellung* eines Lichtstrahles relativ zu einem beschleunigten (also *scheinbar* ‚gravitierenden') Raum, den er durchquert? Genau: Eine krumme Linie. Aber das wissen wir schon...

In welchem Ausmaße *Einstein* ein *Faible* fürs Graphische, Geometrische und speziell *Sphärische* hatte, zeigt sich auch daran, dass er aus bestimmten *physischen* Größen, die erst mal *nichts* mit der Art der sie umschließenden Geometrie zu tun haben, urplötzlich *Sphärisches* ‚ableitet': „Nach der NEWTONschen Theorie enden in einer Masse *m* eine Anzahl ‚Kraftlinien', welche aus dem Unendlichen kommen, und deren Zahl der Masse *m* proportional ist. Ist (!! E.S.) die Dichte ρ_o der Masse in der Welt im Mittel konstant, so (!! E.S.) umschließt eine Kugel (!! E.S.) vom Volumen *V* im Durchschnitt die Masse $\rho_o V$. (*Einstein* 1997, S. 70) Warum ‚folgt' („so"!!) aus *konstanter Massedichte* eine universale „Kugel"? Was haben *Dichte* und *Kugelgestalt* miteinander zu tun? Einstein spricht wie selbstverständlich von einem „Weltradius α" (1990, S. 106), den eine bestimmte Gesamtmasse (bei gegebener durchschnittlicher Dichte) zur Folge habe – und der Begriff des *Radius* ist dem der Kugel und also dem *Sphärischen* so eingeschrieben und verwandt, wie ein Begriff einem anderen nur eingeschrieben und verwandt sein kann. Man kann das Eine nicht setzen ohne gleichzeitig das Andere zu setzen.

Nun tendiert Materie (wie frei fallende Wassertropfen, Planeten etc.) in der Tat dazu, sich *kugelförmig* zu formieren. Nur – *warum* sollte das *deswegen* auch für den Raum, in dem das geschieht, gelten *müssen?* Denken wir nur an das Problem, dass ein Universum, gedacht als *Kugel*, unglaublich, wenn der Ausdruck erlaubt sein sollte: ‚viele Nichtse' in sich bergen würde, wenn es durch seinerseits sich kugelförmig gruppierende Materie angefüllt wäre: In einer Kugel, angefüllt mit Kugeln, gibt es immer ‚leere' Zwischenräume. Die können nur *mathematisch* durch unendlich kleine Kugeln gefüllt werden – *physisch* ist dagegen bei den Kugeln mit dem Durchmesser einer Planck-Länge Schluss.

Nett auch ein analoges ‚Bild' *Einsteins* (bei der Einführung in die Riemannsche Geometrie), das er mit der *Realität* verwechselt: „Von einem Punkt aus ziehen wir Gerade (spannen wir Schnüre) nach allen Richtungen und tragen auf jeder derselben Strecke *r* mit dem Maßstabe auf. Alle freien Endpunkte dieser Strecken liegen auf einer Kugelfläche." (*Einstein* 1997, S. 73) Das steht da kategorisch! Nichts folgt aus gar nichts – hätte ich fast gesagt: Man muss sich nämlich die Schnüre an ihrem Ursprung als unendlich dünn vorstellen und – lassen wir *r* gegen Unendlich tendieren – an ihrem ‚Ende' als unendlich dick (und dazwischen als kontinuierlich dicker werdend), um eine *geschlossene* Kugeloberfläche konstruieren zu können – weil bei unendlich langen ‚normalen', also über ihre gesamte Länge gleichmäßig dicken Schnüren ihre ‚Enden' *unendlich weit voneinander entfernt* wären mit *unendlichen leeren Zwischenräumen* dazwischen!

Und warum müssen oder sollen wir unsere Schnüre nun ausgerechnet nur von „einem" Punkt aus spannen – wenn doch im ‚relativistischen' Universum gar kein Punkt, kein Inertialsystem ausgezeichnet sein soll? Warum dann nicht besser von unendlich vielen Punkten unendlich viele Schnüre spannen – womit wir wieder beim völlig linearen kartesischen Koordinatensystem wären?

Schön auch folgender Satz: „Für unseren Zweck aber (im Gegensatz zu den Zwecken der ‚reinen' Mathematik; E.S.) ist es nötig, den Grundbegriffen der Geometrie Naturobjekte zuzuordnen..." (*Einstein* 1990, S. 11 f.) Ich würde umgekehrt vorgehen, *wenn* ich Physis beschreiben und nicht umgekehrt (geometrische) Beschriftungen physisch ‚inkarnieren' wollte (letzteres wäre die *Setzung* der *Beschriftung* ‚Längenkontraktion' als ein *physisch Wirkliches*). Soll sich unsere Sprache (Mathematik, Geometrie) nach der physischen Wirklichkeit richten – oder umgekehrt?

Einstein scheint oft letzteres gemeint zu haben: „Dass Körpergeschwindigkeiten, die die Lichtgeschwindigkeit übertreffen, nicht möglich sind, folgt (!! E.S.) schon aus dem Auftreten der Wurzel $\sqrt{1-v^2/c^2}$ in der speziellen LORENTZ-Transformation..." (*Einstein* 1990, S. 41). Ich würde sagen, dass das, wenn überhaupt, aus *physischen Ursachen* „folgt", die man maximal *dann*, wenn man sie richtig beobachtet und erklärt hat, entsprechend (prosaisch, mathematisch-geometrisch etc.) *beschreiben* kann. *Keine* Formel (Geometrie etc.), *keine Koordinatensystemwahl* (eine Wahl eines *Etikettensystems!*) gibt uns die *Garantie*, dass die *physische Wirklichkeit* sich nach ihr richtet und ihr „folgt" – das *kann* sein, das kann *nicht* sein. Und es wird nur dann sein, wenn unsere Formeln aus einer adäquat abgebildeten *physischen Wirklichkeit* ‚folgen' – und nicht aus *hin*konstruierten *Gedankenexperimenten*.[12]

---

[12] Mein guter Freund *Peter Feuerstein* schrieb zu meiner Kritik an den vielen von Einstein (u.a.) *hin*konstruierten Gedankenexperimenten: „Und ob Du zu entscheiden hast, ob etwas nur ‚hinkonstruiert' ist, weiß der Henker." Ich schrieb zurück: „Ich habe sehr wohl zu entscheiden, wie jedes denkfähige Wesen und also wohl jeder Henker auch, ob ein Gedankenexperiment ‚hinkonstruiert' ist: Ein Henker wird z.B. Probleme haben, jemanden im freien Weltraum zu hängen. Er müsste den Delinquenten, wie Einstein sein Weltraumlabor, an einem Strick dramatisch beschleunigen (rumschleudern vielleicht nach Art eines Hammer-

Ich schlage dringend vor, sich die Kategorien *Raum* und *Zeit* nicht nach den, im wahrsten Sinne des Wortes: geometrischen *Maßstäben* konstruiert vorzustellen, nach denen die *Materie* offenbar konstruiert ist und von uns vermessen wird. Geometrische Modelle (Euklidische, Riemannsche etc. Geometrie, Koordinatensysteme, Vektor- und Tensortransformationen etc.) sind *Gedankenkrücken*, sind *heuristische Hilfsmittel* und nicht *das, was* sie messen, *selbst!* Es *gibt*, lieber Herr Einstein (obwohl sie leider schon verstorben sind, ‚dilatiere' ich mich mal eben zu Ihnen in Gedanken hin) *kein* „zweidimensionales Geschehen", *keine* ‚zweidimensionale Welt', in der es „(f)lache Geschöpfe mit flachen Werkzeugen, insbesondere flachen starren Messstäbchen" gäbe (*Einstein* 1997, S. 71 ff.). Sie sind ein großer Künstler des Gedankenexperimentes – aber *real* sind flache, zweidimensionale Geschöpfe kompletter *Stuss!*

Ihr Mathematiker redet kompletten *Blödsinn*, wenn ihr behauptet, dass ihr „eindimensionale" Linien *krümmen* könntet, ohne *zwingend* (mindestens) eine *zweite* Dimension zu eröffnen (vgl. z.B. *Briggs/Peat* 1999, S. 132 f.), oder dass ihr Flächen krümmen könntet, ohne *zwingend* eine *dritte Raumdimension* eröffnen zu *müssen!* Ihr, mit Haut und Haaren und Hirn und allem, was ihm entspringt (und was gelegentlich lieber dort drin bleiben sollte), seid *vierdimensionale Evolutionsprodukte einer vierdimensionalen Raumzeit* (Minkowski-Raum, vgl. *Einstein* 1997, S. 81 f.)! Steckt euch eure albernen Modelle – albern, *insofern* sie *heuristische Gedankenkrücken* bzw. *analytische Werkzeuge* mit dem *immer vierdimensionalen ‚Werkstück'* verwechseln – an den Hut![13]

---

werfers), um das Rausquellen seiner Zunge zu provozieren. Nur frage mal, zum Henker, den Henker, ob er damit die Gravitation erklärt hätte..."

[13] Mein guter Freund *Peter Feuerstein*, seines Zeichens promovierter Mathematiker, schrieb mir als Entgegnung auf obige Passage: „Woher weißt Du, dass wir vierdimensionale Evolutionsprodukte in einer vierdimensionalen Raumzeit sind?" Ich schrieb zurück: „Das weiß ich so sicher oder unsicher, wie ich irgendwas sicher oder unsicher weiß." Und Peter fuhr fort: „Menschen sind nicht schwarz oder zweidimensional, nur weil

Um es so auszudrücken: *Warum* kommen Mathematiker, die ‚erst mal' so tun, als ob es gar keine Winkel (geschweige denn bevorzugte) in einer Geometrie gäbe, sondern ‚erst mal' nur Skalare, also Zahlen (die Rede ist von Vektor- bzw. Tensorräumen – obwohl man auf *diesem* Stand der Diskussion von *Räumen* noch gar nicht sprechen dürfte), dann urplötzlich und schlussendlich zu einer ‚kleinen' Bevorzugung des *Orthogonalen?* Warum – wenn eigentlich *unendlich viele Winkel* denkbar und berechenbar sind? Nun, um es so zu sagen: Sie kommen *als Evolutionsprodukte* genau deswegen zur ‚Auszeichnung' des *Orthogonalen*, weil, allegorisch gesprochen: alle Evolutionsprodukte einfach *umgefallen* wären und sich damit höchstwahrscheinlich wieder zerstört hätten, noch bevor sie sich überhaupt – z.B. zu Mathematikern – hätten entwickeln können, wenn *die Physis selbst* das *Orthogonale* nicht ‚bevorzugen' würde! Etwas *muss* in einem Koordinatensystem senkrecht zur (gravitierenden) Grundlinie stehen, damit es nicht umfällt und sich weiterentwickeln kann!

Und die Sache muss insofern auch (links und rechts vom ‚aufrechten' Evolutionsprodukt) *symmetrisch* sein! Die Bevorzugung des *Orthogonalen* und *Symmetrischen* ist ein Evolutionserfordernis, das sich in den geistigen Produkten gewisser Evolutionsprodukte (Mathematiker, Geometer, Turmbauer, allgemein: alle die ‚Ekstase des *aufrechten* Ganges' pflegenden Menschen), fast hätte ich gesagt: ‚(spiegel)*symmetrisch*' widerspiegelt – oder gar (evolutionär-zeitlich) *wieder* spiegelt!

---

mir auf der Höhlenwand nur solche Abbilder begegnen." Und ich entgegnete: „Die *Abbilder* sind es aber! Und nur *die* können in Planktons Gedankenexperiment von den ‚Menschen' in der Höhle erkannt werden! Wir können nur *erkennen*, was wir erkennen *können* (Kant)! Und worüber wir nichts sagen können, darüber sollten wir lieber schweigen... (Wittgenstein)".

Das mit dem zu *Plankton* mutierten *Platon* erklärt sich übrigens aus einer gewissen busenfreundschaftlichen Albernheit, die Peter und mir gelegentlich eignet...

XIV. Die begrenzte Lichtgeschwindigkeit erklärt alles – und die postulierte ‚Raumzeitkrümmung' nichts. Beispiel Merkurperihel

Aber weg von den Gedankenexperimenten und zurück zur Realität, zur Physis. Nun, was ist der *wirkliche*, der *physisch wirkende Grund* (und nicht nur die ‚Folge' von Gedankenexperimenten, geometrischen Darstellungen und nachfolgenden geometrisch-mathematischen Symboltransformationen), dass wir *auch dann*, wenn wir das gesamte Universum als das *eine* (euklidisch-flache, gerade, lineare) *Inertialsystem* setzen (und uns damit, nebenbei, die gesamte Transformiererei, die gesamte komplizierte Vektor- und Tensorrechnung ersparen), in ihm eigentlich *immer* nur irgendwie *sphärische* (elliptische, geschwungene, kurvenartige, krumme) Erscheinungs*formen* der Körper, also *letztlich* der *Materieenergiefelder*, aus denen sie bestehen und die sie in der Summe *sind, physisch beobachten?*

Meine These ist, dass dies nichts mit ‚Raumkrümmung' zu tun hat, sondern *Folge der immerwährenden gegenseitigen Bewegungsbeeinflussung der Materieenergie bzw. Energiematerie* ist, betrachtet als *Felder*. (Dass *ein* Energiefeld im freien Raume *sich selbst*, wenn es nicht von außen beeinflusst wird, ebenso *sphärisch* strukturiert, muss nicht lange erklärt werden: Man betrachte, wie gesagt, nur einen frei fallenden Wassertropfen.) Wenn es im gesamten (geraden!) Universum nur *einen* Massepunkt gäbe, wäre dessen Bewegungsbahn, *wenn* er denn bewegt wäre, unabdingbar eine *Gerade*. Da sich nun aber permanent *alles* von *allem* (*mehr* oder *minder* natürlich) in der Folge gegenseitiger Feldwirkungen von dieser ‚*idealen'* Bewegungslinie der Geraden *ablenkt*, ist das Ergebnis *immer* ‚*krumm'! Und das hat nichts mit einer Krümmung des umgebenden Raumes zu tun!*

Damit man den *zeitlichen Fluss* von *Wirkung* und *Rückwirkung* der sich im *linearen* Raume *nichtlinear* bewegenden Materieteilchen (seien diese auch große Planeten) aber überhaupt auch nur denken kann, *muss man sich die maximale Geschwindigkeit, mit der sich Energiematerie oder Materieenergie bewegen kann, als begrenzte denken.* Und das heißt praktisch: Man muss sie mit einer *physischen Größe* bzw. *Konstanten* gleich setzen – also, da wir schnelleres (na ja...) noch nicht (oder kaum...) gefunden haben, mit der Lichtgeschwindigkeit *c!*

Um diesen Gedanken zu verdeutlichen: Das revolutionär *Neue* an *Einsteins* Denken ist nicht die *Fiktion* der ‚Raumkrümmung', sondern das *Absolutsetzen von c* und das, sagen wir: *Durchdeklinieren aller logischen und eben auch physischen Folgen dieser Setzung.*

Stellen Sie sich wieder unser Beispiel des fahrenden Zuges vor: Wie sähe die graphische Darstellung des fallenden Gegenstandes aus (wieder vom Bahndamm aus betrachtet), wenn der Zug *erstens* (fast) mit Lichtgeschwindigkeit und *zweitens* dann *unendlich schnell* fahren würde? Im ersten Falle würde sich eine sehr lang gezogene, horizontal liegende Kurve (nach unten geöffnete Parabel) ergeben. Und im zweiten Falle? Na? Es würde sich *gar keine Kurve*, sondern eine *kerzengerade waagerechte Linie* zeigen! Warum? Der Gegenstand wäre, da *unendlich* schnell, ‚immer schon weg', wenn die *in ihrer Ausbreitung selbst durch c begrenzte Gravitationskraft* auf ihn einwirken wollte – sie käme *nie ‚hinterher'!* Sie könnte ihn *nie* in seiner Bewegung ‚abkrümmen', seine *beobachtete* Bewegungsbahn zu einer Kurve machen. Die Bewegungsbahn würde noch nicht mal asymptotisch Richtung Bahndamm tendieren. Sie würde *überhaupt nicht* dazu tendieren!

Einstein ist sozusagen ‚Newton plus *c*'! (Das klingt übrigens ziemlich gesund!) Alles, was Newton als *instantan*, als *unendlich schnell* und damit faktisch ‚*zeitlos*' übertragen sich vorstellte (dabei natürlich vor allem das Wirken der Gravitationskraft; vgl. hierzu *Einstein* 1997, S. 32, *Einstein* 1990, S. 28 u. 30), wird durch c begrenzt und in seinen Auswirkungen ‚*relativiert*'! Da c begrenzt ist, können Materieenergiepunkte bzw. Energiemateriepunkte *nicht unendlich schnell* aufeinander zu gravitieren oder sich voneinander weg bewegen: *Im Ergebnis wirken* sie also aufeinander und *krümmen* ihre ansonsten geraden Bewegungsbahnen gegenseitig ab. Nochmals: Dies ist Ergebnis *nicht* einer ominösen *Raumkrümmung*, sondern der *Endlichkeit* von *c!*

Wenn sich die Gravitationskraft also mit c ausbreitet – nun, dann scheint sie sich eben analog zu elektromagnetischen Wellen auszubreiten, den Kraftübertragungswellen der elektromagnetischen Kraft. Und dann scheint die Gravitation genauso zu

,funktionieren' wie die drei anderen grundlegenden Naturkräfte: Jeder Kraft (starke und schwache Kernkraft, elektromagnetische Kraft und eben Gravitation) sind entsprechende Kraftübertragungswellen oder –partikel zugeordnet: Gluonen, W- bzw. Z-Bosonen, Photonen – und im Falle der Gravitation wären das eben *Gravitonen*.

Die berühmte Einsteinsche Erklärung der berühmten *Perihelbewegung* (Präzession) *des Merkur*[1] ist nach allem also kein Beweis für eine Raumzeitkrümmung, sondern das Resultat der Anwendung der im *Sinne der Newtonschen Physik modifizierten*[2] *Feldgleichungen der ART* bzw. der *im Sinne der ART durch die Einführung von c modifizierten Newtonschen Physik*, also der Nachweis der *durch die begrenzte Lichtgeschwindigkeit zeitlich verzögerten Wirkung des Materieenergiefeldes der Sonne auf das Materieenergiefeld namens Merkur!*

Es ist interessant, dass man in der Literatur immer nur liest, *dass* Einstein mit der ART die Perihelbewegung des Merkur ,erklärt' bzw. ,berechnet' bzw. ,abgeleitet' habe, dass aber so gut wie nie, nein: nie erklärt wird, *was* denn *der physische Grund* dieser Bewegung (von 43 Bogensekunden pro Jahrhundert in Richtung der Bahnbewegung des Merkur; vgl. *Einstein* 1997, S. 68) *ist*. Darf oder muss ich aus diesem Umstand schließen, dass im allgemeinen nur nachgeplappert wird, was Einstein vorerzählte (vorberechnete, aus mathematischen Formeln ableitete), ohne zu *begreifen, was* sich da *physisch* abspielt?

---

[1] Vgl. *Einstein* 1990, S. 92-96, *Einstein* 1997, S. 67 ff. u. 83 f., *Einstein/Infeld* 1998, S. 230 f., oder auch *Goenner* 1996, S. 200 ff., 292, 309 u. 346, *Barrow* 1996, S. 184 f., *Bührke* 1999, S. 83 f., *Hawking* 1994, S. 25 u. 48, oder *Heisenberg* 1977, S. 100. Notabene: Diese Perihelbewegung existiert auch bei allen anderen Planeten, nur ist sie bei diesen, weil sie sehr viel weiter von der Sonne entfernt sind, sehr viel schwächer und kaum nachweisbar, da von vielen anderen Effekten „völlig maskiert" (*Goenner* 1996, S. 203).

[2] Was es mit dieser Modifikation auf sich hat – davon gleich mehr.

Ich habe (zumindest im Ansatz) nur eine Ausnahme gefunden: Die Perihelbewegung des Merkur ist, zumindest laut *Barrow* (1996, S. 517), Folge allein des Umstandes, dass die Sonne *als Feld* keine ideale Kugelform besitzt[3] – wie bei Newton vorausgesetzt.[4] „Einsteins größte Leistung war die Aufstellung des außerordentlich komplizierten Systems mathematischer Gleichungen, das uns sagt, wie sich diese symbiotische Beziehung zwischen der Materie und der Geometrie der Raumzeit bestimmen lässt. Diese Gleichungen sind... *Feldgleichungen.*" (*Barrow* 1996, S. 182; Herv. E.S.) *Physis* (also nicht Metriken, Geometrien) beschreibende *klassische* Feldgleichungen beschreiben aber allein die Beziehungen zwischen *Materieenergie und Energiematerie* – wie schon bei *Maxwell*. Schlüsse auf die die Felder umgebende Raumzeit können daraus *nicht* gezogen werden. Sie sind reine Spekulation.

Also: Was *ist* der *physische Grund* der Perihelbewegung des Merkur? Die Raumkrümmung? Und warum ist dann diese alle hundert Jahre eine *andere*, um 43 Bogensekunden verschobene?

Nun, betrachten wir Einsteins Formel der Berechnung des Winkels der Wanderung des Merkurperihels (also des sonnenfernsten Punktes der elliptischen Bahn des Merkurs um die Sonne) relativ zur gedachten Längsachse der Ellipsenbahn etwas genauer, lassen wir sie einfach mal kurz auf uns wirken. Sie lautet (vgl. *Einstein* 1990, S. 95):

$$\frac{24\pi^3 a^2}{(1-e^2)c^2 T^2}$$

Dabei bedeutet „*a* die große Halbachse der Planetenbahn in Zentimetern, *e* die numerische Exzentrizität in Zentimetern,

---

[3] *Goenner* ist da übrigens ganz anderer Meinung (1996, vor allem S. 200 ff., vgl. aber auch S. 3, 292, 309 u. 346).

[4] *Barrow* zieht daraus übrigens *nicht* (wie ich) den Schluss, dass die Einsteinschen Feldgleichungen der ART eben nur *Feldwirkungen* beschreiben – und nicht gekrümmte Raumzeit.

$c = 3 \cdot 10^{10}$ die Vakuumlichtgeschwindigkeit, T die Umlaufdauer in Sekunden" (ebd., S. 96).

Nun: *Was* von diesen Größen ist keine Variable, keine Metrik, kein Relationsbegriff, kein Funktionszeichen etc., sondern was symbolisiert eine *physische Konstante?* Oder so formuliert: *Was* verbindet diese *Formel*, diese *Symbole* mit der *physischen Realität? c!* Und zwar ausschließlich! Die Periheldrehung des Merkur wird also, um es *physisch* zu interpretieren, durch die *begrenzte Übertragungsgeschwindigkeit der Gravitation physisch verursacht* (in den durch die anderen Größen beschriebenen *geometrischen Verhältnissen*) – und *nicht* durch irgendeine ‚Raumkrümmung'! Irgend ein Krümmungstensor kommt in dieser Formel überhaupt nicht vor! Sie ist frei von jeder sphärischen Riemannschen Geometrie!

Wenn man die Herleitung der Formel bei *Einstein* genau verfolgt (*Einstein* 1990, S. 79-96), begreift man, warum das so ist: Die ganze Sache der Wanderung des Merkurperihels erhält man nämlich schon dann, wenn man in Newtons Gravitationsgesetz „*l* durch *c·t*" ersetzt (ebd., S. 88), also die *begrenzte Lichtgeschwindigkeit* als Naturkonstante einführt (hier zur Messung einer Länge *l*), und Newtons Gravitationskonstante K mit der in Einsteins Feldgleichungen auftretenden Konstante κ in folgende Relation setzt:

$$K = \kappa \cdot c^2 / 8\pi$$

Und daraus folgt banalerweise:

$$\kappa = 8\pi \cdot K / c^2$$

Und wenn man das getan hat, kann man *in Einsteins eigenen Worten* „die Planetenbewegung auf *demselben* Wege wie in der *klassischen Mechanik* (!! E.S.) rechnerisch ableiten… Als wichtigstes Resultat ergibt sich hierbei eine säkulare Drehung der Planetenellipse im Sinne der Umlaufbewegung (also das berühmte Merkurperihel; E.S.), welche pro Planetenumlauf im absoluten Winkelmaß

$$\frac{24\pi^3 a^2}{(1-e^2)c^2 T^2}$$

beträgt..." (ebd., S. 95 f.; Herv. E.S.).

Die ganze Sache ergibt sich also aus Newton plus c – und nicht aus irgend einer Raumkrümmung!
Um zu verdeutlichen, dass die Drehung des Merkurperihels *ausschließlich* durch die auf c begrenzte Ausbreitungsgeschwindigkeit der Gravitationskraft zu erklären ist, setzen wir c einfach als *unendlich groß* – das würde nämlich heißen, dass die Gravitationskraft *instantan,* also *unendlich schnell* übertragen wird: Mit dem Faktor c würde der gesamte Nenner der Formel ins Unendliche wachsen – und damit der gesamte Wert (also bei *gleich* bleibenden, durch die anderen Parameter beschriebenen *geometrischen* Verhältnissen!) also *unendlich klein!* D.h., die berechnete Winkelabweichung wäre *null,* und es gäbe also *keine* Periheldrehung!

Die Periheldrehung des Merkur resultiert *physisch* also aus dem *physischen Faktum* der Begrenzung von $c!$ Wie man sich das konkret vorzustellen hat? Ich habe keine Ahnung – vielmehr nur eine Intuition: Da sich die Gravitationskraft ebenso wie *c zeitlich begrenzt* ausbreitet – wie übrigens auch (um über Einsteins Formel gleich hinauszudenken) *energetisch gequantelt* (Plancksches Wirkungsquantum!) –, hat der Merkur (wie jede andere Masse relativ zu einer anderen Masse) immer (wenn auch winzigste) ‚Freiräume', in denen er quasi ‚gerade nicht' gravitativ beeinflusst wird, sondern sich geradlinig fortbewegen kann, also in Bewegungsrichtung *weg* vom Perihelpunkt der vorherigen Bahnumdrehung. Diesen Effekt gibt es, wie gesagt, auch bei allen anderen Planeten (oder allgemein: auch bei allen anderen aufeinander gravitativ oder auch elektromagnetisch etc. wirkenden Massen), nur ist er bei diesen aufgrund der Vielzahl viel größerer anderer Effekte kaum oder nicht zu messen.

Man rechne übrigens diese aus der energetischen *Quantelung* und der absoluten Geschwindigkeitsbegrenzung von c (bzw. von Gravitonen) resultierenden ‚Freiräume' auf die Bewegungsverhältnisse aller Massen im gesamten Universum hoch...

Na, tauchen da nicht ganz neue Perspektiven der Erklärung von, sagen wir mal: ‚Rotverschiebung, Urknall & Co.' auf?

Einstein meint, dass seine Beschreibung der „Struktur des Gravitationsfeldes" von der Newtonschen „prinzipiell abweicht; es liegt dies daran, dass das Gravitationspotential tensoriellen und nicht skalaren Charakter hat." (ebd., S. 89)

Nach allen bisherigen Ausführungen wird Sie, liebe Leserinnen und Leser, nicht verwundern, wenn ich sage, dass das ‚Tensorielle' an der ganzen Sache keiner ‚Raumzeitkrümmung' geschuldet ist, sondern der begrenzten Ausbreitungsgeschwindigkeit aller – elektromagnetischen oder gravitativen – Kraftübertragung: c macht die ganze Sache ‚krumm' (tensoriell) und lässt sie nicht ‚gerade' (skalar) sein. Also nochmals: Einstein ist Newton plus c!

Richard Feynman beschrieb es einmal so:[5] „Abschließend möchte ich zur Theorie der Schwerkraft noch zwei Dinge anmerken. Erstens, dass Einstein die Gesetze der Schwerkraft (also Newtons Gesetze; E.S.) in Übereinstimmung mit den Prinzipien der Relativität abändern musste. Im Gegensatz zu Newtons Theorie, dass die Kraft überall *sofort* wirkt, lautet Einsteins erster Grundsatz, dass sich ‚x' (gemeint sind Gravitationsfelder bzw. –wellen; E.S.) nur mit *endlicher* Geschwindigkeit ausbreitet. Doch die von Einstein durchgeführten Modifizierungen der Newtonschen Gesetze haben nur ganz geringe (!! E.S.) Auswirkungen. Eine Änderung besagt, alle Massen fallen (was natürlich *keine* Änderung gegenüber Newton bedeutet; E.S.), Licht hat Energie, und Energie und Masse sind äquivalent. Mithin fällt Licht, und das bedeutet, dass Licht in der Nähe der Sonne abgelenkt werden muss (also als *Materieenergie* bzw. *Energiematerie*!! E.S.), was auch der Fall ist (Von *Raumkrümmung* ist hier also nicht die Rede. E.S.). Außerdem ist in Einsteins Theorie die Interpretation der Schwerkraft etwas modifiziert, so dass auch das Gesetz ganz leicht (!! E.S.) modifiziert wurde, gerade genug, um die leichte Abweichung in der

---

[5] Sicher nicht in meinem Sinne – als er die oben zitierte Vorlesung hielt, war ich erst sechs Jahre alt...

Bewegung des Merkur zu erklären..." (*Feynman* 1997, S. 45 f.; Herv. E.S.)

Wer ist da also Spezialfall von wem?

Oder lesen wir, was *Leggett* schreibt: „Die drei ‚klassischen' Tests der allgemeinen Relativitätstheorie – die gravitative Rotverschiebung, die Krümmung der Lichtstrahlen (der Lichtstrahlen – nicht der Raumzeit; E.S.) in einem starken Gravitationsfeld und die Periheldrehung des Merkur – haben alle drei außerordentlich winzige (!! E.S.) Effekte zum Gegenstand, und in jedem Fall gibt es alternative Theorien (!! E.S.), die die Daten ebenfalls erklären könnten. Aber die Einsteinsche Theorie ist von so überwältigender konzeptioneller Einfachheit und Schönheit, dass sie seit ihrer Formulierung im Jahre 1916 stets und überall als der erste Kandidat für eine allgemeine Theorie von Raum, Zeit und Gravitation angesehen worden ist." (*Leggett* 1989, S. 136)

Nochmals, wer ist hier angesichts „außerordentlich winzige(r) Effekte" der Spezialfall von wem?[6]

---

[6] Meine guten Freunde *Hanns-Peter Maass* und *Peter Feuerstein* haben mich darauf hingewiesen, dass alles, was *begrifflich weiter* ist als etwas anderes (z.B. ist n-dimensional weiter als 4-dimensional) nach Art eines *Oberbegriffes* gegenüber einem *Unterbegriff* (z.B. Gattung/Art) der allgemeinere Fall ist – und der Unterbegriff eben der Spezialfall, auch dann, wenn der Spezialfall *empirisch* weit überwiegt. Das ist natürlich richtig. Unser Universum ist aber primär ein *empirisches Faktum* und nicht zuerst ein *abstrakter Begriff*.

XV. Von der Einsteinschen Erklärung der Gravitation zur Quantengravitation

Geben Sie, liebe Leserinnen und Leser, ins Suchen-Feld eines Internet-Standardportals für Physik, einer Fachzeitschrift für Physik oder auch nur einer populärwissenschaftlich-naturwissenschaftlichen Zeitschrift den Begriff *Gravitation* ein – Sie werden fast ausschließlich Artikel finden, in denen (insofern sie neueren Datums sind) versucht oder zumindest angedacht wird, Gravitation im weitesten Sinne quantentheoretisch zu erklären. Der Versuch, die große vereinigende Theorie ‚für alles', also eine GUT (**G**rand **U**nifying **T**heory), zu finden, besteht also fast ausschließlich darin, die ART durch die Quantentheorie zu vereinnahmen – und nicht umgekehrt.[1]

Warum ist das so, wenn die ART Gravitation schon notwendig und hinreichend erklärt und beschreibt – und gar erfolgreich?

Nun, es scheint unter den Physikern eine gewisse bis massive Unzufriedenheit mit der gegenwärtigen Situation zu herrschen – und sie scheinen nicht nur *ästhetische* Motive zu haben, wenn sie endlich über die *eine* große Theorie verfügen wollen, die ‚alles' erklärt. Wir haben gesehen, dass die genaue Vermessung der kosmischen Hintergrundstrahlung ein definitiv *flaches* Universum aufgezeigt hat und dass die Astronomen und Astrophysiker gezwungen waren, in Form der Einführung der dunklen Materie und Energie mal eben den Materieenergiegehalt des Universums zu *verzwanzigfachen*, um erklären zu können, was sie im Weltall beobachten – mit anderen Worten: um wett

---

[1] „Die ART ist bei sehr hohen Teilchenenergien im Bereich der Planck-Skala oder entsprechend bei sehr kleinen Raumzeitgebieten mit starker Krümmung nicht mit der Quantenphysik vereinbar. Obwohl es keine Beobachtung gibt, die der ART widerspricht und ihre Vorhersagen gut bestätigt sind, ist daher klar, dass es eine umfassendere Theorie geben muss, in deren Rahmen die ART ein Spezialfall ist. Es muss also eine Quantenfeldtheorie der Gravitation geben, die eine Vereinigung der ART mit der Quantenfeldtheorie darstellt."
(http://de.wikipedia.org/wiki/Allgemeine_Relativitätstheorie)

zu machen, was die gegebene Theorie, die ART, mit der bislang gegebenen Energiematerie allein nicht erklären konnte und was eine ‚reine' sphärische Raummetrik anscheinend am allerwenigsten erklären kann.

Die Quantenphysik erklärt die starke und schwache Kernkraft sowie die elektromagnetische Kraft samt ihrer Kraftübertragungswellen und -partikel (Gluonen, W- und Z-Bosonen, Photonen) sehr erfolgreich. Es scheint irgendwie in der Logik der Sache zu liegen, wenn nun auch noch versucht wird, die Gravitation strukturanalog zu erklären. Denn gewisse Ähnlichkeiten zwischen der Wirkungsweise der verschiedenen Kräfte und vor allem zwischen elektromagnetischer und Gravitationskraft – den beiden *nicht unendlich schnell*, aber *unendlich weit* wirkenden Kräften[2] – sind natürlich frappierend:

„Einstein sah auch eine Ähnlichkeit zwischen Gravitation und einem Magnetfeld. Ein Magnetfeld tritt dann auf, wenn sich elektrisch geladene Teilchen relativ zu uns bewegen, wie dies beispielsweise in der Spule eines Elektromagneten geschieht. Begeben wir uns aber in ein System, das sich mit der Ladung mitbewegt, verschwindet das Magnetfeld (wie die Gravitation in einem frei fallenden Fahrstuhl[3] ‚verschwindet', in dem wir ‚schwerelos' mitfallen; E.S.)." (*Bührke* 1999, S. 72; vgl. analog *Einstein/Infeld* 1998, S. 141)

Wir erinnern uns auch, dass im Magnetfeld *wie* im Gravitationsfeld die Kraft umgekehrt proportional zum Quadrat des Abstandes vom Zentrum des Feldes abnimmt.[4]

---

[2] Beim Photon gilt das natürlich nur dann, wenn es an seiner unendlichen Ausbreitung nicht gehindert wird – durch Materie, die es absorbiert.

[3] Zum Fahrstuhlbeispiel (freier Fall) vgl. z.B. *Einstein/Infeld* 1998, S. 209-216, *Hoffmann* 1997, S. 162, 169 f. u. 172, *Goenner* 1996, S. 177 u. 218, oder *Wickert* 1998, S. 33 u. 71 f.

[4] Vgl. hierzu z.B. *Hoffmann* 1997, S. 80, *Feynman* 1997, S. 44, *Kuchling* 1999, S. 464, *Barrow* 1996, S. 156, *Lederman/Schramm* 1990, S. 34. Vgl. zur Gravitation oben S. 155, Fußnote 29, oder *Kuchling* 1999, S. 135-144.

Und gerade eben haben wir gesehen, dass sich beide Kräfte maximal mit Lichtgeschwindigkeit ausbreiten können – was vieles, etwa die Präzession des Merkurperihels, ohne jede ‚Raumzeitkrümmung' erfolgreich erklärt nach dem Motto: Einstein ist Newton plus $c!$

Dürfen wir *Hawkings* Darstellung glauben, wie ein quantenphysikalischer Kräfteaustausch via Teilchen (Wellenteilchen, Teilchenwellen) konkret verläuft, dann hält Newton sogar noch in die Welt des Kleinsten Einzug: „Dabei wird ein kräftetragendes Teilchen von einem Materieteilchen, etwa einem Elektron oder Quark, emittiert. Der Rückstoß (!! E.S.) dieser Emission verändert die Geschwindigkeit des Materieteilchens. Das kräftetragende Teilchen kollidiert anschließend mit einem anderen Materieteilchen und wird absorbiert. Diese Kollision verändert die Geschwindigkeit dieses zweiten Teilchens, ganz so, als wirke eine Kraft zwischen den beiden Materieteilchen." (*Hawking* 1994, S. 93 f.) Auf *diesem* Betrachtungsniveau gilt also fast schon wieder, könnte man sagen, das ‚Newtonsche' mechanistische Billard-Kugel-Modell! Nur sind die Billard-Kugeln ‚dort unten' natürlich Materieenergiewellen bzw. Materieenergiefelder – also ‚Kugeln' mit nicht genau definiertem ‚Rand'.[5]

Was übrigens ein *Feld* letztlich *ist* – ich habe keine Ahnung. Nur, da bin ich in bester Gesellschaft: Bei *keinem* der in der Literaturliste im Anhang (S. 237 ff.) aufgeführten Autoren (also Einstein, Heisenberg, Hawking etc. inklusive) habe ich auf diese Frage nach der *Substanz*, nach dem *Was* eine Antwort gefunden. Ich kenne nur alltägliche Erscheinungsformen von Feldern, z.B. Licht als elektromagnetisches Feld oder etwa die Wirkung eines einfachen Stabmagneten. *Was* da wundersamerweise die Kraft vom Magneten etwa zu Eisenspänen überträgt – o.k. ein Feld bzw. entsprechende elektromagnetische Wellen, wird uns gesagt. Aber *was sind* die?

---

[5] Was streng genommen natürlich auch für den mikroskopisch betrachteten Rand einer makroskopischen Billardkugel gilt: Sie besteht ja aus nichts anderem als Materieenergiewellen bzw. -feldern!

Mit der Beantwortung dieser Frage hatten schon ganz andere Probleme: „Prüfer: *Was ist Elektrizität?* Prüfling: *Oh, Herr Professor, ich bin sicher, ich habe es gelernt – ich bin sicher, ich habe es gewusst – aber ich hab's vergessen.* Prüfer: *Wie sehr bedauerlich: Nur zwei Personen haben je gewusst, was Elektrizität ist, der Urheber der Natur und Sie. Jetzt hat es einer von Ihnen vergessen.* Prüfungsprotokoll der Universität Oxford, um 1890." (*Barrow* 1996, S. 304)

Fritzsch meint hingegen: „Die elektromagnetische Wechselwirkung ist vollkommen verstanden", hier gäbe es „nichts Ungeklärtes" (1999, S. 177). Ich konnte bei Fritzsch aber nicht herausfinden, ob er nur das *Wie* oder auch das *Was* meint. Falls er auch letzteres gemeint haben sollte, wäre er nach dem Dafürhalten unseres Prüfers, zumal unser Prüfling bestimmt schon lange gestorben ist, der liebe Gott!

Aber zurück zum Thema: Aus den genannten Gründen geht der Versuch der Ausformulierung einer großen vereinheitlichten Theorie eindeutig in Richtung einer Vereinnahmung der ART durch die Quantenphysik – und, wie gesagt, nicht umgekehrt. In einem gewissen Sinne – könnte man auf den ersten Blick zumindest meinen – droht auch der SRT Ungemach von quantenphysikalischer Seite. Denn alle weiter oben genannten Effekte, die darauf hinweisen, dass es doch etwas schnelleres als die Lichtgeschwindigkeit gibt oder geben könnte (Tunneleffekt, Doppelspaltenexperiment, Tachyonen[6]) oder dass es gar *unendlich* Schnelles, also *Instantanes* geben könnte (instantane Kommunikation weit entfernter, aber verschränkter Teilchenspins), stammen aus der Quantenphysik.[7]

---

[6] So zumindest eine Voraussage der Stringtheorie (*Barrow* 1996, S. 306). Sehr skeptisch zu Tachyonen äußert sich *Goenner* (1996, S. 67).

[7] Zu „Teleportation und weitere(n) Mysterien der Quantenphysik" (Untertitel) sollte man *Zeilingers* Buch „Einsteins Spuk" (*Zeilinger* 2007) gelesen haben – obwohl erst 2005 in erster Auflage erschienen, fast schon ein Klassiker. Vgl. kürzer auch *Morsch* 2006.

Wenn c also doch nicht das Absolute ist oder sein sollte, für das es Einstein erklärt hat, wenn die Behauptung, c sei die absolut schnellste Möglichkeit, Information zu übertragen, nur, um dieses schöne Zitat zu wiederholen, eines der vielen anderen „in unsere Messapparate eingebauten Vorurteile" ist (*Barrow* 1996, S. 535)[8] – was folgt daraus für $E = m \cdot c^2$?

Nun, es muss erst mal gar nichts resultieren für die Verhältnisse, die $E = m \cdot c^2$ umschreibt, *wenn* nämlich dieses *instantane ‚Etwas'* keine Materieenergie bzw. Energiematerie ist – sondern eben eine Erscheinung der von der Materieenergie bzw. Energiematerie ‚relativ' (letztlich?) *unabhängigen Raumzeit!*

Man könnte es so formulieren: Das, was Einstein mit $E = m \cdot c^2$ richtig beschrieb, *bleibt* richtig, auch wenn c nicht das Absolute schlechthin sein sollte, weil es, wie gezeigt, unabhängig gilt von dem, was er *nicht* richtig nur *erschloss* aus seinen Gedankenexperimenten und aus dem modelltheoretischen ‚Vorurteil' namens Riemannsche sphärische Geometrie[9] – die gekrümmte Raumzeit: „'Für Überlichtgeschwindigkeiten werden unsere Überlegungen sinnlos'[10], schloss Einstein 1905 in seiner epochemachenden Arbeit, denn für diese Fälle wird die Zahl unter der Wurzel (im Term $\sqrt{1-v^2/c^2}$; E.S.) negativ, für die es im Bereich der reellen Zahlen keine Lösung gibt." (*Bührke* 1999, S. 42, vgl. im Original: *Einstein* 1997, S. 24)

Nun, es *gibt* aber *andere* Zahlen als die reellen: „Als imaginäre Einheit wird eine Zahl i eingeführt, deren Quadrat ‚-1' ist... Die Einführung der *imaginären Einheit* führt zu einer *Ver-*

---

[8] Barrow bezieht sich an dieser Stelle notabene *nicht* auf c.

[9] *Nur* ‚erschloss' – das soll kein Mangel sein in Sphären, in denen wir *nichts* direkt be*greifen* können und uns gar nichts anderes übrig bleibt, als „zu *erschließen*" (*Leggett* 1989, S. 124). Man kann aber auch *falsch* erschließen.

[10] *Leggett* formuliert in einem anderen (ähnlichen) Kontext einmal sehr treffend, „dass bei der Extrapolation der Gleichungen, die das Universum heute beherrschen, in immer frühere Zeiten ein Punkt erreicht wird (die Zeit ‚vor dem Urknall...'; E.S.), an dem sie keinen Sinn mehr haben. Aber das mag mehr über uns als über den Kosmos aussagen!" (*Leggett* 1989, S. 145)

allgemeinerung des Zahlbegriffs zu den *komplexen Zahlen,* die in der Algebra und Analysis eine große Rolle spielen und in Geometrie und Physik (!! E.S.) eine Reihe konkreter Interpretationen bzw. neuer Beschreibungsmöglichkeiten ergaben." (*Bronstein* u.a. 1999, S. 33)

Oft wird in der Literatur aus dem Absolutsetzen von *c* das physisch und physikalisch *überhaupt Mögliche* erschlossen: „Die Weltlinie des Lichts (z.B. seit dem Urknall oder seit jedem x-beliebigen Ereignis danach; E.S.) grenzt unerreichbare Gebiete von erreichbaren ab." (*Bührke* 1999, S. 35 f.)[11]

Woher wissen wir überhaupt von „unerreichbaren Gebieten", wenn *c* absolut ist und wir aus *physischen Gründen,* aufgrund *physikalischer Gesetze* also gar nichts von ihnen wissen können? *Woher,* wenn nicht via *c,* haben wir die Information, dass diese Gebiete existieren? *Was* zwingt uns, diese „unerreichbaren Gebiete" dennoch zu *setzen? Warum* können wir die physikalischen Gesetze, die jene Gebiete als *physisch* (also auch informationell) *unerreichbare* titulieren, also gleichsam ‚verletzen', indem wir *doch* von den *physisch* „unerreichbaren Gebieten" in irgend einem Sinne *wissen* und ‚Informationen' von ihnen haben? *Was* ist so mächtig, dass es sich über den Geltungsbereich physikalischer Gesetze hinwegsetzen kann?

Nun, wir *erschließen* die Existenz dieser Gebiete in unserem *Geiste* – auch so ein Evolutionsprodukt der *Physis.* Unsere *Gedanken* sind also in diesem Sinne *schneller* als *c!* Auch aus ihnen ist Information zu *erschließen.* Aber – ist das wirklich eine so neue, umwerfende Erkenntnis in der *Theoretischen* Physik?

Ob übrigens die, sagen wir mal: ‚relativistische' Auflösung der Materie in Energie, quasi des *Inhaltes* in die Bewegungs*form letztlich* gilt – ich habe, wie weiter oben schon angesprochen, keine Ahnung und, soweit ich lesen konnte, auch kein anderer Mensch hat davon eine *letzte* Ahnung. Womöglich gibt es oder entdecken wir *doch* ein *Letztes,* das sich nicht allein auf seine Energie, also auf seine *Bewegungsform* reduzieren lässt:

---

[11] Vgl. analog *Einstein* 1990, S. 40 f., *Hawking* 1994, S. 43 ff., *Barrow* 1996, S. 319 f., *Goenner* 1996, S. 513 (Registerstichwort „Lichtkegel"), oder *Lederman/Schramm* 1990, S. 170.

„Der letzte Widerstand gegen die Quarkhypothese sollte dann in der ‚Novemberrevolution' des Jahres 1974 (als einige spektakuläre Experimente gelangen; E.S.) zusammenbrechen... Die Quarks existieren tatsächlich, und zu ihren Eigenschaften gehörte ihre *Punktförmigkeit*, so dass sie als unteilbar und damit wirklich elementar gelten konnten... Da *punktförmige Teilchen kein Volumen einnehmen*, könnte eine enorme Zahl von ihnen auf *kleinstem Raum zusammengepresst* werden – was beispielsweise in einem Schwarzen Loch geschehen sollte oder während des *Urknalls*... Die Punktförmigkeit von Elementarteilchen spielt bei der Erklärung der *hohen Dichten* des *frühen Universums* eine entscheidende Rolle..." (*Lederman/Schramm* 1990, S. 112 u. 164; Herv. E.S.)

Bewegung und damit Energie ist aber eine Erscheinungsform, die ausschließlich in der *ausgedehnten* Raumzeit denkbar ist, also in punktförmigen, *dimensionslosen* Singularitäten *per definitionem* erlischt. Gleichwohl *ist* da – zumindest nach der Theorie – etwas Punktförmiges, das, wie experimentell nachgewiesen (ebd., S. 116 ff. u. 120), eine Ruhemasse hat: die Quarks. *Diese* letzte Masse ließe sich dann *nicht mehr* in Energie auflösen und *nicht mehr* interpretieren nach dem Äquivalenzprinzip: Schwere und träge Masse wären dann *nicht* letztlich – nicht *letztlich* identisch.

Die *Stringtheorie* geht nicht von dimensionslosen Punkten als kleinsten Einheiten aus, sondern von „zehndimensionale(n) ‚Superstrings'" – aber wohlgemerkt: nur, um „gewisse *mathematische* Schwierigkeiten (zu) eliminieren" (*Lederman/ Schramm* 1990, S. 189). Experimentell nachgewiesen sind solche Strings[12], im Gegensatz zu den Quarks[13], jedoch nicht.

---

[12] Vgl. zur Stringtheorie auch *Hawking* 1994, S. 199 ff., *Kanitscheider* 1996, S. 93 ff., oder *Grotelüschen* 1999, S. 87 ff.

[13] Zur Theorie und Realität der Quarks vgl. vor allem *Fritzsch* 1999, knapper z.B. *Weinberg* 2000, S. 174 ff., oder *Hey/Walters* 1998, S. 193 ff.

Nebenbei: Wussten sie schon, dass die Materie letztlich sogar aus *Bier* besteht? Hier ist der Beweis: „Den Namen für seine neuen Fundamentalteichen (die Quarks; E.S.) hatte Murray Gell-

Neuere Forschungsergebnisse scheinen die Punktförmigkeit der elementaren Partikel zu bestätigen: „Alle diese Partikel sind ‚punktförmig', was hierbei nichts anderes heißt, als dass selbst bei Experimenten mit höchster Auflösung keine Effekte gemessen werden können, die auf eine Ausdehnung der Teilchen zurückzuführen sind." (*Klanner* 2001, S. 64)[14]

Der Ausgang des Theorienstreits ist aber völlig offen. Ich selbst tendiere dazu (das wird Sie, liebe Leserinnen und Leser, nach der bisherigen Lektüre nicht überraschen) anzunehmen, dass der Dualismus zwischen Materie und Energie letztlich *nicht* aufgelöst werden kann, dass also Energie ohne *jeden* materiellen Energie*träger* ebenso undenkbar ist wie völlig *dimensionslose* Materie ohne *jede Bewegung*. Wir erinnern uns: ‚*Etwas in der Raumzeit'*. Das absolut ‚Raumfreie', absolut ‚Dimensionslose', absolut ‚Bewegungslose' und damit auch absolut ‚Zeitlose' ist für mich definitorisch das **NICHTS**.

Mann (ihr ‚theoretischer Vater'; E.S.) übrigens in der Weltliteratur aufgestöbert. Im Roman ‚Finnegans Wake' des irischen Schriftstellers James Joyce stieß er auf den eigentümlichen Satz ‚Three quarks for Muster Mark'. Gell-Mann nahm an, dass damit ‚drei Bier für Mister Mark' gemeint war, auf englisch ‚Three quarts... for Mister Mark'." (*Groteluschen* 1999, S. 21)

[14] *Klanner* ist Direktor und Forschungsleiter des so genannten *HE-RA*-Teilchenbeschleunigers (*H*adronen-*E*lektronen-*R*ing-*A*nlage) in Hamburg (BRD).

XVI. Himmelsstürmer

Als Sozialwissenschaftler und Philosoph hat man naturgemäß mit *hochkomplexen,* nein: *höchstkomplexen Systemen* zu tun: Soziale Systeme implizieren nämlich logisch und empirisch sämtliche anderen Systeme, also biologische, chemische und physische. Wenn man Jahre und Jahrzehnte mit solchen hochkomplexen Systemen zu tun hatte, sich von ihnen und ihren oft unverhofften Eigengesetzlichkeiten und Willkürlichkeiten verwirren, hintergehen, veräppeln, überraschen und gelegentlich sogar verzweifeln lassen musste und sich dennoch *nicht* dem lockenden Ruf vereinfachender Ideologien ergab – nun, dann ist man ziemlich gestählt gegen monokausale theoretische Schnellschüsse und einfaches Prolongieren von ‚Gesetzen', die man in *einem* kleinen Bereich (wo auch immer) meint gefunden zu haben, in *ganz andere* Bereiche (welche auch immer). Man fällt als Sozialwissenschaftler einfach derart oft auf die erkenntnistheoretische Schnauze, man liegt oft derart weit weg von der prognostizierten Realität (man denke nur an die Vorhersage des nächsten Wahlergebnisses), dass es schon zum sozialwissenschaftlichen Ritus gehört, auch Titel (und vor allem Untertitel) von Arbeiten, an denen man lange Jahre intensiv gearbeitet hat, mit Begriffen wie *Versuch, Aufriss, Abriss, Grundzüge, Entwurf, Skizze, Einführung, Prolegomena* oder eben *Fragmente*[1] zu schmücken: Na, wenn's nur ein *Versuch* war, dann kann man ja erhobenen Hauptes auch aus dem nächsten und übernächsten Desaster wieder herauskriechen!

Ihnen, liebe Leserinnen und Leser, schwant wohl schon, worauf ich hinaus will: Ihr lieben Physiker! Es ist ja faszinierend, was ihr so macht – und ihr seid regelrechte Heroen der Sachlichkeit und Wahrhaftigkeit, der Exaktheit und des wissenschaftlichen Erfolges im Vergleich zu einigen (bis vielen) sozialwissenschaftlichen Großtheoretikern und philosophischen Großdenkern, deren Werke (ich kenne mich da aus) adäquat nur im Feuilleton diskutiert werden können – wenn nicht in der Gummizelle. Aber auf welch dürftiger Daten- und theoretischer

---

[1] Vgl. Scheunemann 2003.

Basis ihr gelegentlich (und sogar recht oft) ganze (wenn nicht unendlich viele!) Universen theoretisch ableitet, konstruiert, verwerft, begrenzt, entgrenzt, unter diesen oder jenen Gesetzeszwang stellt oder nicht stellt, expandieren oder kontrahieren, ewig oder nicht ewig sein lasst[2] – das alles, eure „wild wuchernden Ideen" (*Trefil* 1997, S. 97) also sind gelegentlich schon atemberaubend bis niederschmetternd!

Wenn ich allein eure Messmethoden zur Bestimmung der Dimensionen des Universums oder auch nur des Abstandes von Sternen und Galaxien von der Erde oder zueinander zur Kenntnis nehme[3] – mein lieber Herr Gesangsverein! Mutig, mutig, was ihr so alles daraus schließt – und veröffentlicht. *James Trefil*, Professor für Astrophysik, schreibt ganz offen: „Die Bestimmung von Entfernungen in der Astronomie ist eines jener Themen, die Praktiker lieber nicht diskutieren, wenn sie sich in feiner Gesellschaft befinden. Es gibt auf diesem Gebiet zu viele unsaubere Heimlichkeiten, die unter diverse Teppiche gekehrt werden." (*Trefil* 1997, S. 39)[4]

Da war, wie man hier und da las, das Universum lange Zeit mal eben 20 oder auch nur 12 Milliarden Jahre alt – und erst seit der genauen Vermessung der kosmischen Hintergrundstrahlung ‚wissen' wir, dass es ‚genau' 13,7 Mrd. Jahre sind. Aus *einem* Naturphänomen wird also das zeitliche Sein einer ganzen Welt konstruiert! Und wir *wissen* noch nicht mal, ob die kosmische Hintergrundstrahlung wirklich ein *universelles*

---

[2] Vgl. als Überblicksdarstellungen z. B. *Vaas* 2001c.
[3] Vgl. z.B. *Weinberg* 2000, S. 20-57, *Feynman* 1997, S. 37, 42, 46, 94, 119 ff., 126 f. u. 176, *Hawking* 1994, S. 53-73, *Trefil* 1997, S. 39 ff., *Hornung* 1999, S. 105 ff. u. 143 f., *Goenner* 1996, S. 4, 309, 414 ff. u. 452, oder *Freedman* 2003.
[4] *Trefil* spricht übrigens auch ganz offen über den immensen Druck im (medial begleiteten) Wissenschaftsbetrieb, immer verrücktere, immer sensationellere und spektakulärere Modelle und Theorien vorlegen zu müssen, um ja irgendwie im Gespräch zu bleiben (vgl. *Trefil* 1997, S. 171-173).

Phänomen ist, da sie bislang nur auf der Erde oder im erdnahen kosmischen Bereich gemessen wurde.[5]

Da wird Stein und Bein behauptet, dass das Universum aus 10^{80} Atomen[6] besteht, obwohl man den Großteil der (dunklen) Materie (und Energie), der theoretisch ‚da' sein müsste, ums Verrecken nicht findet im Sinne eines konkreten und direkten Nachweises[7] und man alle paar Monate wieder in der Zeitung liest, dass mit dem Hubble-Teleskop (oder anderem Gerät) mal wieder ganze Galaxienhaufen gefunden wurden, die noch viel viel größer und viel viel weiter entfernt seien, als man eben noch ganz sicher zu wissen glaubte. Um ein etwas veraltetes, aber schlagendes Beispiel zu geben:

„Im Dezember 1995 starrte ‚Hubble' zehn Tage lang auf ein Stück Himmel im Großen Wagen. Das Feld besaß den Durchmesser eines Fünfmarkstücks[8] in 200 Kilometer Distanz. Nach 130 Stunden Belichtungszeit entstanden... 342 Einzelaufnahmen. Das komplette Mosaik enthält ungefähr 2000 Galaxien (!! E.S.)..." (*Hornung* 1999, S. 130 f.)

Stellen Sie sich das genau vor, liebe Leserinnen und Leser: Sie stehen, beispielsweise, am westlichen Ende des Bodensees auf dem *Hohentwiel,* einem 689 Meter hohen verloschenen Vulkanberg bei der Stadt *Singen,* und schauen bei klarstem Fönwetter (so etwas habe ich schon selbst erleben und genießen dürfen) in Richtung Osten, also auf die panoramaartig vor ihnen liegenden Alpen. Die entferntesten, höchsten Gipfel mögen wohl an die zweihundert Kilometer weit weg sein. Sie sehen sie, würden aber niemals einen Menschen auf einem der Gipfel erkennen – geschweige denn ein Fünf-Mark-Stück, das ein solcher Mensch zwischen den Fingern hält. Nun – und auf dieses Fünf-Mark-Stück große Blickfeld richten Sie ein Fern-

---

[5] Vgl. http://de.wikipedia.org/wiki/Hintergrundstrahlung
[6] Mal sind es übrigens 10^{80} *Atome*, mal sind es auch nur 10^{80} *Protonen.*
[7] *Milgrom* (2002) bezweifelt mit guten Argumenten, dass es sie überhaupt gibt.
[8] Inzwischen muss man sich natürlich näherungsweise eine Zwei-Euro-Münze vorstellen.

rohr und entdecken nach einiger Zeit – 2000 *Galaxien!* Und jede dieser Galaxien beherbergt dann, wie unsere eigene Galaxis, die Milchstraße, womöglich wieder 100 Milliarden Sonnen! Und also jeweils wohl 500 Milliarden Planeten, und das dann zweitausendfach – *auf der Fläche eines Fünf-Mark-Stücks in 200 Kilometern Entfernung!*

Habt ihr, liebe Physiker, schon das gesamte 360^0-Himmelsfirmament ähnlich intensiv untersucht? ,Wisst' ihr jetzt ,endgültig', wie viel Materie in welcher Verteilung, also in welcher Durchschnittsdichte sich im Universum befindet? Ob das Universum also ,endgültig' sphärisch, hyperbolisch oder flach ist, ob es räumlich expandiert, kontrahiert oder starr verharrt?[9]

Da fanden *Arno Penzias* und *Robert Woodrow Wilson* 1964 ein (vermeintlich) homogenes kosmisches Hintergrundrauschen und damit den ,definitiven' Beweis für den Urknall – und man geht keinen Deut von dieser Urknall-Theorie ab, wenn genauere Vermessungen der kosmischen Hintergrundstrahlung diese als gar nicht so homogen ausweisen[10], also einen *punktförmigen* gemeinsamen Ursprung ausschließen.[11]

Da schickt man, wie schon zitiert, einen Wetterballon in große Höhe, und noch raffinierteres Gerät in Weltraumsatelliten misst noch raffinierter die kosmische Hintergrundstrahlung – und plötzlich liest man überall, dass das Universum doch flach ist und dass das gar nicht anders sein kann:

„Das Universum ist flach, weil es nicht anders sein kann. Flachheit ist der einzige Zustand, der mit den grundlegenden

---

[9] *Goenner* meint, „dass sich die Physik bei der Messung der Masse von *makroskopischen* Körpern noch im Steinzeitalter befindet." (1996, S. 309, analog S. 452 ff.)

[10] Vgl. *Goenner* 1996, S. 418, oder *Vaas* 2001a. Zur neuesten Vermessung der kosmischen Hintergrundstrahlung durch den Satelliten WMAP vgl. *Wolschin* 2003a und *Pössel* 2006. *Starkman/Schwarz* meinen, dass die „'Musik' der kosmischen Hintergrundstrahlung... merkwürdige Dissonanzen" aufweist (2005, S. 30).

[11] Aus diesen und anderen Gründen ist die Urknall-These übrigens auch innerhalb der Astronomenzunft nicht ganz unumstritten (vgl. *darstellend* z.B. *Hornung* 1999, S. 136).

Gesetzen vereinbar ist, denen die Wechselwirkungen der Elementarteilchen unterliegen. Egal, wie das Universum anfing, es wird flach enden. Eine wirklich schöne Idee! Es ist erstaunlich, wie vollkommen die Flachheit ist, die die Inflationstheorie vom Universum verlangt. Die Gesamtmasse des Universums muss der kritischen Masse mit einer Genauigkeit von fast $1 : 10^{50}$ gleichkommen. Dies bedeutet, dass der von der Theorie gestattete Toleranzwert sich auf eine Fehlerquote von nicht mehr als einem Proton pro Kubiklichtjahr beläuft, was ungefähr einer Amöbe pro Galaxie entspricht... Mit dem Modell des inflationären Universums liegt uns also zum ersten Mal eine starke theoretische Annahme zugunsten eines flachen Universums vor. Einige Theoretiker sprechen schon von der ‚Bedingung' der Flachheit." (*Trefil* 1997, S. 146)

Liest man aber gleichzeitig, dass die ART, die uns seit Jahrzehnten einbläut, dass die Raumzeit krumm ist und nicht flach, aus den Lehrplänen herausgenommen wurde? Aber warum auch, bei dieser *allgemeinen* Beliebigkeit![12] Fast ist man gewillt sarkastisch anzumerken: Welches Universum hätten s' den heut' gern, gnäd'ges Froilein?

Und schauen wir uns kurz die Theorie eines inflationären Universums an, auf die sich *Trefil* eben berief:

„Je nach zugrunde liegenden Annahmen begann sie (die schlagartige inflationäre Aufblähung des Universums; E.S.) zwischen 10^{-43} s, d.h. der Planck-Zeit, und damit dem Beginn des Urknalls selbst, und 10^{-35} s und dauerte bis zu einem Zeitpunkt zwischen 10^{-33} s und 10^{-30} s nach dem Urknall. In dieser Zeit soll sich das Universum um einen Faktor zwischen 10^{30} und 10^{50} ausgedehnt haben. Dennoch hätte der Bereich des heute sichtbaren Universums danach nur einen Durchmesser der Größenordnung 1 m gehabt. Anschließend setzte das Universum seine Expansion im Rahmen des Standard-Urknall-

---

[12] Die Gleichungen der Allgemeinen Relativitätstheorie kennen, wie gesagt, *unendlich viele* Lösungen, so dass der „Weltraum... nach Einsteins Allgemeiner Relativitätstheorie sphärisch, flach oder hyperbolisch sein kann" (*Vaas* 2001a, S. 54).

Modells fort wie von den Friedmann-Gleichungen beschrieben."[13]

Liebe Physiker, diese Inflationstheorie des Universums hat mit irgend einer naturgesetzlich nachvollziehbaren Physik oder gar mit beobachtbarer, messbarer *Physis*, also mit *Realität* nichts mehr, aber auch *überhaupt nichts mehr* zu tun – sondern ist reine theoretisch-mathematische Phantasterei![14] Die Inflationstheorie des Universums mag zwar, wie man hier und da liest, sehr gut gewisse theoretisch-mathematische Schwächen der ursprünglichen Urknall-Theorie ausbügeln – aber dann fällt der Vorwurf der Phantasterei nur auf diese Urknall-Theorie zurück!

Und das mit Recht: Wir haben gesehen (vgl. hier S. 48), dass wir *den* ‚Beweis' für die Richtigkeit der Urknall-Theorie, nämlich die Rotverschiebung des Lichtes ferner Galaxien, womöglich auch ganz anders erklären und interpretieren können – und nicht gleich als omnitopische Fluchtbewegung dieser Galaxien oder gar als Expansion des Weltraums *selbst*.[15]

Um aufzuzeigen, in welchen Ausmaßen die Urknall-Theorie eher einer phantastischen Saga[16] ähnelt als physikalisch-natur-

---

[13] http://de.wikipedia.org/wiki/Inflationstheorie; vgl. auch *Burgess/Quevedo* 2008.

[14] Eine Phantasterei ähnlichen Kalibers liefern uns bestimmte Varianten der Stringtheorie: Rein mathematisch soll es – bitte tief Luft holen – 10^{500} Universen geben! (Vgl. *Hürter/Rauner* 2007) Zur Erinnerung und als Größenvergleich: Die Anzahl der Protonen im Universum soll ‚nur' 10^{80} betragen!

[15] Selbst in dem aktuellen Artikel von *Abramowicz/Bajtlik* (2007) kommt der ‚Beweis', dass nicht etwa nur die Galaxien *im gegebenen* Raume voneinander ‚fliehen', sondern dass der Raum *selbst* expandiere, nicht über physisch und physikalisch völlig undurchführbare Gedankenexperimente und eine (natürlich im Sinne der Expansionsthese formulierte) „Antwort der Mathematik" hinaus (ebd. S. 91).

[16] Inzwischen wird sogar schon *die Zeit vor der Zeit* und *die Welt vor der Entstehung der Welt*, also *vor dem Urknall* heiß diskutiert – unter seriösen, sonst als knochentrocken verschrienen Physikern wohlgemerkt! Vgl. z.B. die zusammenfassenden Dar-

gesetzlich nachvollziehbarer physischer Realität, rechnen wir kurz aus, welchen Raum alle 10^{80} Protonen, die es im (uns bekannten...) Universum geben soll, *kugelförmig dicht gepackt* einnehmen würden:

Ein Proton hat einen Durchmesser von $\approx 1{,}7 \cdot 10^{-15}$ m. Nach der Formel für die Errechnung eines Kugelvolumens ($V_k = 4/3\pi \cdot r^3$) ergibt sich für das Volumen aller 10^{80} Protonen ($4/3 \cdot 3{,}14159... \cdot (1{,}7 \cdot 10^{-15}$ m$/2)^3 \cdot 10^{80}$) ein Wert von $\approx 2{,}05795 \cdot 10^{36}$ m^3. Löst man dann $V_k = 4/3\pi \cdot r^3$ nach r, dem Radius, auf und setzt den gefundenen Wert für V_k ein, erhält man schließlich einen Durchmesser (2r) der gesamten Protonenkugel von $\approx$ 789.070.101 km, was etwa dem 5,26-fachen des Abstandes der Erde zur Sonne ($\approx$ 150.000.000 km) entspricht.[17]

So. Nach der Urknall-Theorie soll diese gewaltige Kugel *dichtest gepackter* Materie[18] am zeitlichen Nullpunkt des Universums (Planck-Zeit $\approx 5{,}39 \cdot 10^{-44}$ s) auf das Volumen einer Kugel zusammengepresst gewesen sein, deren Durchmesser der Planck-Länge von $\approx 1{,}62 \cdot 10^{-35}$ m entspricht – also dem winzigen Bruchteil des winzigen Bruchteils des Durchmessers auch nur *eines* Protons!

Um es mit aller mir zur Verfügung stehenden Sachlichkeit, Neutralität, Wissenschaftlichkeit und Objektivität zu äußern: Liebe Physiker, das könnt ihr dem Weihnachtsmann erzählen!

---

stellungen dieser Diskussion bei *Veneziano* 2004 oder *Thiemann/Pössel* 2007. Zur kosmischen Inflationstheorie und vor allem der inflationären theoretisch-mathematischen Konstruktion von ‚Paralleluniversen' und anderen Wolkenkuckucksheimen vgl. aktuell *Burgess/Quevedo* 2008.

[17] Die Dichte so genannter „ultradichter" Neutronensterne ist so hoch, als würde man „die Cheops-Pyramide auf die Größe eines Stecknadelkopfs" komprimieren (*Novak* 2004, S. 35). Ein solcher Neutronenstern ist aber ein nahezu luftiges Gebilde im Vergleich zur Dichte unserer Protonenkugel, in der die Protonen – natürlich rein mathematisch-geometrisch und rein theoretisch betrachtet – hautnah und ohne *jeden* Zwischenraum aneinandergepackt sind.

[18] Wir haben übrigens von aller anderen als der *Protonen*-Materie generös abstrahiert!

Ihr verletzt mit eurer Hochrechnerei und der *mathematischen* Prolongation der *physischen* Geltungsbereiche von Naturgesetzen ins *metaphysisch Phantastische* erkenntnistheoretische Grundprinzipien und auch wissenschaftliche Seriosität in einer Weise, dass es nur noch *grotesk* ist! *Kein* Naturgesetzt gilt jenseits seiner Geltungsbedingungen[19] – und diese Geltungsbedingungen lassen sich immer nur *empirisch* bestimmen und nicht *mathematisch* vorausberechnen. Wir *können* richtig liegen mit mathematischen Vorausberechnungen – aber es gibt (siehe die Feldgleichungen der ART!) tendenziell immer *unendlich* viele Lösungen mathematisch-physikalischer Formeln, je nachdem, welche konkreten empirischen Werte wir einsetzen. Und an einer *empirischen* Bestimmung dieser *empirischen* Werte führt kein – wissenschaftlich seriöser – Weg vorbei. Sonst sind wir schnell im Bereich der *Metaphysik* – in des Wortes direkter Bedeutung.[20]

Um es an einem banalen, aber schlagenden Argument zu verdeutlichen: 1000x und 1000x macht 2000x. Stimmt! Aber gab oder gibt es nur deswegen 2000 historische Sokrates, weil ich für x jenen historischen Sokrates setzen kann, der 399 v. Chr. einen todbringenden Schierlingsbecher trinken musste, nur weil er es wagte, den Athenern klares Denken beizubringen?

Um es abzuschließen: Ein von komplexen Systemen heftigst epistemologisch und auch praktisch gebranntes Kind empfiehlt euch, liebe Physiker, einfach gutmütigst: Seid etwas vorsichtiger mit euren Theorien und Modellen und bleibt gelegentlich etwas auf dem Teppich. Um zwei Beispiele für das Schweben über selbigem zu geben:

„*Noch* ist es nicht klar, wie es einst zur kosmischen Urexplosion kam..." (*Fritzsch* 1999, S. 11; Herv. E.S.) Nächsten Donnerstag um halb drei werden wir es bestimmt wissen! Und um halb vier treffen wir uns alle zu einem großen Menschheitsfest

---

[19] Vgl. den nachfolgenden *Epilog: Vom vermeintlichen Determinismus der Naturgesetze* (S. 225 ff.)
[20] Zur Erinnerung: Im Griechischen bedeutet μετά einfach (räumlich wie zeitlich) *danach, dahinter, jenseits.*

und setzen uns dabei alle ein Käppi auf mit der Aufschrift – *Gott!*

Ach was – Gott![21] Wer ist das schon! Wozu Gott immerhin sechs Tage benötigte, nämlich die Erschaffung der Welt, und was ihn so erschöpfte, dass er siebten ruhen musste, das machen Stringtheoretiker locker im Vorbeigehen: „(A)ls *Nebeneffekt* bringen kosmologische Theorien häufig verschiedene Arten von Paralleluniversen (Plural!! E.S.) hervor…" (*Burgess/ Quevedo* 2008, S. 27; Herv. E.S.). Und auch aus dem Munde dieser Götterschmiede ist zu hören: „*Noch* ist… *nicht abschließend* geklärt, ob es *tatsächlich* eine Inflationsphase gab." (ebd., S. 34; Herv. E.S.) Wahrscheinlich wird die NASA ein lange Zeit geheim gehaltenes Raumschiff namens *Größenwahn* nächsten Monat in Richtung Urknall losschicken, damit diese Frage übernächsten Monat *abschließend* geklärt ist. So wird es sein. Ganz bestimmt. O.k. vielleicht wird es doch etwas länger dauern: Die Reise bis zum Urknall, also zurück zum absoluten zeitlichen wie räumlichen Nullpunkt, wird natürlich 13,7 Milliarden Jahre dauern – mit Lichtgeschwindigkeit! Und von da zurück ins ‚Heute' wieder 13,7 Milliarden Jahre – nein, natürlich noch viel länger, weil sich das Universum dann schon wieder 27,4 Milliarden Jahre ausgedehnt haben wird. Es empfiehlt sich also, ausreichend Proviant mitzunehmen!

Um es abzuschließen: Man kann natürlich heftig protzen und angeben mit den wildesten Theorie über das *Universum und den ganzen Rest* – und natürlich auch mächtig viel Geld verdienen mit entsprechenden Büchern für Unbedarfte und Allesgläubige. Aber ich vermute, dass das *Universum* als das *denkbar höchstkomplexe System*, weil es, per definitionem, eben *alles* andere impliziert, womöglich etwas raffinierter ist, als euch schwant. Und seid froh, dass ihr nicht alles wisst und wissen müsst: „(S)elbst, wenn es kraft einer Weltformel im Prinzip möglich wäre, das Balzverhalten eines Elefanten aus dem mikroskopischen Zusammenspiel seiner Elementarbau-

---

[21] Ich spreche oben *äußerst* allegorisch – glühender Atheist, der ich bin.

steine abzuleiten – es wäre völlig unpraktisch, weil mathematisch viel zu kompliziert." (*Grotelüschen* 1999, S. 98)

O.k., man kann auch umgekehrt argumentieren: Was da im Universum herumschwirrt, sind *in der Regel* recht *stupide* Materieenergiehaufen (ganz im Gegensatz zu *der* hyperkomplexen universalen *Ausnahmeerscheinung*: dem menschlichen *Gehirn*), deren Entwicklung und auch Vergangenheit womöglich doch recht bald vollständig erklärt werden kann – bis an Grenzen zumindest, deren Überschreiten nur Göttern möglich ist.

Aber wenn diesseits dieser Grenzen alles so einfach ist oder sein sollte, wie man allenthalben liest, und ihr, liebe Physiker, die *Weltformel* demnächst also gefunden haben werdet, bitte ich als Sozialwissenschaftler natürlich vorab inständigst darum, mir diese nach Fertigstellung unverzüglich zu geben, damit ich mit dieser Weltformel gleich alle Menschheitsleiden heilen kann – von der Massenarbeitslosigkeit und der menschlichen Dummheit bis hin zum Prostatakrebs und dem Nachdurst.

Was? Mit eurer *Weltformel* kann man *keines* dieser Menschheitsleiden heilen? Tolle Weltformel!

XVII. Epilog: Vom vermeintlichen Determinismus der Naturgesetze[1]

1. In einem strengen Sinne ‚existieren' Naturgesetze nicht.

Naturgesetze existieren nicht in dem Sinne, wie die Naturphänomene, also die Physis selbst existiert. Die Physis verhält sich nicht, wie sie sich verhält, weil die Naturgesetze sind, wie sie sind – sondern die Naturgesetze sind, wie sie sind, weil die Physis sich verhält, wie sie sich verhält: Die Natur*gesetze* sind das durch die Natur bzw. die Physis *Gesetzte* – und nicht umgekehrt. Erkenntnisfähige Wesen (im Folgenden: Menschen) haben die Naturgesetze vom Verhalten der Physis *abgeleitet*, *abgeguckt* und *abgeschrieben*. Den Naturgesetzen eine eigene Existenz zuzuschreiben, noch bevor sie von Menschen ‚entdeckt', also vom Verhalten der Physis *abgeschrieben* und *aufgeschrieben* worden sind, kommt der Setzung eines platonischen Ideenhimmels gleich, in dem diese Naturgesetze (schon immer?) existier(t)en, um nach dem Auftreten der (zunächst ungeordneten?) Materie (etwa im bzw. direkt nach dem Urknall) diese ‚zur Ordnung zu rufen'. Die Existenz eines platonischen Ideenhimmels zu behaupten, ist aber so berechtigt, wie die Exis-

---

[1] Ich habe diesen Epilog zunächst im Kontext einer Argumentation ausformuliert, die sich gegen die These vieler Neurowissenschaftler und auch einiger Naturphilosophen richtet, es gebe so etwas wie einen *freien Willen* aufgrund der ‚universell', also auch in unseren biologischen Hirnen geltenden ‚*deterministischen*' Naturgesetze *nicht*. Dem *Text* merkt man diesen *Kontext* natürlich an (besonders in seiner zweiten Hälfte). Aber vielleicht ist es gar nicht so schlecht, wenn auch im Diskurskontext der Theoretischen und Experimentellen Physik klar wird, in welchen Ausmaßen die ‚Naturgesetze' *nicht* ‚universell' gelten – und zwar nicht nur im Bereich des Physischen, sondern umso mehr und vor allem im Bereich höher- und höchstkomplexer biologischer, sozialer und geistiger Systeme.
Vgl. http://www.egbert-scheunemann.de/Vom-freien-Willen-2.pdf

tenz des lieben Gottes – oder die von Gespenstern, Feen und Kobolden zu behaupten.
2. **Die Naturgesetze, insofern sie überhaupt ‚existieren', gelten nicht universell.** Jedes Naturgesetz gilt nur im *Geltungsbereich* seiner *Geltungsbedingungen* – und diese Geltungsbedingungen gelten *nicht universell*, also *immer* und *überall*. Beispiel: Das Hebelgesetz gilt nur dort, wo Hebel existieren. Kurz nach dem Urknall, als Materie noch gar nicht auskondensiert war und im gesamten Universum kein Hebel zu finden war, galt kein Hebelgesetz. Das Hebelgesetz gilt auch im heutigen Universum fast nirgendwo: Das Universum ist fast vollständig leer, d.h. fast vollständig frei von Materie (und damit Hebeln): Seine mittlere Materiedichte beträgt nur ungefähr 10^{-30} Gramm pro Kubikzentimeter – und selbst die Materiedichte der Galaxien, also relativ ‚kompakter' Materieansammlungen, beträgt nur etwa $5 \cdot 10^{-27}$ g/cm^3. Das Hebelgesetz gilt auch nicht im Sonnenkern oder auf Erden in Flüssigkeiten, Gasen oder im Vakuum. *Alle* Naturgesetze, die das Verhalten auskondensierter Materie (auf physischer, chemischer und biologischer Ebene) beschreiben, gelten nur in jenen Raumzeitkoordinaten, in denen auskondensierte Materie existiert.
3. **Die Geltungsbereiche der Geltungsbedingungen der Naturgesetze begrenzen sich gegenseitig selbst da, wo einzelne Naturgesetze für sich ‚universell' gelten würden.** Um im Beispiel zu bleiben: Das Hebelgesetz gilt selbst in jenen Raumzeitbereichen nicht ‚ohne Ende', in denen es *für sich* ‚universell' gelten würde: Wird ein physischer Hebel zu lang, bricht er unter seinem eigenen Gewicht zusammen. Das Hebelgesetz ‚erstreckt' sich sozusagen zu weit in den Geltungsbereich der Gravitation – und wird ‚gebrochen'. Das heißt, der Geltungsbereich der Geltungsbedingungen des Hebelgesetzes wird durch den Geltungsbereich der Gravitation begrenzt und relativiert. Der Gravitation kann wiederum entgegengewirkt werden durch genügend große andere Kräfte (z.B. durch Freisetzung chemisch gebundener Energie bei einem Raketenstart). Es gibt *kein* Naturgesetz, das über allen anderen Naturgesetzen stehen würde und aus dem Spiel der *gegenseitigen* Begrenzung und Relativierung der Geltungsbereiche aller Naturgesetze herausfallen wür-

de. Mit anderen Worten: *Es gibt keinen naturgesetzlichen archimedischen Punkt.*
4. **Die gegenseitige Begrenzung und Relativierung der Geltungsbereiche der verschiedenen Naturgesetze bildet eine Hierarchie.** Die Evolution hat eine physische, chemische, biologische, psychische (Individuum) und soziokulturelle Entwicklungsstufe hinterlassen. Jede dieser Entwicklungsstufen, betrachtet als *emergente* (Popper) bzw. fulgurative (Lorenz) Systeme, funktioniert *auch* nach *eigenen* Systemgesetzen, die *nicht* vollständig aus den Naturgesetzen, die entwicklungshistorisch frühere Systeme (womöglich) vollständig beschreiben, abgeleitet werden können – es sei denn, jemand behauptet (größenwahnsinnigerweise), er könne die deutsche Straßenverkehrsordnung, die *definitiv* das Verhalten von ‚Materiehaufen' (sprich: Autofahrern) beeinflusst, allein aus jenen Naturgesetzen herleiten, die in den Standardlehrbüchern der Physik, Chemie oder Biologie kodifiziert sind. *Alle* genannten Systeme sind *immer auch physisch (ontologischer Physikalismus)*, sie sind aber *nicht allein* durch die *Gesetze der Physik* beschreibbar *(nomologischer Physikalismus)*.
5. **Es gibt keine Naturgesetze im Sinne von ‚Systemkonstellationsdeterminierungsgesetzen'.** Die Systemkonstellation namens *Kölner Dom* kann *als* Systemkonstellation in keiner Weise abgeleitet werden aus den Naturgesetzen, die die physisch-materiellen Bestandteile, aus denen er besteht, (womöglich) vollständig beschreiben. In keinem Naturgesetz und in keiner Kombination von Naturgesetzen auf allein *physischer* Ebene steckt der architektonische Plan für den *Kölner Dom,* der gleichwohl *ausschließlich* aus *Physis,* also *Materie* besteht. Der Plan für den Aufbau und die Funktion eines *Ameisenhaufens* steckt in *keinem* seiner Teile. Das Gleiche gilt für die Systemkonstellationen namens *menschliches Gehirn, Mensch* oder *soziales System.* Das heißt, die Gesetze und Regeln, die Phänomene wie *deterministisches Chaos, rekursive Algorithmen, Selbstorganisation, Selbstreproduktion, Selbstentwicklung (Autopoiesis), Koevolution, Epigenese, Selbststeuerung sozialer Systeme* (Gesetze, Normen, Moral, Mode, Regeln sprachlicher Kommunikation etc.) erklären, sind *selbst keine Naturge-

setze. Nochmals: Die deutsche Straßenverkehrsordnung, die definitiv auf das Verhalten von physischen Objekten (Autofahrern) einwirkt, *ist kein Naturgesetz.*

Es gibt kein Naturgesetz für ‚*das Ganze'* jeder physischen, chemischen, biologischen, psychischen (Individuum) oder soziokulturellen Entwicklungsstufe und Systemkonstellation – oder gar für *das Ganze,* also das Universum. Nur das gesamte Universum ist sein eigener Algorithmus.

Systemkonstellationen *als* Systemkonstellationen heben nicht die Geltung der *Naturgesetzte* auf, insofern diese *für die Bausteine* einer konkreten Konstellation gerade gelten, sondern sie relativieren und manipulieren die konkreten *Geltungsbedingungen, Geltungsbereiche* und *Geltungskonstellationen* dieser Naturgesetze. Das *willentliche* Heben eines Armes manipuliert die *raumzeitlichen Geltungsbedingungen* der Naturgesetze, die seine physischen, chemischen und biologischen Bestandteile (womöglich) vollständig determinieren (im Sinne der räumlichen Verschiebung dieser Geltungsbedingungen).

Die konkrete Systemkonstellation der Geltungsbedingungen von Naturgesetzen namens *Egbert Scheunemann* (oder Lieschen Müller) ist *als Systemkonstellation* durch *nichts* so sehr determiniert – wie durch sich *selbst* (trotz aller naturgesetzlichen Determinierung aller ihrer Bausteine und der Geschichtlichkeit ihrer Entstehung). Diese Systemkonstellation ist *nichts* so sehr – *wie sie selbst.* Die Systemkonstellation namens Egbert Scheunemann handelt *auch* nach *eigenen* Gesetzen – wie *jedes* physikalische, chemische, biologische, psychische (Individuum) oder soziokulturelle System sich *auch* entsprechend *eigener* Gesetze verhält. Es gibt kein ‚Systemkonstellationsdeterminierungsgesetz' im Sinne eines (übergeordneten) Naturgesetzes, das die *konkrete* Systemkonstellation namens *Egbert Scheunemann* erklären könnte – am allerwenigsten ein ‚Systemkonstellationsdeterminierungsgesetz', das schon vor, während oder kurz nach dem Urknall gegolten hätte.

6. **Naturgesetze sind (interpretatorisch) Verbote und keine Gebote.** Jedes Naturgesetz *verbietet* innerhalb seines Geltungsbereichs bestimmte Verhaltensweisen der Physis. Oder besser: Die Physis kann sich nur verhalten, wie sie

sich verhält. Die Naturgesetze *gebieten* kein Verhalten. Das Hebelgesetz *gebietet nicht* seine Anwendung. *Kein* Naturgesetz *gebietet* seine Anwendung. *Innerhalb* einer konkreten Systemkonstellation der Geltungsbedingungen von Naturgesetzen schreiben diese Naturgesetze der konkreten Systemkonstellation ihr Verhalten ebenso wenig vor – wie die *deutsche Grammatik*, die nur bestimmte Buchstaben- und Wortkonstellationen *verbietet*, die Ausformulierung konkreter Texte vor*schreibt*.

7. **Das Universum ist nicht ontologisch geteilt in nur Determiniertes und nur Determinierendes.** Um das berühmte deterministische Billardkugelmodell zu bemühen: *Jede* Billardkugel kann *stoßende* wie *gestoßene* sein oder werden. Die Behauptung, dass irgendeine Systemkonstellation im Universum (etwa ein handelnder Mensch) von dieser Reziprozität ausgeschlossen wäre und *nur Determiniertes* oder *nur Determinierendes* sei, ist *absurd*.

8. **Der (vermeintliche) vollständige Determinismus der Naturgesetze ist auch logisch-methodologisch ein Selbstwiderspruch.** Der strengste (auch nur denkbare) Determinismus ist der Gedanke von *Pierre-Simone Laplace* (1749-1827), dass ein ‚Weltgeist' bzw. ein ‚Dämon', dem *alle* Zustände *aller* Entitäten, aus denen das Universum besteht (also bis hinunter zum kleinsten Elementarteilchen), bekannt wären, die gesamte Vergangenheit wie die gesamte Zukunft rückrechnen bzw. vorausberechnen könnte. Setzen wir für diesen ‚Dämon' etwas moderner einen Superrechner: Der Laplacesche Gedanke setzt voraus, dass diesem Superrechner, da er ja *Teil* des Universums ist, seine *eigene* Konstellation (zu einem gegebenen Zeitpunkt) *vollständig* bekannt ist. Dies ist ein Selbstwiderspruch: Kein Auge kann *sich selbst* sehen, kein Spiegel *sich selbst* spiegeln, keine elektromagnetische Welle *sich selbst* reflektieren, kein Satz, keine Formel, kein Algorithmus, kein Computerprogramm *sich selbst* ausformulieren – kein Rechner *sich selbst* vollständig errechnen.

9. **Die Zukunft ist prinzipiell offen – vor allem für ‚höchste', ‚letzte' Evolutionsstufen und Systemkonstellationen.** Die **Bausteine** jeder physischen, chemischen, biologischen, psychischen (Individuum) oder soziokulturellen System-

konstellation sind (womöglich) vollständig durch die Naturgesetze determiniert. Sie sind dies vor allem *retrograd* – die *Vergangenheit ist vollständig abgeschlossen*. Die höchsten Entwicklungsstufen und Systemkonstellationen sind aber zur Zukunft hin (also anterograd) prinzipiell offen in *zweifacher* Hinsicht:

Sie sind *ontogenetisch* bzw. *ontologisch zum Einen* eben die *höchsten* Evolutionsstufen, d.h. sie sind *so sehr* durch (auch) *eigene Systemgesetze* determiniert und damit *frei* wie keine anderen Systeme unterhalb ihrer Entwicklungsstufe. Das – uns bekannte – höchste Evolutionsprodukt ist das *menschliche Gehirn* bzw. besser: der menschliche Gehirnkörper bzw. das menschliche Körpergehirn in seiner soziokulturellen Verknüpfung mit kommunizierenden und evolvierenden Gesellschaften, deren ‚*ideelle*' Entwicklungsartefakte – politische Systeme und Verfassungen, Rechtsordnungen, moralische Verhaltensnormen etc. – *definitiv* auf die *Physis ein-* und *rückwirken* nach (auch) *eigenen* Gesetzen.

Diese höchststufigen Systemkonstellationen sind *zum Anderen* auch *chronologisch-evolutionär*, also auch *zeitlich* die *letzten* Entwicklungsartefakte – hochgradig (also nicht vollständig) von der (abgeschlossenen) Vergangenheit determiniert (vor allem, was die System*bausteine* betrifft), aber eben zur (nicht abgeschlossenen) Zukunft hin offen. Die Offenheit der Zukunft (vor allem für diese im zweifachen Sinne ‚höchsten' bzw. ‚letzten' Systemkonstellationen) zu bestreiten, hieße zu behaupten, dass schon im Urbrei ein paar Sekunden nach dem Urknall der Plan für den Kölner Dom oder für das menschliche Gehirn gesteckt habe – oder für die deutsche Straßenverkehrsordnung. Dies würde bedeuten, dass die Zukunft eigentlich schon – gewesen ist.

Quintessenz: *Die Naturgesetze, insofern es sie überhaupt ‚gibt', sind weit davon entfernt, universell zu gelten und alles Geschehen im Universum vollständig zu determinieren.*

Zusammenfassung der Ergebnisse[1]

1. ‚Zeitdilatation', ‚Längenkontraktion' und ‚relativistische Massenzunahme' sind *im beobachteten System* keine physisch realen Phänomene, sondern *im beobachtenden System* wahrgenommene Beobachtungseffekte, die aus der willkürlichen Setzung verschiedener Bezugssysteme und der begrenzten Ausbreitungsgeschwindigkeit des Lichtes resultieren, also als Beobachtungsfehler herausgerechnet werden sollten – und nicht als *im beobachteten System* reale physische Phänomene gedeutet werden dürfen. Der Rechenapparat der SRT (Lorenz-Transformation) ist für diese Fehlerkorrektur gut geeignet. Zeit, Länge und Masse schrumpfen oder entstehen nicht durch Beobachtung oder durch *mathematische* Koordinatensystemtransformationen, also das Umhängen verschiedener Koordinatensystem-Namensschildchen.
2. Es ist nicht möglich, im Universum ein absolut ruhendes Bezugssystem (Inertialsystem) auszuzeichnen. *Jede* Setzung eines Bezugssystems ist *willkürlich*. Es ist deswegen allein sinnvoll, das Universum *selbst* als absolutes Bezugssystem zu definieren und sich mit einem (vorerst) behelfsmäßigen Orientierungsraster, etwa der kosmischen Hintergrundstrahlung, als ‚absolutem' Bezugssystem zufrieden zu geben. Jede weitere Setzung von Bezugssystemen als Setzung zusätzlicher Koordinatensysteme und die daraus resultierende Notwendigkeit von Koordinatensystemtransformationen sind ohne jeden physischen Gehalt, heuristisch eher hinderlich – und mathematisch eher langweilig.
3. Ein informierter Blick offenbart sämtliche Ansammlungen von Materieenergie bzw. Energiematerie im gesamten Universum als permanent bewegt: Die Erde dreht sich um sich selbst und um die Sonne. Unser Sonnensystem dreht sich um den Kern unserer Galaxis. Unsere Galaxis bewegt sich

---

[1] Für die Leser, die erst mal nur diese Zusammenfassung lesen: Spezielle und Allgemeine Relativitätstheorie werden im Folgenden zu SRT und ART abgekürzt.

relativ zu anderen Galaxien. Der Mond dreht sich relativ zur Erde und die Erde relativ zum Mond – und beide drehen sich um den gemeinsamen Masseschwerpunkt. Menschen am Äquator bewegen sich relativ zur Erdachse schneller als in Hamburg. Und der Kopf eines Menschen bewegt sich, gemessen am exakten Erdmittelpunkt, relativ schneller als seine Füße, falls er aufrecht steht und vermeintlich ‚ruht'. Das Blut in seinen Adern bewegt sich relativ zu seinen Kapillaren. Seine Gehirnströme bewegen sich relativ zu seinen Neuronen. Die Elektronen, aus denen diese Neuronen unter anderem bestehen, bewegen sich relativ zu den Protonen, aus denen sie auch bestehen. *Alles bewegt sich permanent relativ zu irgend etwas anderem.* Jede Uhr, egal, wo man sie hinstellt, geht so ‚langsamer' *relativ* zu einer anderen Uhr irgendwo im Universum – und umgekehrt, da *jedes* Bezugssystem völlig gleichberechtigt, weil willkürlich gesetzt ist. *Alles* wäre ‚zeitdilatiert' – und ‚längenkontrahiert'. Also ist faktisch *nichts* ‚zeitdilatiert' und ‚längenkontrahiert'.

4. Das so genannte ‚Zwillingsparadoxon' ist aus genau diesen Gründen kein Paradoxon, sondern absurd. Es ist völlig unmöglich, in einem Universum, in dem *alles* relativ zu *allem* in permanenter Bewegung ist, einen Zwilling Z_1 (samt Uhr in seiner Tasche) als absolut ruhend und einen anderen Z_2 (samt Uhr in seiner Tasche) als absolut bewegt (reisend) auszuzeichnen. Falls Z_2 eine Reise unternimmt von einem gemeinsamen Ausgangspunkt, an dem Z_1 zurückbleibt, setzt sich die Reise von Z_2 aus *völlig symmetrisch* aufgebauten Be- und Entschleunigungsphasen zusammen. (Ob zwischen beiden Phasen Strecken linear-gleichförmiger Bewegung liegen, ist völlig unerheblich.) Wäre dies anders, würde Z_2 niemals sein Ziel erreichen – oder niemals zurückkehren. Es ist also völlig unmöglich, aus dieser Situation eine *Asymmetrie* der Zeitverläufe in beiden *willkürlich* gesetzten und damit *austauschbaren* Bezugssystemen Z_1 und Z_2 zu konstruieren – also ein unterschiedlich schnelles Altern beider Zwillinge. Die in den einschlägigen Darstellungen des so genannten ‚Zwillingsparadoxons' verwendeten Graphiken sind (dem Zwecke eines ‚Beweises' der hinter dem ‚Zwillingsparadoxon' stehenden Theorie dienend)

*hin*konstruiert und geben den physischen Sachverhalt durchgehen falsch wieder.
5. Das GPS-System (Global-Positioning-System), das immer wieder als Generalbeispiel eines Beweises der Richtigkeit der Zentralthese der SRT und der ART zitiert wird – nämlich dass Raum und Zeit *nicht absolut*, sondern eben nur *relativ* seien –, ist ein nahezu perfektes System, aufzuzeigen, dass Raum und Zeit *absolut sind*. Im GPS-System werden die Signal- und Informationsverzerrungen, die aus der begrenzten Ausbreitungsgeschwindigkeit elektromagnetischer Wellen, durch die Relativbewegungen der beteiligten Satelliten und der sich auf der Erde bewegenden Navigationsgeräte (SRT), durch den Gravitationseinfluss auf die Signale (ART) und durch den so genannten Sagnac-Effekt entstehen (der mit der Erdrotation zusammenhängt), *herausgerechnet* und *rückgerechnet* auf eine denknotwendig vorausgesetzte *nicht* verzerrte Raumzeit, also auf die *wahren*, die *wirklichen*, die *wirkenden* Verhältnisse – mit dem durchschlagenden *praktischen* Erfolg einer exakten *absoluten* Positionsbestimmung. Wer hingegen die durch die genannten Beobachtungseffekte verzerrten Informationen für die Wahrheit nimmt, für die ‚Wirklichkeit' einer nur ‚relativistischen Raumzeit' – der fährt womöglich gegen eine Wand.
6. Einsteins berühmte Formel $E = m \cdot c^2$ hat mit ‚Zeitdilatation', Längenkontraktion' oder ‚relativistischer Massezunahme' nichts zu tun, sondern resultiert begrifflich wie physisch aus der Äquivalenz und letztlichen Identität träger und schwerer Masse. $E = m \cdot c^2$ bringt zum Ausdruck, dass die Energie, die in der Masse ‚steckt', identisch ist mit der gesamten kinetischen Energie, die in Form der Bewegung der schwingenden, vibrierenden, rotierenden Elementarteilchen vorliegt, aus denen sich die Masse zusammensetzt. Die Geschwindigkeit dieser Bewegung der Elementarteilchen ist dabei auf maximal c begrenzt – es kann also nicht unendlich viel Energie in eine gegebene Masse ‚gesteckt' oder aus ihr ‚herausgeholt' werden.
7. Es ist nicht sinnvoll, den *Gravitationseinfluss* auf *Chronometer* – Atomuhren am Fuße eines hohen Turmes gehen langsamer als die an seiner Spitze – als Verlangsamung *der*

Zeit selbst zu interpretieren. Es gibt kein vernünftiges Argument, warum nur der Einfluss der *Gravitationskraft* auf *Chronometer* die ‚Relativität' *der Zeit selbst* anzeigen oder gar ‚beweisen' sollte – und nicht auch der Einfluss einer der anderen drei grundlegenden Naturkräfte (starke und schwache Kernkraft sowie elektromagnetische Kraft), etwa durch Manipulation eines Chronometers durch elektromagnetische Einflüsse (Zentrifugieren, schnelle Be- und Entschleunigung durch Raketenmotoren, Magneteinflüsse etc.). Die Entscheidung, einen Chronometer an den Fuß oder auf die Spitze eines Turmes zu stellen, ist so willkürlich wie die Entscheidung, ihn in eine Zentrifuge zu stellen – oder nicht.

8. Die genaue Vermessung der kosmischen Hintergrundstrahlung hat ergeben, dass die Geometrie des Universums euklidisch-flach ist – und nicht gekrümmt. Die Einsteinschen Feldgleichungen, die in Form der Riemannschen sphärischen Geometrie, auf der sie beruhen, ein modelltheoretisches ‚Vorurteil' zugunsten einer gekrümmten Raumzeit bergen, lassen zwar auch die Möglichkeit eines *flachen* Raumes als *Spezialfall* mathematischen zu. Es ist aber bemerkenswert, dass genau dieser *Spezialfall* – unter *unendlich* vielen mathematisch möglichen Lösungen der Gleichungen! – nun ausgerechnet der *Realfall* ist.

9. Die mit dem ‚Vorurteil' des (sphärisch oder hyperbolisch oder im Spezialfall auch gar nicht) ‚Gekrümmten' vorbelastete reine ‚Metrik' der Einsteinschen Feldgleichungen kann die realen (geometrischen) Verhältnisse im Universum anscheinend so wenig erklären, dass die Astronomen in den letzten Jahren gezwungen waren, den Materieenergiegehalt des Universums zu *verzwanzigfachen* in Form der hypothetischen Einführung der so genannten dunklen Energie und dunklen Materie. Durch ihre Identifikation mit der dunklen Energie hat die kosmologische Konstante – von Einstein nur als physisch nicht interpretierte Hilfsgröße eingeführt, um ein statisches Universum erklären zu können – eine ungeheure Aufwertung erfahren. Man könnte es so formulieren: Die mit dem ‚Vorurteil' des ‚Gekrümmten' vorbelastete reine ‚Metrik' der Einsteinschen Feldgleichungen musste durch Einführung genügend großer Mengen an (je nach Vorzeichen negativ oder positiv) gravitierender (dunkler)

Materieenergie wieder ‚zurechtgebogen' werden in Richtung der real beobachteten Verhältnisse – der eben *flachen* Raumzeit – oder in Richtung der, man könnte fast sagen: je gewünschten Dynamik des Universums, die dieses als statisch, expandierend oder (später irgendwann wieder) kontrahierend beschreibt.
10. Die ART, die Gravitation als rein geometrisches Phänomen ‚erklärt', erklärt (falls sie überhaupt etwas erklärt) nur, auf welchen gekrümmten Raumzeitbahnen (Geodäten) sich Materie in Anwesenheit anderer Materie im freien Raume bewegt. Sie erklärt in *keiner* Weise, warum *nicht* bewegte Materie unter Gravitationseinfluss *anfängt*, sich zu bewegen – also *warum* der Apfel zu Boden fällt (auf welchen gekrümmten oder nicht gekrümmten Bahnen auch immer), wenn man ihn loslässt. Die Krümmung der Schienen erklärt nicht, warum der Zug losfährt.
11. Alle Versuche einer Vereinigung von Quantenphysik und ART laufen im Sinne einer Vereinnahmung der ART durch die Quantenphysik – und nicht umgekehrt. Es wird also versucht, Gravitation nach dem Muster der Wechselwirkungen der anderen drei grundlegenden Naturkräfte (schwache und starke Kernkraft sowie elektromagnetische Kraft) zu erklären, also jeder Naturkraft ein entsprechendes Wellenteilchen als Medium der Kraftübertragung zuzuordnen: W- und Z-Bosonen, Gluonen und Photonen. Im Falle der Gravitation wären das Gravitonen. Falls dieser Versuch gelingen sollte, wäre die Erklärung der Gravitation als ‚Raumkrümmung' endgültig obsolet.
12. Fast die gesamte Theoretische Physik – also Quantenphysik *wie* Relativitätstheorie – und große Teile ihrer Anwendungsbereiche in Astronomie und Astrophysik leiden an einem grundlegenden Missverständnis: dem Glauben, dass die Naturgesetze *universell* gelten, also *immer* und *überall*. Diese Annahme ist grundlegend falsch. Alle Naturgesetze gelten nur ihm Rahmen der Geltung ihrer Geltungsbedingungen. Der Rahmen dieser Geltungsbedingungen kann immer nur empirisch bestimmt werden – und darf niemals nur theoretisch-mathematisch ‚hochgerechnet' werden. Die mathematische Prolongation, das ‚Hochrechnen' bestimmter physikalisch-mathematisch ausformulierter Gesetze ‚ohne

Ende' kann nur zu theoretischen *Phantastereien* führen, die mit irgend einer empirisch nachprüfbaren Physis und empirisch fundierten Physik *nichts* mehr zu tun haben – wie die empirisch dürftigst begründete Urknalltheorie, die Inflationstheorie des Universums oder gar eine Stringtheorie, die inzwischen die ‚Existenz' von 10^{500} Universen ‚voraussagt' – obwohl es, dies zum Vergleich, im gesamten (uns bekannten) Universum ‚nur' 10^{80} Atome geben soll. Solche reißerischen Behauptungen lassen sich zwar auflagen- und umsatzstark vermarkten. Sie haben mit seriöser Wissenschaft aber nichts mehr zu tun. Jenen, die gar die ‚Zeit vor der Zeit', die ‚Welt vor der Welt', die ‚Raumzeit' vor dem vermeintlichen ‚Urknall' – und zwar in wissenschaftlichen Fachzeitschriften oder auch nur in populärwissenschaftlichen Periodika – diskutieren, sei empfohlen, sich lieber gleich ein Käppi aufzusetzen mit der Aufschrift – *Gott.*

Literatur

Abramowicz, Marek/**Bajtlik**, Stanislaw 2007: Und es expandiert doch!, in: Spektrum der Wissenschaft, Nr. 9/2007, S. 88 ff.
Astumian, R. Dean 2002: Molekulare Motoren. In der lebenden Zelle sind mikroskopische Maschinen am Werk, die durch Zufallsbewegungen und Quanteneffekte angetrieben werden, in: Spektrum der Wissenschaft, Nr. 1/ 2002, S. 36 ff.
Atwater, Harry A. 2007: Der Zauber der Plasmonik, in: Spektrum der Wissenschaft, Nr. 6/2007, S. 60 ff.
Baeyer, Hans Christian von 1997 (1993)[1]: Das All, das Nichts und Achterbahn. Physik und Grenzerfahrungen, Reinbek bei Hamburg.
Barger, Amy J. 2005: Die Midlife-Crisis des Kosmos, in: Spektrum der Wissenschaft, Nr. 3/2005, S. 50 ff.
Barrow, John D. 1996 (1988): Die Natur der Natur. Wissen an den Grenzen von Raum und Zeit, Reinbek bei Hamburg.
Barrow, John D. 1999 (1992): Ein Himmel voller Zahlen. Auf den Spuren mathematischer Wahrheit, Reinbek bei Hamburg.
Barrow, John D. 2001 (1998): Die Entdeckung des Unmöglichen. Forschung an den Grenzen des Wissens, Heidelberg/Berlin.
Barrow, John D./**Silk**, Joseph 1999 (1983): Die linke Hand der Schöpfung. Der Ursprung des Universums, Heidelberg/Berlin.
Barrow, John D./**Webb**, John K. 2005: Veränderliche Naturkonstanten, in: Spektrum der Wissenschaft, Nr. 10/2005, S. 78 ff.
Bartels, Andreas 1996: Grundprobleme der modernen Naturphilosophie, Paderborn u.a.
Basieux, Pierre 1999: Abenteuer Mathematik. Brücken zwischen Wirklichkeit und Fiktion, Reinbek bei Hamburg.
Bateson, Gregory 1987 (1979): Geist und Natur. Eine notwendige Einheit, Frankfurt/a.M.
Blaes, Omer 2004: Ein Universum voller Scheiben, in: Spektrum der Wissenschaft, Nr. 12/2004, S. 44 ff.
Blum, Wolfgang 1999: Die Grammatik der Logik. Einführung in die Mathematik, München.
Blum, Wolfgang 2000: Null oder nicht Null?, in: Die Zeit (Hamburg), Nr. 21/2000, (Ausdruck aus dem Internet).
Börner, Gerhard 2003: Ein Universum voll dunkler Rätsel, in: Spektrum der Wissenschaft, Nr. 12/2003, S. 28 ff.

---

[1] Auch im Folgenden handelt es sich bei Jahreszahlen in Klammern um das Jahr der Ersterscheinung – falls (mir) bekannt.

Brandt, Sebastian 2001: Forscher halten das Licht an (Ausdruck aus dem Internet:www.freenet.de/freenet/news/wissenschaft/Innovation en/licht/index.html).

Briggs, John/**Peat**, F. David 1999 (1989): Die Entdeckung des Chaos. Eine Reise durch die Chaos-Theorie, München.

Bronstein, I. N. u.a. 1999: Taschenbuch der Mathematik, Frankfurt/a.M.

Bryson, Bill 2005: Eine kurze Geschichte von fast allem, München.

Bührke, Thomas 1999: $E = mc^2$. Einführung in die Relativitätstheorie, München.

Burgess, Cliff/**Quevedo**, Fernando 2008: Universen auf der kosmischen Achterbahn, in: Spektrum der Wissenschaft, Nr. 2/2008, S. 27 ff.

Carr, Bernard J./**Giddings**, Steven B. 2005: Schwarze Löcher im Labor, in: Spektrum der Wissenschaft, Nr. 9/2005, S. 32 ff.

Castin, Yvan 2003: Ultrakalte Atome, in: Spektrum der Wissenschaft, Nr. 6/2003, S. 28 ff.

Chaitin, Gregory J. 2004: Grenzen der Berechenbarkeit, in: Spektrum der Wissenschaft, Nr. 2/2004.

Charon, Jean E. 1988 (1977): Der Geist der Materie, Frankfurt/a.M./Berlin.

Cline, David B. 2003: Die Suche nach Dunkler Materie, in: Spektrum der Wissenschaft, Nr. 10/2003, S. 44 ff.

Cline, James M. 2004: Der Ursprung der Materie, in: Spektrum der Wissenschaft, Nr. 11/2004, S. 32 ff.

Conselice, Christopher J. 2007: Die unsichtbare Hand des Universums, in: Spektrum der Wissenschaft, Nr. 4/2007, S. 33 ff.

Collin, Suzy 2008: Hell wie tausend Galaxien, in: Spektrum der Wissenschaft, Nr. 1/2008, S. 34 ff.

Collins, Graham P. 2006: Künstliche kalte Antimaterie, in: Spektrum der Wissenschaft, Nr. 1/2006, S. 62 ff.

Combes, Francoise 2006: Galaktische Wellen, in: Spektrum der Wissenschaft, Nr. 1/2006, S. 22 ff.

D'Abro, A. 1967 (1939): Die Kontroversen über das Wesen der Mathematik, in: Kursbuch 8, März 1967, S. 26 ff.

Dähn, Astrid 2002: Teilchen im Irgendwo, in: Die Zeit (Hamburg), Nr. 44, vom 24. 10. 2002, S. 47.

Davies, Paul C./**Brown**, Julian R. 1993 (1986): Der Geist im Atom. Eine Diskussion der Geheimnisse der Quantenphysik, Frankfurt/a.M./Leipzig.

Davies, Paul/**Gribbin**, John 1997: Auf dem Weg zur Weltformel. Superstrings, Chaos, Komplexität. Über den neuesten Stand der Physik, München.

Detel, Wolfgang 1991(1985): Wissenschaft, in: Martens/Schnädelbach, Band 1, S. 172 ff.
Deutsch, David 2000 (1996): Die Physik der Welterkenntnis. Auf dem Weg zum universellen Verstehen, München.
Ditfurth, Hoimar von 1999 (1972): Im Anfang war der Wasserstoff, München.
Duschl, Wolfgang J. 2003: Das Zentrum der Milchstraße, in: Spektrum der Wissenschaft, Nr. 4/2003, S. 26 ff.
Dworschak, Manfred 2002: Die Bibel in der Gaswolke. Wirbel um eine neues Weltmodell, in: Der Spiegel (Hamburg), Nr. 30/2002, S. 132 ff.
Eberl, Ulrich 2002: Die Quanten-Mechaniker, in: bild der wissenschaft, Nr. 10/2002, S. 94 ff.
Elektroimpuls und Masse: 4. Spezielle Relativitätstheorie:
http://de.wikibooks.org/wiki/Elektroimpuls_und_Masse:_4._Spezielle_Relativitätstheorie
Elektronen beim Tunneln erwischt, in: Max Planck Forschung, Nr. 2/2007, S. 6 f.
Einstein, Albert 1997 (1917): Über die spezielle und die allgemeine Relativitätstheorie, Braunschweig/Wiesbaden.
Einstein, Albert 1990 (1922-1956): Grundzüge der Relativitätstheorie, Braunschweig/Wiesbaden.
Einstein, Albert/**Infeld**, Leopold 1998 (1938): Die Evolution der Physik, Reinbek bei Hamburg.
Embacher, Franz 2006: Relativistische Korrekturen für GPS:
http://homepage.univie.ac.at/franz.embacher/rel.html
Feuerstein, Peter 2001: Ein diskreter Differentialformenkalkül zur Modellierung der Maxwellschen Gleichungen auf vierdimensionalen Simplizes, Wuppertal (Dissertation):
www.bib.uni-wuppertal.de/elpub/fb07/diss2001/feuerstein
Feynman, Richard P. 1997 (1967): Vom Wesen physikalischer Gesetze, München/Zürich.
Feynman, Richard P. 1999 (1985): „Sie belieben wohl zu scherzen, Mr. Feynman!", Abenteuer eines neugierigen Physikers, München/Zürich.
Feynman, Richard P. 2000 (1988): „Kümmert Sie, was andere Leute denken?". Neue Abenteuer eines neugierigen Physikers, München/Zürich.
Freedman, Wendy 2003: Das expandierende Universum, in: Spektrum der Wissenschaft, Nr. 6/2003, S. 46 ff.
Fritzsch, Harald 1998 (1996): Die verbogene Raum-Zeit. Newton, Einstein und die Gravitation, München/Zürich.
Fritzsch, Harald 1999 (1982): Quarks. Urstoff unserer Welt, München/Zürich.

Fritzsch, Harald 1999a (1988): Eine Formel verändert die Welt. Newton, Einstein und die Relativitätstheorie, München/Zürich.
Fritzsch, Harald 2000 (1983): Vom Urknall zum Zerfall. Die Welt zwischen Anfang und Ende, München/Zürich.
Galeczki, Georg/**Marquardt**, Peter 1997: Requiem für die Spezielle Relativität, Frankfurt/a.M.
Gast, Robert 2006: Kosmische Kollision lüftet dunkles Geheimnis, in: Spektrum der Wissenschaft, Nr. 11/2006, S. 16 f.
Gast, Robert 2008: Spintausch im Lasergitter, in: Spektrum der Wissenschaft, Nr. 2/2008, S. 20 ff.
Gleiser, Marcelo 1998 (1997): Das tanzende Universum. Schöpfungsmythen und Urknall, Wien/München.
Goenner, Hubert 1996: Einführung in die spezielle und allgemeine Relativitätstheorie, Heidelberg/Berlin.
Goulielmakis, Eleftherios/**Krausz**, Ferenc 2005: Lichtwelle in Zeitlupe, in: Spektrum der Wissenschaft, Nr. 10/2005, S. 18 ff.
Greschik, Stefan 1999 (1998): Das Chaos und seine Ordnung. Einführung in komplexe Systeme, München.
Grotelüschen, Frank 1999: Der Klang der Superstrings. Einführung in die Natur der Elementarteilchen, München.
Hacking, Ian 1996 (1983): Einführung in die Philosophie der Naturwissenschaften, Stuttgart.
Hanisch, Carola 2002: Der Atombaukasten, in: bild der wissenschaft, Nr. 10/2002, S. 82 ff.
Hasinger, Günther/**Gilli**, Roberto: Alles Licht der Welt, in: Spektrum der Wissenschaft, Nr. 5/2002, S. 23.
Hau, Lene Vestergaard 2001: Gefrorenes Licht, in: Spektrum der Wissenschaft, Nr. 9/2001, S. 38 ff.
Hawking, Stephen W. 1994 (1988): Eine kurze Geschichte der Zeit. Die Suche nach der Urkraft des Universums, Reinbek bei Hamburg.
Hawking, Stephen W. 1999 (1993): Einsteins Traum. Expeditionen an die Grenzen der Raumzeit, Reinbek bei Hamburg.
Heiden, Uwe an der 1997: Chaos und Ordnung, Zufall und Notwendigkeit, in: Küppers 1997, S. 97 ff.
Hempel, Carl Gustav 1977 (1966): Philosophie der Naturwissenschaften, München.
Heisenberg, Werner 1977 (1959): Physik und Philosophie, Frankfurt/a.M.
Heisenberg, Werner 1994 (1979): Quantentheorie und Philosophie. Vorlesungen und Aufsätze, Stuttgart.
Hergersberg, Peter 2003: Atome in der Eierschale, in: bild der wissenschaft, Nr. 4/ 2003, S. 48 ff.
Hermann, Armin 1994 (1976): Werner Heisenberg, Reinbek bei Hamburg.

Hey, Tony/**Walters**, Patrick 1998 (1987): Das Quantenuniversum. Die Welt der Wellen und Teilchen, Heidelberg/Berlin.
Hillebrandt, Wolfgang/**Janka**, Hans-Thomas/**Müller**, Ewald 2005: Rätselhafte Supernova-Explosionen, in: Spektrum der Wissenschaft, Nr. 7/2005, S. 36 ff.
Hoeppe, Götz 2006a: Entdeckungen in den tiefen Feldern, in: Spektrum der Wissenschaft, Nr. 7/2006, S.53 ff.
Hoeppe, Götz 2006b: Erste Karte vom Nachhall des Urknalls, in: Spektrum der Wissenschaft, Nr. 12/2006, S. 17 ff.
Hoffmann, Banesh 1997 (1983): Einsteins Ideen. Das Relativitätsprinzip und seine historischen Wurzeln, Heidelberg/Berlin.
Hofstadter, Douglas 1999 (1979): Gödel, Escher, Bach, ein Endlos Geflochtenes Band, München.
Hornung, Helmut 1999: Schwarze Löcher und Kometen. Einführung in die Astronomie, München.
Hu, Wayne/**White**, Martin 2004: Die Symphonie der Schöpfung, in: Spektrum der Wissenschaft, Nr. 5/2004, S. 48 ff.
Hürter, Tobias/**Rauner**, Max 2007: Ein Urknall auf Erden, in: Die Zeit (Hamburg), Nr. 14/2007, S. 30.
Irrte Einstein? (ohne Autor) 1998: Das Mäkeln an der Relativitätstheorie kommt in Mode, in: bild der wissenschaft, Nr. 3/1998, S. 42 ff. (Ausdruck aus dem Internet: www.oliver-faulhaber.de/einstein/irrte.htm).
Jacobson, Theodore A./**Parentani**, Renaud 2006: Das Echo der Schwarzen Löcher, in: Spektrum der Wissenschaft, Nr. 4/2006, S. 40 ff.
Jolie, Jan 2002: Supersymmetrie in Atomkernen, in: Spektrum der Wissenschaft, Nr. 9/2002, S. 35 ff.
Kaiser, David 2007: Duell der Felder, in: Spektrum der Wissenschaft, Nr. 10/2007, S. 27 ff.
Kaler, James B. 1998 (1997): Kosmische Wolken. Materie-Kreisläufe in der Milchstraße, Heidelberg/Berlin.
Kane, Gordon 2003: Neue Physik jenseits des Standardmodells, in: Spektrum der Wissenschaft, Nr. 9/2003, S. 26 ff.
Kane, Gordon 2006: Das Geheimnis der Masse, in: Spektrum der Wissenschaft, Nr. 2/2006, S. 36 ff.
Kanitscheider, Bernulf 1991: Kosmologie. Geschichte und Systematik in philosophischer Perspektive, Stuttgart.
Kanitscheider, Bernulf 1996: Im Innern der Natur. Philosophie und moderne Physik, Darmstadt.
Kauffmann, Guinevere/**Bosch**, Frank van den 2002: Über den Ursprung der Galaxienarten, in: Spektrum der Wissenschaft, Nr. 9/2002, S. 54 ff.

Klanner, Robert 2001: Das Innenleben des Protons, in: Spektrum der Wissenschaft, Nr. 3/2001, S. 62 ff.

Körkel, Thilo 2007: Startschuss für die Suche nach der großen Unbekannten, in: Spektrum der Wissenschaft, Nr. 12/2001, S. 44 ff.

Krome, Thorsten 2002: Neue Fenster für den Blick ins All, in: Spektrum der Wissenschaft, Nr. 12/2002, S. 12 ff.

Kuchling, Horst 1999: Taschenbuch der Physik, Leipzig.

Küppers, Günter (Hg.) 1997 (1996): Chaos und Ordnung. Formen der Selbstorganisation in Natur und Gesellschaft, Stuttgart.

Küppers, Günter 1997a: Selbstorganisation: Selektion durch Schließung, in: Küppers 1997, S. 122 ff.

Küppers, Günter 1996b: Chaos: Unordnung im Reich der Gesetze, in: Küppers 1997, S. 149 ff.

Küppers, Günter/**Paslack**, Rainer 1997: Die natürlichen Ursachen von Ordnung und Organisation, in: Küppers 1997, S. 44 ff.

Kuhn, Thomas S. 1973 (1962): Die Struktur wissenschaftlicher Revolutionen, Frankfurt/a.M.

Lag Einstein daneben? (ohne Autor) 2002, Ausdruck aus dem Internet: www.freenet.de/freenet/wissenschaft/weltraum/astronomie/licht/index.html.

Layzer, David (1998 (1984): Das Universum. Aufbau, Entdeckungen, Theorien, Heidelberg.

Lederman, Leon M./**Schramm**, David N. 1990: Vom Quark zum Kosmos. Teilchenphysik als Schlüssel zum Universum, Heidelberg/Berlin.

Leggett, Anthony J. 1989 (1989): Physik. Probleme, Themen, Fragen, Basel.

Lessmöllmann, Annette 2000: Präzise Unschärfe, in: Die Zeit (Hamburg), Nr. 29, vom 13. 7. 2000 (Ausdruck aus dem Internet).

Lineweaver, Charles H./**Davis**, Tamara M. 2005: Der Urknall – Mythos und Wahrheit, in: Spektrum der Wissenschaft, Nr. 5/2005, S. 38 ff.

Livio, Mario 2002: „Es ist eine unglaubliche Zeit für die Physik." Interview in: bild der wissenschaft, Nr. 4/2002, S. 48 f.

Livio, Mario 2006: Hubbles „Top 10", in: Spektrum der Wissenschaft, Nr. 9/2006, S. 36 ff.

Lloyd, Seth/**Ng**, Y. Jack 2005: Ist das Universum ein Computer?, in: Spektrum der Wissenschaft, Nr. 1/2005, S. 32 ff.

Loeb, Abraham 2007: Die dunkle Ära des Universums, in: Spektrum der Wissenschaft, Nr. 1/2007, S. 47 ff.

Meyer, Olivia 2004: Quarks im Fünferpack, in: Spektrum der Wissenschaft, Nr. 6/2004, S. 15 ff.

Milgrom, Mordehai 2002: Gibt es Dunkle Materie?, in: Spektrum der Wissenschaft, Nr. 10/2002, S. 34 ff.

Morsch, Oliver 2002: Einstein auf dem Prüfstand, in: Spektrum der Wissenschaft, Nr. 7/2002, S. 12 ff.
Morsch, Oliver 2006: Von Qubytes und untoten Katzen, in: Spektrum der Wissenschaft, Nr. 2/2006, S. 16 ff.
Müller, Rainer 2007: Fundamentale Konzepte – Energieerhaltung: http://www.tu-braunschweig.de/Medien-DB/ifdn-physik/kap7.pdf
Musser, George 2003: Gefrorene Dunkle Energie, in: Spektrum der Wissenschaft, Nr. 7/2003, S. 17 ff.
Musser, George 2005: Kosmisches Kälteloch, in: Spektrum der Wissenschaft, Nr. 8/2005, S. 17 ff.
Nielsen, Michael A. 2003: Spielregeln für Quantencomputer, in: Spektrum der Wissenschaft, Nr. 4/2003, S. 48 ff.
Novak, Jérôme 2004: Neutronensterne: ultradichte Exoten, in: Spektrum der Wissenschaft, Nr. 3/2004, S. 34 ff.
Padova, Thomas de 2002: Erlahmtes Licht. Einstein zufolge ist die Lichtgeschwindigkeit im Universum gleich hoch. Hat er sich geirrt?, in: Der Tagesspiegel (Berlin), vom 06. 09. 2002 (Ausdruck aus dem Internet).
Paslack, Rainer 1997: Sagenhaftes Chaos: Der Ursprung der Welt im Mythos, in: Küppers 1997, S. 11 ff.
Pawlak, Alexander 2000: Schneller, als Einstein erlaubt, in: Die Zeit (Hamburg), Nr. 30, vom 20. 7. 2000 (Ausdruck aus dem Internet).
Perkowitz, Sidney 1998 (1996): Eine kurze Geschichte des Lichts. Die Erforschung eines Mysteriums, München.
Pesic, Peter 2003: Die Identität der Quanten, in: Spektrum der Wissenschaft, Nr. 1/2003, S. 56 ff.
Platt wie eine Flunder. Ein astronomisches Experiment über dem Südpol zeigt: Das Universum ist flach (ohne Autor), in: Süddeutsche Zeitung (München) vom 3. 5. 2000 (Ausdruck aus dem Internet).
Pöppe, Christoph 2005: Meister der Strömungsmechanik, in: Spektrum der Wissenschaft, Nr. 6/2005, S. 21 ff.
Pössel, Markus 2005a: Zeitreise zum Anfang des Alls, in: Spektrum der Wissenschaft, Nr. 9/2005, S. 14 f.
Pössel, Markus 2005b: Der Kosmos im Computer, in: Spektrum der Wissenschaft, Nr. 11/2005, S. 12 ff.
Pössel, Markus 2006: Neues von der Urzeit des Universums, in: Spektrum der Wissenschaft, Nr. 7/2006, S. 14 ff.
Ramond, Pierre 2003: Strings – Urbausteine der Natur?, in: Spektrum der Wissenschaft, Nr. 2/2003, S. 24 ff.
Riess, Adam G/**Turner**, Michael S. 2004: Das Tempo der Expansion, in: Spektrum der Wissenschaft, Nr. 7/2004, S. 43 ff.
Riordan, Michael/**Zajc**, William A. 2006: Die ersten millionstel Sekunden, in: Spektrum der Wissenschaft, Nr. 11/2006, S. 36 ff.

Robert, Raoul 2001: Das Ende des Schmetterlingseffekts, in: Spektrum der Wissenschaft, Nr. 11/2001, S. 66 ff.
Röthlein, Brigitte 1998: Das Innerste der Dinge. Einführung in die Atomphysik, München.
Röthlein, Brigitte 1999: Schrödingers Katze. Einführung in die Quantenphysik, München.
Ruhemasse und relativistische Masse eines Körpers:
http://de.wikibooks.org/wiki/Ruhemasse_und_relativistische_Masse_eines_Körpers
Russel, Bertrand 1967 (1901): Die Mathematik und die Metaphysiker, in: Kursbuch 8, März 1967, S. 8 ff.
Samulat, Gerhard 2004: Dunkle Energie im Labor, in: Spektrum der Wissenschaft, Nr. 11/2004, S. 20 ff.
Samulat, Gerhard 2006: Ring der Erkenntnis, in: Spektrum der Wissenschaft, Nr. 9/2006, S. 80 ff.
Scheunemann, Egbert 1993: Zur Kritik des Entropieansatzes in der Ökologiediskussion, in: kommune, Nr. 7, S. 47 ff.
Scheunemann, Egbert 2008 (1999): Vom Denken der Natur. Natur und Gesellschaft bei Habermas, Hamburg-Norderstedt (Münster/ Hamburg 1999).
Scheunemann, Egbert 2003: Von der Natur des Denkens und der Sprache. Fragmente zur Sprachphilosophie, Erkenntnistheorie und physikalisch-biologischen Wirklichkeit, Frankfurt/a.M.
Scheunemann, Egbert 2007: Determinismus der Naturgesetze und Willensfreiheit, Hamburg (www.egbert-scheunemann.de/Vomfreien-Willen-2.pdf).
Schnädelbach, Herbert 1991 (1985): Philosophie, in: Martens, Ekkehard/ Schnädelbach, Herbert (Hg.) 1991 (1985): Philosophie. Ein Grundkurs, 2 Bände, Reinbek bei Hamburg, Band 1, S. 37 ff.
Schuh, Hans: Moses und die Quantenpfütze. Münchner Physiker haben einen neuen Zustand der Materie geschaffen, in: Die Zeit (Hamburg), Nr. 3/2002 (Ausdruck aus dem Internet).
Sheehan, William/**Kollerstrom**, Nicholas/**Waff**, Craig B. 2005: Die Neptun-Affäre, in: Spektrum der Wissenschaft, Nr. 4/2005, S. 83 ff.
Siebert, Helmut 1974 (1970): Mathematische Tafeln, Stuttgart.
Silk, Joseph 1999 (1994): Die Geschichte des Kosmos. Vom Urknall bis zum Universum der Zukunft, Heidelberg/Berlin.
Smolin, Lee 2004: Quanten der Raumzeit, in: Spektrum der Wissenschaft, Nr. 3/2004, S. 54 ff.
Soter, Steven 2008: Am Rande des Chaos, in: Spektrum der Wissenschaft, Nr. 1/2008, S. 26 ff.
Spezielle Relativitätstheorie Teil I-V:
http://de.wikibooks.org/wiki/Spezielle_Relativitätstheorie

245

Spiering, Christian 2007: IceCube – Neutrinojagd am Südpol, in: Spektrum der Wissenschaft, Nr. 8/2007, S. 39 ff.
Stampf, Olaf 2002: Die Wiedergeburt des Kosmos, in: Der Spiegel (Hamburg), Nr. 2/2002, S. 148 ff.
Starkman, Glenn D./**Schwarz**, Dominik J. 2005: Missklänge im Universum. Die „Musik" der kosmischen Hintergrundstrahlung weist merkwürdige Dissonanzen auf, in: Spektrum der Wissenschaft, Nr. 12/2005, S. 30 ff.
Strauss, Michael A. 2004: Galaktische Wände und Blasen, in: Spektrum der Wissenschaft, Nr. 6/2004, S. 60 ff.
Tegmark, Max 2003: Paralleluniversen, in: Spektrum der Wissenschaft, Nr. 8/2003, S. 34 ff.
Thiemann, Thomas/**Pössel**, Markus 2007: Ein Kosmos ohne Anfang?, in: Spektrum der Wissenschaft, Nr. 6/2007, S. 33 ff.
Trefil, James 1997 (1988): Fünf Gründe, warum es die Welt nicht geben kann. Die Astrophysik der Dunklen Materie, Reinbek bei Hamburg.
Tucker, Wallace/**Tananbaum**, Harvey/**Fabian**, Andrew C. 2007: Gegenwind aus dem Schwarzen Loch, in: Spektrum der Wissenschaft, Nr. 5/2007, S. 34 ff.
Vaas, Rüdiger 2001a: Die flache Welt, in: bild der wissenschaft, Nr. 6/2001, S. 52 ff.
Vaas, Rüdiger 2001b: Die mysteriöse Dunkle Energie, in: bild der wissenschaft, Nr. 7/2001, S. 48 ff.
Vaas, Rüdiger 2001c: Vor dem Urknall, in: bild der wissenschaft, Nr. 12/2001, S. 42-60.
Vaas, Rüdiger 2002: Handwerker, Heilpraktiker, Ordnungshüter. Der Mensch ist nicht das einzige Kulturwesen. Auch Menschenaffen..., in: bild der wissenschaft, Nr. 3/ 2002, S. 38 ff.
Vaas, Rüdiger 2002a: Finstere Zukunft. Das Schicksal des Universums..., in: bild der wissenschaft, Nr. 4/2002, S. 43 ff.
Vaas, Rüdiger 2002b: Schwarze Löcher – die Monster im All, in: bild der wissenschaft, Nr. 9/2002, S. 48-65.
Vaas, Rüdiger 2002c: Wenn die Zeit rückwärts läuft, in: bild der wissenschaft, Nr. 12/ 2002, S. 46 ff.
Vaas, Rüdiger 2003a: WARP-Antrieb und Wurmlöcher, sowie: Tachyonen – schneller als Licht, in: bild der wissenschaft, Nr. 2/2003, S. 46 ff. u. 56 ff.
Vaas, Rüdiger 2003b: Die Zeit vor dem Urknall, in: bild der wissenschaft, Nr. 4/2003, S. 60 ff.
Vaas, Rüdiger 2003c: Der kosmische Code. Naturgesetze im Fokus, in: bild der wissenschaft, Nr. 12/2003, S. 40 ff.
Vaas, Rüdiger 2003d: Jenseits von Raum und Zeit, in: bild der wissenschaft, Nr. 12/2003, S. 50 ff.

Vaas Rüdiger 2004a: Drei Klettersteige zum Quanten-Olymp, in: bild der wissenschaft, Nr. 8/2004, S. 46 ff.
Vaas, Rüdiger 2004b: Einsteins Mond und Schrödingers Katze, in: bild der wissenschaft, Nr. 8/2004, S. 40 ff.
Veneziano, Gabriele 2004: Die Zeit vor dem Urknall, in: Spektrum der Wissenschaft, Nr. 8/2004, S. 30 ff.
Waismann, Friedrich 1967: Suchen und Finden in der Mathematik, in: Kursbuch 8, März 1967, S. 74 ff.
Walborn, Stephen P./**Cunha**, Marcelo O. Terra/**Pádua**, Sebastião/ **Monken**, Carlos 2004: Quantenradierer, in: Spektrum der Wissenschaft, Nr. 2/2004, S. 32 ff.
Waloschek, Pedro 1998: Wörterbuch Physik, München.
Weinberg, Steven 2000 (1977): Die ersten drei Minuten. Der Ursprung des Universums, München/Zürich.
Weizsäcker, Carl Friedrich von 1995 (1971): Die Einheit der Natur. Studien, München.
Whorf, Benjamin Lee 1997 (1956): Sprache, Denken, Wirklichkeit. Beiträge zur Metalinguistik und Sprachphilosophie, Reinbek bei Hamburg.
Wickert, Johannes 1998 (1972): Albert Einstein, Reinbek bei Hamburg.
Wikipedia (http://de.wikipedia.org) **Artikel zu folgenden Suchbegriffen**: Äquivalenz von Masse und Energie, Allgemeine Relativitätstheorie, Antimaterie, Arbeit (Physik), Atomuhr, Bahngeschwindigkeit, Beschleunigung, Bezugssystem, Dunkle Energie, Dunkle Materie, Einsteinsche Feldgleichungen, Elektromagnetische Welle, Energie, Energieerhaltungssatz, Erde, Frequenz, Global Positioning System, Gravitation, Gravitationswellen, Hintergrundstrahlung, Inertialsystem, Inflationstheorie, Kernenergie, Kinetische Energie, Klassische Mechanik, Kosmologische Konstante, Lichtgeschwindigkeit, Lichtuhr, Machsches Prinzip, Masse, Materie, Materiewelle, Maxwellsche Gleichungen, Meter, Michelson-Interferometer, Michelson-Morley-Experiment, Physik, Physikalische Konstante, Plancksches Wirkungsquantum, Potentielle Energie Quantenelektrodynamik, Quantenfeldtheorie, Quantengravitation, Quantenphysik, Raumzeit, Relativistische Masse, Relativitätstheorie, Sagnac-Interferometer, Schwarzes Loch, Sekunde, Sonnensystem, Spezielle Relativitätstheorie, Stringtheorie, Universum, Zwillingsparadoxon.
Wolschin, Georg 2001: Nagt der Zahn der Zeit auch an Naturkonstanten?, in: Spektrum der Wissenschaft, Nr. 11/2001, S. 14 ff.
Wolschin, Georg 2002: Wie ein Quantensee erstarrt, in: Spektrum der Wissenschaft, Nr. 5/2002, S. 12 ff.
Wolschin, Georg 2003a: Einzigartiger Einblick in die Urzeit des Universums, in: Spektrum der Wissenschaft, Nr. 5/2003, S. 8 ff.

Wolschin, Georg 2003b: Quarksee im Feuerball, in: Spektrum der Wissenschaft, Nr. 11/2003, S. 21 ff.

Wolschin, Georg 2004a: Zeitdehnung im Test, in: Spektrum der Wissenschaft, Nr. 3/2004, S. 23 f.

Wolschin, Georg 2004b: Fernste Galaxie entdeckt, in: Spektrum der Wissenschaft, Nr. 6/2004, S. 20 ff.

Wolschin, Georg 2006: Gammastrahlen enthüllen Dunkle Materie, in: Spektrum der Wissenschaft, Nr. 4/2006, S. 23 ff.

Wolschin, Georg 2007: Neues über die ersten Galaxien, in: Spektrum der Wissenschaft, Nr. 2/2007, S. 19 ff.

Zeilinger, Anton 2007 (2005): Einsteins Spuk. Teleportation und weitere Mysterien der Quantenphysik, München.

www.ingramcontent.com/pod-product-compliance
Lightning Source LLC
Chambersburg PA
CBHW050052230526
45470CB00004B/1493